KB269713

실험에미친
화학자들의
무한도전

살림Friends

영국왕립화학회(RSC, Royal Society of Chemistry) 편집위원 로버트 이글링(Robert Eagling)의 제안이 없었더라면 이 책은 없었을 것이다. 이글링의 완곡하면서도 완고한 권유 덕에 나는 기획에 착수할 수 있었다. 이 책에 실린 10편의 아름다운 실험은 내가 최종 선택했다. 그러므로 뜻밖에 누락된 실험이 있다면 그것은 전적으로 내 책임이다. 영국왕립화학회의 팀 피시록(Tim Fishlock) 편집위원이 끝까지 나와 함께 이 책의 원고와 씨름해주었다.

이 자리에서 독자에게 꼭 일러둘 말이 있다. 지금껏 나는 책을 쓰면서 과학을 전공하지 않은 사람들도 무리 없이 이해할 수 있도록 전문지식은 되도록 삼갔으며, 가능한 한 쉽게 풀어쓰고자 했다. 이 책도 예외가 아니었다. 하지만 원자나 분자의 구조와 거동을 밝힌 실험에서는 일반 독자에겐 생소할 전문용어를 사용할 수밖에 없었다. 분자 구조를 난생처음 보는 독자라면 몇몇 페이지는 난감할 것이다. 미리 양해를 구한다. 읽지 않고 넘어간다 해도 오히려 송구할 따름이다.

이 책이 완성되기까지 자료를 수집하고 정리하는 데, 나아가 부끄러운 오류를 바로잡는 데 여러 화학자들로부터 이루 말할 수 없는 도움을 받았다. 제프리 바다(Jeffrey Bada), 닐 바틀릿(Neil Bartlett), 앨버트 에셴모저(Albert Eschenmoser), 레오 파케트(Leo Paquette), 호르스트 프린츠바흐(Horst Prinzbach), 마티아스 섀델(Matthias Schädel), 클로드 윈트너(Claude Wintner), 이들의 조력과 의견에 고개 숙여 감사한다.

이 책을 쓰는 동안 나는 올리버 색스(Oliver Sacks, 뉴욕에서 활동하는 의사이자 저술가 – 옮긴이)의 화학과 화학사에 대한 진득한 열정에 감복하지 않을 수 없었다. 원고와 씨름하는 여러 해 내내 그는 다함없이 나를 북돋고 지지해주었다. 무엇보다 그의 신실한 우정이 고맙다. 이 책은 그에게 바치고 싶다.

필립 볼

|제1부| 자연을 묻다

'실험'이란 무엇이고 '아름다움'이란 무엇인가?

그 무엇과도 견줄 수 없는 최고의 실험으로 역사에 길이 남는 실험들이 있다.

"내 머릿속은 신체를 영구보존할 방법을 찾는 실험 생각뿐이었습니다. 그리고 그 실험은 다행히도 훌륭하게 수행해냈습니다."

이 글은 프랜시스 베이컨이 병상에 누운 몸으로 1626년에 쓴 것이다. 당시 예순다섯이던 베이컨은 불편한 몸을 이끌고 런던 인근의 마을 하이게이트에서 닭 한 마리를 구한 다음, 속을 눈으로 가득 채웠다. 그해 겨울은 훗날 소빙기(Little Ice Age)로 분류

될 만큼 추위가 맹위를 떨쳤다. 그는 닭을 눈으로 얼려서 보관할 수 있는지 연구하던 중이었다. 이 냉동실험은 계획대로 성공했지만 베이컨은 그날의 추위 때문에 심한 감기에 걸렸다. 집까지 가지도 못하고 하이게이트에 사는 아룬델 백작 저택에서 요양을 하는 신세가 되었는데 병세는 호전되지 않았고 폐렴으로 발전했다. 결국 프랜시스 베이컨은 그달을 넘기지 못하고 숨을 거두었다.

베이컨은 타당한 과학적 지식을 습득하는 방법으로, 실험을 통한 과학을 줄곧 주장해왔다. 모순적인 것은 이 실험은 '실험과학의 아버지'로 불리는 베이컨이 몸소 수행한 몇 안 되는 실험이라는 것이다. '과학하는' 방법에 관한 그의 대저작 『노붐 오르가눔(Novum Organum)』에서 그는 이렇게 기술했다.

수없이 많은 실험을 수행하고 그 결과를 남김없이 집합적으로 박물학에 반영하게 되었을 때에 우리는 과학의 발전에 희망을 걸 수 있다. 실험이란 그 자체로는 아무런 쓸모가 없을지 모르지만 원인과 공리를 발견하는 데는 더없이 유용하다. 그것은 실용적인 실험과는 다른 계몽적인 실험이라고 할 수 있다. 진리를 밝히는 실험은 결코 실험자를 속이거나 실망시키는 법이 없다. 사물의 본성적 원인이 드러나기 때문이다. 어떤 결론이 도출되든, 어떤 질문을 던져야 할지를 확인한 것만으로도 실험자는 만족할 것이다.

베이컨이 말하는 과학하는 방식은, 오늘날 자연의 이치를 발견하고자 실험들 고안하는 과학자들이 통상적으로 수행하는 연구방식과 매우 비슷하다. 과학자는 그렇게 발견한 이치로 자연계의 보편법칙을 유추한다. 사실 베이컨은 장차 과학의 모습이 어떠할지를 꽤 정확하게 전망했다고 할 수 있다. 그는 기존의 과학에는 신뢰성 있는 지식을 수집하는 체계적인 수단이 결여되어 있다고 비판했다. 그것은 공연한 트집이 아니었다. 베이컨은 당시 과학을 한다는 이들의 모습을, 탁자에 둘러앉아 무엇이든 듣는 대로, 읽는 대로 받아들인다고 묘사했다. 무비판적으로 받아들인 지식을 바탕으로 무익한 학설을 지어내며, 논리적 근거도 없이 이것저것을 실험하고, 장차 그러한 활동으로 무엇을 배우게 될지는 조금도 주의를 기울이지 않는다는 것이다. 주먹구구식으로 세상 이치를 추구하고 있다는 이야기이다. 연금술사의 경우에는, 오로지 금을 만들어 부자가 될 목적으로 무모하게 실험을 감행한다고 비판했다.

과학을 한다는 사람들은 경험을 중시하는 부류, 아니면 학설을 중시하는 부류로 극명하게 나뉜다. 지금껏 나는 견고함과 엄격함으로 무장하고 통설과 개념을 완전히 뒤엎으며, 그리하여 인간 정신을 새롭게 하고 특정 연구 분야에서 무지를 걷어내며 발전의 길을 닦는 과업을 결연히 수행하는 과학자를 만나보지 못했다. 그렇기 때문에 아직까지도 이성적 사유의 결과가 미천한 것이다. 다시 말해 수없이 많은, 혹하기 쉬운 가설과 우연히 습득한 지식으로 만든 미숙한 개념이 뒤죽박죽 섞여 있는, 잡동사니와 다름없다. 모순투성이의 유치한 개념들뿐인 것이다.

베이컨은 과학이 어수룩해진 까닭은 아무도 제대로 된 실험을 하지 않았기 때문이라며 다음과 같이 주장했다.

"무엇하나 제대로 된 것이 없다. 탐문조사, 검증확인, 관찰기록, 계량측정 모두 미흡하다. 따라서 어떻게 하면 실험을 더 많이 수행할 것인가에 그칠 것이 아니라 완전히 새로운 방법과 순위를 도입하는 방법, 지속적으로 경험을 확장하고 발전시킬 방법까지를 고민해야 할 것이다."

베이컨이 『노붐 오르가눔』에서 주창한 것이 바로 이러한 과학적 탐구방법이었다. '오르가논(organon)'은 그리스어로 수단, 도구 또는 기관을 말한다. 베이컨의 '노붐 오르가눔'은 자연에 대한 새로운 철학적 지혜를 척척 생산하는 기계이다. 그는 자신이 구상한 프로젝트의 특징을 잘 드러내줄 상징으로 '기관'이라는 응용과학 용어를 선택한 것이다. 『노붐 오르가눔』은 그의 일생일대의 프로젝트인 『대혁신(The Great Instauration)』의 일부를 구성하며 1620년에 출간되었다. 대혁신 프로젝트를 통해 과학의 모든 것, 즉 그때까지 알려진 것과 새로운 과학적 탐구방법으로 장차 알려질 것과 이미 거둔 성과를 총망라한 백과사전을 완성하고자 했다. 총6부의 전집을 계획하고 있었으며, 냉동실험의 후유증으로 쓰러지기 전까지 3부가 완성되었다. 1620년 출간된 『대혁신』의 서론이 1부, 1622년에 출간된 『노붐 오르가눔』이 2부, 『자연사와 실험의 역사에 관한 예비서(A Preparative Towards a Natural and Experimental History)』가 3부이다.

한편 베이컨은 체계적으로 과학지식을 추구해갈 전담 기구의 필요성을 내다보았다. 훗날 왕립학회(Royal Society)는 이 기구를 원형으로 발족되었다. 베이컨이 제안한 전담 기구는 1665년 찰스 2세로부터 설립 인가를 받았다. 이로써 계몽시대 초기의 위대한 과학자인 아이작 뉴턴(Isaac Newton), 로버트 보일(Robert Boyle), 로버트 훅(Robert Hooke), 에드먼드 핼리(Edmond Halley)와 같은 대학자들이 집결하는 계기가 마련되었다. 이만하면 베이컨이야말로 우주의 비밀을 파헤치고자 정교한 도구와 장비를 동원하는 근대 과학실험의 개념의 창시자가 아닌가.

베이컨의 이러한 행적은 충분히 훌륭하다. 그런데 베이컨이 품은 이상은 그보다 멀리, 약간은 다른 곳을 향해 있었다. 실험을 통해서 지식을 그러모으는 것 자체가 궁극의 목표는 아니었던 것이다. 그보다는 "지식에서 힘을 끌어내는 것"이 목표였다.

인류가 과학지식을 추구해야 하는 이유는 그저 '알기 위해서'가 아니다. 앎을 적용하여 자연을 완전히 다스리기 위해서이다. 지식을 그저 세련되게 다듬어 추상적 이론으로 짜는 학자는 거미줄을 짜는 거미와 다를 것이 없다. 한편 무지한 상태로 좌충우돌하면서 실용적인 성과를 기대하는 실험과학자 또한 힘들게 집을 지어 고작 식료품 저장고로 쓰는 개미와 다를 것이 없다.

진정한 과학자란 꿀벌과 같아야 한다. 꿀벌은 뜰과 들에 핀 꽃에서 물질을 추출한 다음 쓸모에 따라 가공한다. 베이컨의 1627년 저작인 『새로운 아틀란티스(New Atlantis)』에서는 과학자이자 사제들이 다스리는 유토피아를 제안했다. 이 과학자 사제들은 일종의 신비주의 연구기관인 '살로몬의 집(Salomon's House)'에서 일한다. 이 유토피아에서 축적된 지식은 경이로운 발명으로 이어진다.

우리는 어느 정도 공중을 날 수 있다. 물속을 다니는 배와 보트가 있고 바닷속에서도 끄떡없다. 또한 수영 허리띠와 보조장비도 있다. 잠수부용 기발한 시계, 반송운동 또는 영구운동하는 장비들도 있다.

그런데 이는 냉철한 이성의 소유자가 할 소리는 아닌 것 같다. 더구나 해묵은 미신 따위는 타파하자고 강력히 주장한 사람, 신뢰성 있는 새로운 과학 탐구방법의 청사진을 제시한 사람에게서 들을 법한 소리가 아니다. 하지만 이보다 더 놀라운 이야기가 있다. 과학사학자 존 헨리(John Henry)는 베이컨의 실험과학에 대한 비전이 오늘날 우리가 생각하는 과학적이며 계몽적인 이성주의 모형과는 거리가 멀며, 오히려 자연의 마법이라는 오래된 전통의 연장선상에 있다고 주장했다. 베이컨의 실험과학은 마법을 계승하는 가운데 탄생했다는 것이다. 이것은 나의 사사로운 판단이 아니다. 1940년대 미국의 사학자 린 손다이크(Lynn Thorndike)가 펴낸 방대한 분량의 보고서 「마법과 실험과학의 역사(History of Magic and Experimental Science)」에서 밝히고 있는 사실이다.

이 점을 이해해야 진정한 의미에서 실험과학의 전통을 이해했다고 할 수 있다. 그 전에는 이 책이 어떻게 해서 실험과학서로 분류되는지 알고 있다고 할 수 없다. 일반적으로 과학자들이 생각하는 '아름다운 실험'이란 완벽하고도 우아한 설계로 자연과 사물의 이치를 명료하게 밝혀주는 실험일 것이다. 사실 아름다운 실험은 그 한 종류밖에 없다. 다행히도 그렇게 아름다운 실험이 화학사에 몇 가지 있다. 그런데 베이컨은 '실험'이라는 표기를 할 때는 '기예', 곧 '테크네(techne)'라는 어원을 염두에 두었다. 오늘날 우리가 자주 쓰는 말인 테크놀로지의 어원도 '테크네’이다. 기술이란 아주 옛날부터 무언가를 만들어내는 것, 즉 마술을 부리는 일이라는 의미가 내포되어 있었다.

르네상스 시대에는 ‘실험’이 불결한 말로 통하기도 했다. 이는 로마가톨릭교회의 영향 때문이었다. 사르데나 우셀러스 지역 주교였던 페드로 가르시아(Pedro Garcia)는 “실험이란 사악한 마술을 부리는 활동”이라며 금지시켜야 마땅하다고 주장했다.

> 실험으로 얻은 지식을 과학 또는 자연과학의 일부라고 주장하는 것은 말도 안 된다. 그런 마술사는 과학자가 아니라 실험가라고 불러야 마땅하다. 그뿐 아니라 마술은 그들의 주장대로 실용적인 지식이다. 반면 자연과학은 본질적으로 오로지 사유를 통해 얻은 지식이다.

이처럼 강력하게 실험을 금기시한 것은 장난삼아 실험에 손대본 사람들이 연금술사나 점성학자가 되거나 자연의 악마적 힘이나 초자연적 신비현상을 마음대로 부리려는 이단에 빠지지 않도록 예방하기 위해서이기도 하다. 그러나 그보다는 실험을 수행하는 이들이 신에게 직접 질문을 던지며 심지어 답을 강요하는, 참을 수 없는 불경이 만연해질까 두려워서였다. 13세기 오베르뉴의 윌리엄(William of Auvergne, 파리의 주교)은 실험마술이란 “알 필요가 없는 것을 알고자 하는 욕망”이라고 정의했다.

이러한 풍토에서 실험을 부추기는 호기심은 죄로 여겨졌다. 성 아우구스티누스의 말에 의하면 호기심이란 "안목의 정욕"이었다.

그러한 풍토에서 어떻게 실험에 기초한 참된 과학이 존립할 수 있겠는가. 아리스토텔레스와 플라톤을 비롯한 고대 그리스 철학자들이 과학자이기도 한 근거는 이들은 세상일은 신의 변덕이 아니라 자연의 원리에 따라 돌아간다고 생각한 데 있다. 그러한 생각을 밑바탕으로 논리와 사유를 활용해 사물의 이치와 원인을 속속들이 밝혀내기로 작정한 것이다. 하지만 철학자들의 논리란 대체로 추상적 사고의 범주를 넘지 못한다.

추상적 사고로는 결코 깊이 있는 앎에 도달하지 못한다. 직관이란, 특히 자연을 이해하는 데 사용되는 '직관'은 좀처럼 신뢰하기 어려운 도구이다. 이를 확인하고 싶다면 플라톤이 권하는 '색깔 제조법'을 읽어보길 바란다. 붓이라는 것을 잡아본 적도 없는 사람이 썼다는 것을 금세 알아차릴 것이다. 초대 과학자들이 실험의 진가를 음미하게 된 시기는 그리스의 철학과 중동의 기술적 지식이 알렉산드리아라는 다언어 문명의 도가니에서 뒤섞일 무렵부터였다. 그리스 철학과 헬레니즘이 하나로 녹아든 용광로에서 헤론과 아르키메데스와 같은 고대의 탁월한 실험과학자들이 탄생한 것이다.

그런데 당시의 실험은 오늘날 우리가 생각하는 실험과는 다르다는 점에 주의하자. 오늘날 과학자들은 훌륭한 실험장비를 구비하고서 사물을 탐구하거나 이론의 참과 거짓을 입증한다. 혹은 이론이나 가설의 상이한 해석 가운데 맞는 것을 찾아내기도 한다. 하지만 르네상스 시대까지만 해도 '가설을 검증'하는 실험은 극히 드물었다. 당시의 실험은 무엇이 옳음을 증명하는 한 방식에 불과했다.

그럼에도 실험을 직접 하는 것과 실험 대상에 대해 이야기만 하는 것은 분명 다르다. 9~10세기의 아라비아 연금술사들은 실험과학은 다름 아닌 정량과학이라고 믿었다. 정성적인 이론을 중시한 아리스토텔레스와는 대조적으로, 이들은 저울이나 자 등 정교한 도구를 이용해 대상을 재고 달아보며 지식을 수집했다. 이에 따라 실험은 도구에 대한 수요를 창출했으며, 제작된 도구로 새로운 실험을 하게 된 것은 당연한 수순이었다.

따라서 휘그주의(Whiggism, 자신에게 유리한 정치적 성향에 따라 또는 현재의 기준으로 과거를 판단하는 영국 사학자들에서 비롯한 말-옮긴이)를 따르는 과학사학자들에게는, 가르시아의 말처럼 실험은 어느 모로 보나 수치스럽고 비웃음을 살 만한 것에 뿌리를 두고 있었다. 과학자 행세를 하는 많은 이들도 실험의 뿌리가 그러하다고 생각했다. 중세는 물론 르네상스 시대에는 대학에서 실험과학을 자연철학의 일부로 취급하지 않았다. 실험이란 연금술사와 마술사, 신플라톤주의의 전통을 계승하는 신비가나 행하는 것이었다. 중세 시대의 의사들은 해부학을 책으로만 배웠다. 다시 말해 실제로 수술을 집행한 이들은 훈련되지 않은 외과 의사들이었다. 이는 고전문학작가들이 그렇게나 오랫동안 같은 실수를 되풀이할 수밖에 없었던 이유이기도 하다. 염료나 알칼리, 비누 같은 실용품을 제조한 사람들은 장인이나 무역 상인이었다. 13세기의 프란체스코회 수도사 로저 베이컨(Roger Bacon)처럼 실험을 선호한 학자들은 마법사라는 꼬리표를 피할 수 없었다.

로저와 같은 성을 가진 프랜시스는 400년 뒤에 연금술사, 마법사, 등을 경멸하고 있음을 공언했다. 『노붐 오르가눔』에서 그는 그들이 지금껏 '보잘 것 없는 성공'을 거둔 '미미한 노력'만을 기울였다고 말한다. 하지만 그렇게 말한 것은 자연의 마법 그 자체가 얼토당토않아서가 아니다. 그 옹호자들이 지금껏 대부분 바보와 사기꾼들이었기 때문이다. 헨리는 베이컨이 그의 동시대인 대부분과 마찬가지로 기꺼이 점성술, 마법, 연금술이 고귀한 학문이며, 그 실상에 있어서는 오류와 무용함으로 가득 차 있더라도 추구할 만한 가치가 있다는 것을 받아들였다고 지적했다.

그래서 그다음은? 실험과학의 아버지라고 불리는 위인이 현대과학에서는 배척하는 오컬트에서 실험에 대한 영감을 얻은 점이 무슨 문제가 될까? 실험과학이라는 개념의 탄생 배경이 마법과 실용 기예와 상관 있다는 점이 왜 신경이 쓰일까?

뜻밖에도 한 가지 좋은 점이 있다. 실험과학의 기원이 어디까지 닿아 있는지를 염두에 둘 경우 실험이 무엇인지 생각할 때 틀에 박힌 그림만 떠올리지는 않게 된다는 점이다. 실험과학은 자연을 탐구하는 것이라고 정의할 경우, 현대적 의미의 과학을 덧입게 되어 범주가 크게 좁아진다. 대표적으로, 실험과학에서 뻗어 나온 수많은 곁가지 계통을 부인하게 된다. 나는 20세기 이전의 모든 실험은 기예, 곧 테크네와 밀접한 관련이 있다고 생각한다. 특히 응용과학과 공예기술, 직조공의 숙련된 기능과는 더욱 밀접한 관련이 있다. 실험과학에 대한 이런 견해가 유독 화학에서 중요한 까닭은 화학에는 물리나 생물 같은 여타의 학문과 확연히 구분되는 역사적 배경이 있기 때문이다.

물리학과 생물학의 경우, 그 학문적 기원이 자연을 관찰하는 자연사에 있다. 금속학을 비롯한 몇몇 분야도 비교적 근래 들어서 기초과학에 토대를 두고 있음을 인정받아 비로소 학문의 한 갈래로 정립되었다. 이 늦깎이 학문은 현대과학에서는 재료과학으로 분류된다. 반면 응용화학의 여러 갈래가 한 갈래로 통합된 경우도 있다. 염료와 색소, 비누와 세제, 주정을 위시한 제조학 분야는 19세기 들어서 비로소 학문의 한 갈래로 정립된다. 그리고 제조학 분야는, 학계가 이 기술을 지적 노력을 기울일 만한 학문으로 인정해서가 아니라 제조법과 관련된 확실하고 다양한 합성법에 대한 산업계의 수요가 급증함에 따라 학문으로 발전하게 된다.

근래에 화학에 대한 이야기, 즉 화학의 역사를 돌아본다거나 미래를 전망하는 도서가 유난히 빈약한 이유는 화학이라는 학문이 현대과학의 전형과 도무지 맞아떨어지지 않기 때문일 것이다. 그런데 오늘날 우리는 과학활동의 실상이 아닌, 이에서 크게 벗어난 이미지를 보는 기이한 현상을 목도하고 있다. 과학사학자 요아힘 슈머(Joachim Schummer)는 화학에서 발표된 논문 수가 다른 어느 분야보다 많았다는 추산을 내놓았다. 이어서 이렇게 덧붙였다.

그러한 사실로 미루어볼 때, 과학의 실제 모습이 어떠한가를 알고 싶다면 수량적인 면에서 무엇보다 가장 먼저 화학을 주의 깊게 살펴보았어야 했다. 달리 말하면 화학을 홀대하는 자연과학 풍토에 강력한 의문을 제기해야 한다는 뜻이다.

더욱 놀랍게도 화학논문 중에는 실험논문이 압도적으로 많았
다. 슈머가 말한 대로, 화학은 그 자체가 실험실을 떠나지 않는
과학이었던 것이다.

19세기까지만 해도 '실험실'은 화학 실험장치가 갖춰진, 실험을 통
해 연구를 수행하는 장소를 일컫는 말이었다. 다른 모든 학문이 실험
을 겸비한 학문으로 거듭나는 과정, 즉 머릿속에서 하는 실험이 아니라
손으로 직접 하는 실험으로 옮겨가는 과정에서 화학실험실은 모형 역
할을 했다. 그에 따라 실험이 화학에 국한되지는 않게 되었지만, 여전
히 화학은 가장 왕성하게 실험을 수행함으로써 역사를 통틀어 다른 모
든 실험과학의 모형으로 존재했다. 그렇다면 과학자들이 '실험'이란 무
엇인가를 알아보고자 한다면 마땅히 화학논문부터 고찰하는 것이 바른
순서 아니겠는가.

슈머는 전 세계 과학자의 3분의 1가량은 이론을 검증하는 실
험뿐 아니라 새로운 물질을 생성하는 실험을 하고 있다고 지적
했다. 즉 화학합성을 하고 있다는 말이다. 프랑스의 저명한 화학
자 마르셀랭 베르텔로(Marcelin Berthelot)가 말한 대로 화학은
연구대상을 자체 제작하는 학문이다. 굳이 자연을 탐문할 필요
가 없다. 공학적 사고를 통해 합성할 물질을 설정하면, 즉 원하

는 기능을 갖춘 물질을 원하는 모양으로 제작할 목표를 세우면 그것이 곧 학문의 주제로 충분하다는 이야기이다.

합성화학에는 이미 미학적 요소가 들어가 있다. 화학물질을 합성한다는 것은 합성가능성과 안정성 같은 현실성에 제약을 받기는 하지만, 궁극적으로 제품을 디자인하는 일이므로 자동차 디자인이나 건축설계와 근본적으로 다르지 않다. 이 일의 공통점은 구조가 있다는 점이다. 이로부터 아름다운 화학 실험의 또 다른 특성을 유추할 수 있다. 아름다운 실험이란 반드시 개념이 아름다워야 하는 것도, 멋지게 수행되어야 하는 것도 아니다. 결과물이 아름다운 것으로 충분하다.

이러한 까닭에 아름다운 실험에 관한 이야기에서 – 여기서 실험은 화학실험에만 국한되지 않으며, 과학의 모든 분야에서 수행되는 실험을 이른다 – 테크네에까지 닿아 있는 실험과학의 일면을 다루지 않을 경우 무언가 부족할 뿐 아니라 석연치 않을 것이다. 실험과학의 전통은 예술과 공예 분야와도 일맥상통한다. 이 분야에서 유용하고도 감탄이 절로 나는 것들이 만들어진다. 베이컨이 논리적이며 체계적인 과학 구조를 구축하기 위해 야심찬 프로젝트를 계획한 것도 바로 이러한 전통을 이어가기 위해서였다.

훌륭한 질문이다. 다행히도 우리 주변에는 각양각색의 아름다움을 뽐내는 장소, 사람, 사물 들이 많다. 그러니 이 책에서 소개하는 아름다운 실험들은 이보다 더 제멋대로일 수는 없을 만큼 임의로 선정된 것이다. 그럼에도 아름다운 실험을 추려 영국왕립화학회에 제출한 목록에서 미국화학학회(American Chemical Society, ACS)가 한 해 전에 선정한 목록과 겹치는 부분이 많음을 확인하고 적잖이 위안을 받았다. 미국화학학회에서는 2002년에 회원들에게 각자 생각하는 아름다운 실험이 무엇인지 제출하도록 요청한 다음, 화학자와 과학사학자로 위원단을 구성해, 목록을 25개로 압축하고 순위를 매겼다. 그에 비하면 내가 정한 순위는 아마추어가 서둘러 끄적인 것에 불과했다. 그렇다면 혹자는 "혼자서 권위도 없는 목록을 작성하느라 굳이 애쓸 필요 없이 미국화학학회가 정한 상위 10개를 아름다운 실험으로 소개하면 될 일 아닌가?"라고 반문할지도 모르겠다.

그런데 마음에 걸리는 부분이 있었다. 미국화학학회의 목록에 내가 동의하지 않는 실험이 끼어 있었던 것이다. 내가 선정한 것과 일치하는 실험이 있다는 사실에 힘을 얻은 나는 일치하지 않는 실험에 대해서도 변호하고 싶어졌다. 하지만 미국화학학회의 상위권에 있는 실험 한 가지가 내 목록에서 빠져 있었다. 심사숙고 끝에 이 실험을 내 목록에 추가하고 다른 하나를 제하는 것으로 일단락을 지었다.

그런데 미국화학학회의 목록을 보는 순간, 나는 '실험'과 '발견'이라는 이질적인 것을 한데 뭉뚱그린 방식에 놀라지 않을 수 없었다. 과학의 업적을 역사적으로나 철학적으로 논의하는 이 시대의 주류 패러다임을 여과 없이 적용하고 있었던 것이다. 또 걸리는 점은 '아름다운'이 한 위원이 표현한 것처럼 '개념이 단순한'과 동의어로 쓰인 것이었다. 그에 따라 '아름다운' 실험이란 중요한 실험이라는 암시가 은연중에 뒤따르고 있었던 것이다. 실제로 이 실험을 소개한 한 기사에서는 '아름다운'을 '간결하면서도 의미심장한'으로 정의하고 있었다.

간결함과 우아함은 분명히 아름다운 실험의 핵심 속성이다. 이 점에는 이견이 없다. 내 목록에도 이 속성을 충족해 선정된 실험이 있다. 하지만 이 속성이 절대적이며 근본적이며 유일한 기준이어야 하는지에 대해서는 확신이 없다. 미국화학학회의 목록에 들기 위해 이 두 속성을 만족하는 실험을 추구하는 학자가 있다면 두고두고 비웃음을 살 것이다. 1856년에 최초로 아닐린 염료를 합성한 윌리엄 퍼킨(William Perkin)의 실험을 예로 들어보자. 이 실험은 다섯 번째로 아름다운 실험에 뽑혔다. 그런데 이 실험이 우아한가. 절대 아니다. 간결하기는커녕 복잡하기 이를 데 없다. 우선 염료는 화학합성 실험에서 우연히 발견된 달갑지 않은 부산물이었다. 한마디로 엉터리 실험에서 탄생한 것이다. 하지만 색깔 그 자체는 얼마나 아름다운가. 이 점은 분명 내게 의미가 있었다. 그런데 내 목록의 한자리를 꿰찰 정도는 아니었다.

이제 의미심장함 또는 중요함에 대해 생각해보자. 아름다운 실험이 반드시 중요한 실험이어야 하는지에 대한 이유는 딱히 없다. 실제 실험이 수행되면 중요성은 실험 자체가 알아서 부여한다. 그 내막을 샅샅이 조사하기 위해 훗날 다시 세세한 기록과 자료를 들춰보며 분석하게 되는 실험이란 어떤 식으로든 이미 커다란 영향을 남긴 실험이 아니던가. 내 목록에 든 실험도 화학사에서 또는 범위를 넓혀 과학사에서 음으로 양으로 의미가 남달랐던 실험임은 분명하다. 그렇지만 중요성과 영향력이 다는 아니었다. 다시 말하면 화학적 사고의 발전에 또는 화학이라는 학문의 발전에 기여한 바가 한 획을 그을 만큼 대단한 실험과 거리가 먼 실험들도 들어 있다는 뜻이다.

이만하면 이 책의 저자로서 '실험'이란 '실험과학'을 내포하고 있음을 충분히 설명했다고 생각한다. 정말로 그러한지 확인하고 싶은 사람은 일련의 연구를 수행할 수도 있겠다. 그런데 한두 해로 끝나지는 않을 것이다. 왜냐하면 목록을 작성하고 순위를 매기는 일은 사과와 오렌지를 비교하는 일과 다르지 않기 때문이다. 그러니까 오랜 기간 정성을 다해 자료를 수집한 끝에 내린 결론과 단 한 번의 실험으로 명쾌하게 어떤 가설을 검증한 실험을 놓고, 어떤 것이 더 중요한지를 어떻게 잴 것인지 따위의 문제를 풀어야 한다는 말이다.

깔끔한 한 번의 실험에는 극적인 계시를 선사한 아름다움이 있는 반면, 오랜 자료 수집 끝에 도달한 결론에는 연속적이며 논리적인 논쟁을 거쳐 구축된 다부진 아름다움이 있다. 미국화학학회의 목록 3위에 있는 에밀 피셔(Emil Fischer)의 실험을 예로 들어보자. 피셔는 1890년대 초기에 포도당 분자의 3차원 구조를 정확하게 밝힌 독일 화학자이다. 이 실험에 관한 과학사학자 피터 람버그(Peter Ramberg)의 설명을 들어보자.

이 대규모 연구 프로젝트의 일부를 구성하는 연구로 천연단당류, 즉 설탕을 분류하기 위한 소규모 프로젝트가 여럿 있었다. 이러한 여러 프로젝트의 성과가 단계적으로 통합되면서 1891년의 결과가 나온 것이다. 그러므로 포도당의 입체구조를 발견한 결정적인 한 가지 실험을 지목하기가 여간 어려운 일이 아니다. 이 경우, 한 가지 실험이 아니라 '아름다운 화학적 추론 과정'이 일군 성과의 전형이라고 보아야

17세기에 금속의 산화과정을 밝힌 라부아지에(Lavoisier)의 실험도 마찬가지이다. 이 실험을 바탕으로 라부아지에는 연소에서 산소의 작용을 설명하는 이론을 세운다. 화학사에 한 획을 그은 이 실험은 미국화학학회 목록에서 2위를 차지하고 있다. 하지만 내 생각은 다르다. 하나의 실험으로 보기에는 너무나도 많은 이들이 관여했기 때문이다.

지금까지 나는 독자들이 '아름다움'과 '실험'을 어떻게 바라보면 좋을지에 대해 유연하게 설명하고자 나름의 노력을 기울였다. 10개의 실험을 선정하는 과정에서 한 가지 일관되게 적용한 것은 귀감이 되는 특성, 즉 창의, 기품, 끈기, 상상, 재간 같은 품성이 발견되는지 여부였다. 장마다 실험을 소개하는 부제목에서 그 실험의 특성이 드러나도록 했다. 따라서 우연히 거둔 성공, 예컨대 윌리엄 퍼킨의 실험은 자연히 제외되었다. 행운이 뒤따른 발견은 유쾌하기도 하고 부러움을 사기도 하지만 순전한 행운에서는 어떠한 아름다움도 발견하지 못했기 때문이다. 우연한 성공이 순전히 행운만으로 이루어지지는 않는다는 점은 인정한다. 가만히 살펴보면 내가 선정한 목록은 저마다 고유한 특성을 예시하고 있다. 이 특성들이야말로 실험을 아름답게 해준다. 굳이 부제목으로 달아 놓은 이유도 이 때문이다.

마지막으로 덧붙이고 싶은 말이 있다. 오늘날 너도나도 따라 하는 '위대한' 또는 '가장 선호하는' 특성을 기준으로 하지 않고 이처럼 품성을 반영하여 순위를 매기는 일이 중요한 두 가지 이유이다.

그 하나는 실험이란 무엇인가, 과학이 발전하는 데 실험은 어떤 역할을 하는가와 같은 문제를 고민하도록 자극하기 때문이다. 오늘날 실험은 가설을 검증하기 위한 전통적인 실험과는 비교도 안 될 만큼 중요한 역할을 담당하고 있다. 이는 두말할 필요가 없는 사실이다. 이 책을 집필하기 위해 실험의 역사를 연구하는 과정에서 나는 일반 대중이 알고 있는 실험의 내용과 그 의미가 역사적 사실과 일치하지 않는 부분이 있음을 발견했다. 여기서 역사적 사실이란 오늘날 검증 가능한 사실에 한한다. 실험이란 과학의 역사를 논의하는 과정에서 어떤 이야기를 어디에서 해야 하는지를 정해주는 구체적인 틀이다. 그럼에도 과학사의 이야기들 가운데는 이야기를 위해 지어낸 요소가 가미된 경우가 있다. 이 사실을 의식하는 것만으로도 과학과 역사를 좀 더 객관적으로 바라보는 데 도움이 될 것이다.

나머지 이유 하나는 순위 매기는 일만큼 화젯거리가 되는 일도 드물기 때문이다. 곧바로 촌평과 이견이 쏟아진다. 이것만으로도 어떻게 과학해야 하는지, 과학의 목표는 무엇이어야 하는 지를 고민하는 장이 마련된 셈이다. 내 목록에서 빠진 이런저런 실험을 두고 성토하는 목소리, 또는 어떻게 그 실험이 순위에 있 는지를 따지는 당찬 목소리를 이미 예상하고 있다. 솔직히 간절 히 고대하고 있다.

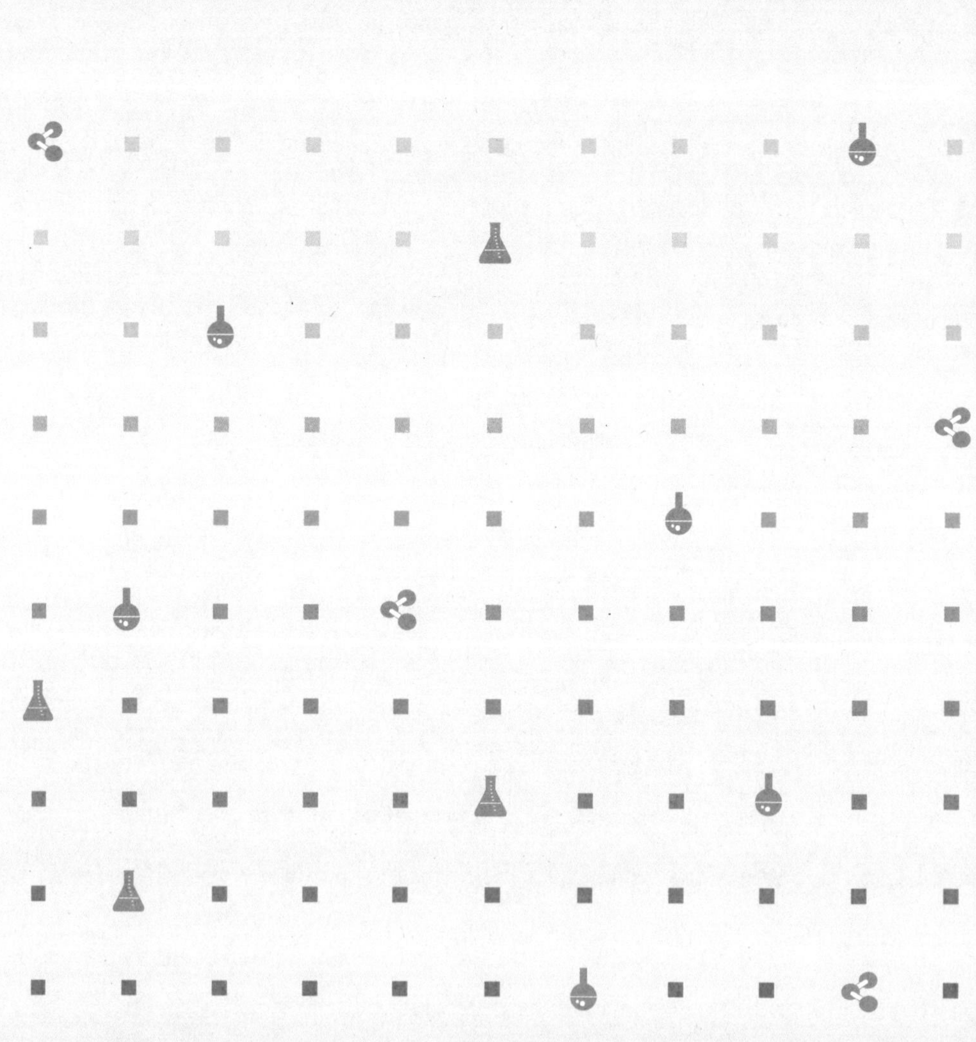

자연을 묻다
Asking Questions of Nature

제1장

나무는 어떻게 자라는가

얀 밥티스타 판 헬몬트 – 버드나무 실험과 수량화의 아름다움

17세기 초, 네덜란드 브뤼셀 인근 빌보르드에서
활동하던 의사 얀 밥티스타 판 헬몬트는, 화분에 흙을
담고 버드나무를 심은 다음 오직 물만 주어 키운 실험을
통해, 모든 물질의 원료는 궁극적으로 물임을 증명했다. 물이
'원시 물질'이라는 그의 주장은 성서의 창세기와도 일맥상통한 점이
있어서 기독교적 세계관에도 위배되지 않았다. 그럼에도 이 화학적 세
계관은 그가 죽은 후 출간된 저서를 통해 알려졌다. 그 저서는 그때까지도
절반은 신의 영역이던 화학이 마지막 전성기를 구가하던 시대의 최후 유물이다.
이후 화학은 르네 데카르트를 필두로 한 기계론적 환원주의에 빠르게 길을 내주게
된다.

화학을 공부하는 학생들은 가장 먼저 무게 다는 법부터 배운다. 끝도 없이 이 물질, 저 물질의 무게를 달아 이쪽에서 저쪽으로 붓고 섞다 보면, 화학 수업이 아니라 요리 수업을 듣고 있는 건 아닌지 착각이 들기도 한다.

물질과 물질의 변화에 관한 학문에서 물질의 정확한 양을 재는 일은 기본적이고도 필수적이다. 그런데 뜻밖에도 고대 그리스 철학에서는 이런 필요성을 거의 언급하지 않았다. 대신 물질의 성질, 즉 끌리는 것이나 피하는 것을 비롯한 일련의 성향을 설명하는 데 주력했다. 예컨대, 아리스토텔레스는 사물이 땅으로 떨어지는 것은 '아래로 향하려는' 본질적 성향 때문이라고 설명했다. 엠페도클레스는 만물은 4가지 원소(물, 불, 흙, 공기 ─ 옮긴이)가 '사랑'과 '반목'의 정기에 의해 섞이거나 갈라져 생성된다는, 세련된 설명을 내놓았다.

물론 고대인들이 수량을 헤아릴 줄 몰랐다는 말이 아니다. 절대로 아니다. 무엇을 얼마나 사고팔 것인지를 모르고 어떻게 상거래를 했겠는가. 건축물을 얼마나 높게 지을지, 가로세로 비율은 얼마로 할지를 정하지 않고 어떻게 공사를 했겠는가. 고대

중동 및 근동(보통 발칸 제국과 이집트 공화국 및 아시아 남서부 제국을
말함 - 옮긴이) 문명에서는 큐빗이 길이의 단위로 쓰였다. 1큐빗
(cubit, 완척, 보통 43~53cm - 옮긴이)은 중지 끝에서 팔꿈치까지 길
이이다. 성서의 열왕기상에는 솔로몬 성전의 정확한 규모가 제
법 상세하게 나온다. 고대 이스라엘에서 정확한 치수를 얼마나
중요시했는지를 단적으로 보여준다.

기원전 2000년경에 그려진 이집트 벽화에는 양쪽에 접시가
있는 양팔 저울이 등장한다. 당시 이집트인은 양팔 저울로 귀
중한 물질의 무게를 쟀다. 이때 무게의 단위로 그레인(grain, 가
장 오래되고 가장 작은 무게단위로 0.065g. 보통 적당하게 자란 밀알을 기
준으로 함. 약자: gr, g - 옮긴이)과 세겔(shekel, 고대 바빌로니아의 무게
단위로 11.4g - 옮긴이)이 주로 쓰였다. 그런데 세겔에 쓰이는 그
레인, 즉 곡식 낟알의 개수가 나라마다 달랐기 때문에 지중해
연안 상인들은 스톤(stone, 스톤. 무게 단위로서 14파운드에 상당함. 특
히 체중을 잴 때 씀. 약자: st - 옮긴이) 분동(分銅)을 여러 개 상비하고
다녔다.

고대의 기능공들은 비장의 기술을 한껏 발휘해 쓸모 있는 물
질을 만들어내려면 물질의 배합 비율이 가장 중요함을 잘 알고
있었다. 여기서 기술이란 화학을 말한다. 당시에는 화학이 연금
술과 동의어처럼 쓰였다. 메소포타미아 사람들은 유리 제조 비

법을 쐐기문자로 기록하기도 했다. 이를테면, '모래 60, 해조류를 태운 재 180, 석회암 5' 같은 식이다. 알렉산드리아 사람들은 그러한 비법을 되도록 한데 모아 조목조목 정리하기 시작했다. 그렇게 해서 후세에 남겨진 것이 연금술 필사본이다. 그런데 기록 과정에서 제조 비법들은 이전에 없던 특징을 덧입기 시작했다. 알렉산드리아의 연금술사들은 실용적·실험적 관점에서 물질을 다루는 데 만족하지 않고 모든 제조법을 관통하는 대원리가 있을 것이라 가정하고 '연구'를 게을리하지 않았다. 훗날 그리스 철학자들은 이들의 열의와 노력을 극찬했다. 알렉산드리아 사람들의 연금술은 기원전 200년경 이집트의 멘데스 지역까지 전파되었음이 분명하다. 그 근거는 멘데스에서 활약한 연금술사 볼로스 데모크리토스(알렉산드리아 연금술의 대표적 저작자-옮긴이)의 대저서인 『피지카(Physica)』-훗날 라틴어로 번역되면서 세상에 알려진 책-에 연금술 필사본에 나오는 비법들이 다수 실려 있다는 점이다. 볼로스는 이 책에 각종 비법을 기록하면서 "자연은 자연을 이긴다. 자연은 자연에 기뻐한다. 자연은 자연을 지배한다." 따위의 주문 같은 문구를 덧붙여 놓기도 했다.

헬레니즘 시대에 활약한 실용과학자들이 모두 비전(秘傳), 즉 비밀스러운 전수에 의존한 것은 아니다. 단적인 예로, 아르키메데스와 헤론은 자연은 위대하다는 식의 이론과 관련이 없는, 독창적인 계량실험을 수행하기도 했다. 그러나 수세기 동안 화학 분야에는 실용적인 측면과 비전적인 측면이 혼재했다. 아랍 문명권의 학자들은 이슬람이 세력을 확장하던 7세기 무렵에 알렉산드리아 서적들을 비로소 접하기 시작했으며, 이후 연금술에 관한 모든 것을 적극적으로 받아들였다.

연금술이 널리 전파되는 데는 이슬람 학자인 자비르 이븐 하이얀(Jabir ibn Hayyan)의 저서로 알려진 연금술 서적들의 영향이 컸다. 그의 저서를 통해 모든 금속은 두 가지 근본적인 물질, 또는 원료(principles)인 '황과 수은'으로 이루어졌다는 사상이 아랍문명 너머까지 널리 전파되었다. 9세기 말에서 10세기 초에 걸쳐 활동하던 비전학파 이스마일(Ismaili)의 회원들은 자비르의 저서들을 한데 모아 집대성하기도 했다. 물론 이 사상이 아리스토텔레스의 원소(엠페도클레스가 제안하고 플라톤이 채용한 흙, 물, 공기, 불로 구성된 4원소설을 받아들임 – 옮긴이) 사상을 대체할 정도로 전파된 것은 아니었다. 아랍인들은 아리스토텔레스의 철학을 외경하는 사람들이었다. 하지만 무언가를 더한 것은 분명하다. 그들이 말하는 '철학적인' 황과 수은은 오늘날 우리가 말하는 황과 수은 원소와 전혀 다르다는 점도 기억해야 한다. 황과 수은은 물질이라기보다 감지하기 어려운 정기나 에센스, 곧 본질적인 어떤 것을 의미했다. 그들은 에센스가 당시까지 알려진 7가지

금속의 융합물일 것이라고 믿었다.

당시의 화학이 이처럼 엉터리 이론을 가졌던 점을 감안하면 자비르의 저서에 적힌 화학적 제조법은 제법 화학적인 명쾌함을 갖추고 있었다. 10세기에 활약한 유명한 아랍인 의사 라제스(아부 바크르 무하마드 이븐 자카리야 아르 라지, Abu Bakr Muhammad ibn Zakariya al-Razi, 라틴어 이름으로 라제스)도 제법 정확한 양과 절차를 명시한 비법들을 남겼다.

생석회 2에 노란색 황 1을 섞은 다음, 이 무게의 4배가 되는 깨끗한 물로 소화시켜 붉게 만든다. 이 과정을 거름종이로 여과하면서 붉게 될 때까지 반복한다. 이 물을 모두 한데 모아 가열하여 절반이 될 때까지 달여 그 물을 사용한다.

이 비법을 따르면 다황화칼슘(Calcium polysulphide)이 생성된다. 그런데 다황화칼슘은 금속과 반응하여 표면색을 바꾸는 성질이 있었다. 바로 이런 성질 때문에 다황화칼슘이 금속을 전혀 다른 금속으로 바꾸게 될 것이라고 여겼다. 훗날 연금술사들이 추구한 궁극의 목표도 금속을 다른 금속으로 바꾸는 것이 아니었던가.

수량이 정확히 명시된 비법을 따르기 위해서는 조심스럽게 무게를 달아야 한다. 서구의 연금술사와 중세 초기의 장인은 한 치의 의심과 오차 없이 비법을 따랐다. 그런데 연금술은 당시 존경받던 분야가 아니었다. 당시 유수한 대학에서는 과학보다는 기하학이나 천문학이나 화음을 연구하는 수학을 주로 가르쳤다.

연금술이 발전함에 따라 계량기법이 널리 전파되고 새로운 측정기구가 발명되었지만, 이것은 어디까지나 책을 보고 요리를 배우는 일쯤으로 치부되었다. 당연히 계량기법과 기구에 대해 기초적인 과학적 탐구심조차 품지 않았다. 그에 따라 대부분의 수량화 과정에서 고래로 반복되던 실수들이 그대로 반복되고 있었다.

예컨대, 황과 수은으로 주홍 안료를 제조하는 중세 비법의 경우, 여기서도 연금술적 변형이 주된 관심사지만, 황이 지나치게 많이 들어간다. 그 이유는 효과적인 화학반응을 유도하는 비율이 아니라 아랍의 연금술사들의 이론에 따른 이상적인 비율이 비법으로 전해 내려왔기 때문이다.

세상에 존재하는 물질을 측정하는 행위를 통해 지식의 지평을 확장할 수 있음을 간파한 이들은 진실로 대범하고도 특출했다. 독일 출신인 니콜라우스 쿠사누스(Nicolaus Cusanus, 1401~1464) 추기경도 그중 한 사람이었다. 과학사의 초창기를 풍미한 뭇 위인들과 마찬가지로 쿠사누스의 업적도 세간에 널리 알려지지는 못했다. 쿠사누스는 책에서 얻는 모든 지식을 곧이곧대로 받아들이기보다 철저히 회의하는 사람이었다.

대표적인 저서 『데 독타 이그노란티아(De Docta Ignorantia, 1440)』[신은 무한자로서 모든 모순, 대립의 통일(반대의 일치)이며, 그것은 이성의 무지를 자각하는 신비적 지성, 곧 무지의 지(知)에 의해서만이 파악된다고 말함 - 옮긴이]에서 쿠사누스는 지구가 우주의 중심이 아니라는 주장을 펼쳤다. 이는 코페르니쿠스보다 무려 수백 년 앞선 것이다. 제목에서부터 가설과 반대 가설을 종합하여 제시하는 것에서 정통한 학자다운 면모가 풍긴다. 쿠사누스는 지구가 축을 중심으로 회전하는 구이며, 달보다는 크지만 해보다는 작다고 말했다. 결국 지구가 움직인다고 말한 것이다.

쿠사누스는 자신의 자연관을 직접 조사하기 위해 정밀 저울과 시간을 재는 모래시계 같은 도구를 사용했다. 그는 높은 탑에서 물체를 떨어뜨리고 관찰하는 방법으로 떨어지는 물체의 빠르기를 헤아려볼 수 있다고 말했다. 이때 공기저항을 계산해 넣어야 한다는 점도 잊지 않았다. 쿠사누스가 제안한 이 실험으로 미루어보면, 그는 수량화의 개념을 인식하고 있었다. 물체가 땅으로 떨어지는 것은 누구나 알지만 속도를 측정하는 것은 아무나 할 수 있는 생각이 아니다. 그는 실험에서 그치지 않고, 실험결과를 그대로 받아들이는 것이 아니라 결과를 왜곡할 수 있는 요인까지 제시했다.

쿠사누스의 동시대인들은 모든 자연현상은 별이 관장한다고 믿었다. 날씨도 예외가 아니었다. 하지만 쿠사누스는 점성술사란 자신이 지어낸 것에 속는 어리석은 무리라고 생각했다. 그는 날씨는 별의 움직임이 아니라 공기를 시험해보면 얼마든지 예보할 수 있다며, 다음과 같은 구체적인 방법을 제시하기도 했다.

"양모 한 움큼을 바깥에 밤새 두어보라. 축축해지면 습도가 많아진 것이고 이는 곧 비가 온다는 뜻이다. 심지어 비가 얼마나 올지도 계산해볼 수 있다. 양모의 무게가 습도에 비례할 테니 말이다."

쿠사누스는 식물이 어떻게 자라는지, 그 신비를 탐구할 수 있는 획기적인 아이디어를 내놓았다. 씨앗에서 식물이 자라는 현상은 신플라톤학파의 신비철학을 대변하는 주제이기도 했다. 중세의 마술과 연금술은 신비철학에서 비롯됐다 해도 과언이 아니다. 쿠사누스는 식물의 신비란 다음과 같은 계량 실험으로 간단히 설명되는 현상이라고 보았다.

흙을 준비해 무게를 잰 다음 준비한 화분에 담는다. 준비한 약초나

씨앗도 무게를 달아둔다. 이를 화분에 심고 어느 정도 자라도록 방치한다. 이후 화분의 무게를 규칙적으로 재면 여전히 처음 무게와 비슷할 것이다. 흙이 거의 줄어들지 않은 것이다. 이제 약초를 뽑아내고 화분의 무게를 다시 재어보라. 약초는 물을 먹고 그만큼 무거워진 것을 알 수 있으리라.

기막히게 멋진 실험이다. 하지만 그는 이 실험을 직접 하지는 않았다. 이후 200년이 지나도록 아무도 하지 않았다.

고뇌에 찬 은둔자

쿠사누스의 태양중심 사상은 갈릴레오가 당한 것과 같은 혹독한 시련을 불러일으키지는 않았다. 쿠사누스에 비하면 갈릴레오는, 참을성 없는 시대에 겁 없이 지동설을 들고 나온 불운아일 뿐이다. 그런데 갈릴레오의 시련은 조르다노 브루노의 시련에 비할 바가 아니다.

브루노는 과학적 견해가 전통과 배치되어서가 아니라 종교적 이단아로 낙인찍혀 1600년에 화형을 당했다. 물론 갈릴레오의 시련도 결코 만만했다고는 할 수 없다. 집 안에 갇혀 있기는 했지만 갈릴레오 주변에는 늘 언제 험악한 일로 번질지 모를 긴장감이 맴돌고 있었기 때문이다.

그러한 일을 잘 알고 있었기 때문에 판 헬몬트(1579~1644)는 자신이 연구한 것을 죽을 때까지 공개하지 않았는지도 모른다. 헬몬트는 이미 종교재판소에서 이단으로 판결을 받아 빌보르드의 브라반트 공작령 내에 갇혀 살아야 하는 처지였다. 그 후로는 교회와 어떠한 마찰도 빚고 싶지 않았을 것이다. 헬몬트는 소신을 앞세우는 사람이 아니었다. 오히려 믿기지 않을 정도로 조용한 생활, 세간의 주목을 받지 않는 삶을 추구했다. 그를 궁정의 물리학자로 삼고 싶은 왕들이 많이 있었지만 한결같이 고사해온 사실에서도 잘 드러난다. 과묵한 성격 탓에 그는 누가 무슨 말을 해도 좀처럼 입을 열지 않았다. 그 덕에, 어찌 보면 당대로써는 가장 극단적이었던 화학 영역을 탐구하려는 대범함과 열정이 들통 나지 않았던 것이다.

헬몬트는 루벤 대학에서 수학했다. 하지만 학위를 마칠 즈음, 학식에 자격을 부여받는다는 것 자체가 허영일 뿐임을 깨닫고 학위를 물렸다. 이처럼 보기 드문 자주정신의 소유자였지만 여전히 전통 의학을 신봉하는 고루한 학자이기도 했다. 그런데 자신의 가려움증을 치료할 목적으로 만든 연고를 계기로 새로운 분야에 눈을 떴다. 헬몬트가 조제한 이 연고는 스위스의 신지식

_그림1. 네덜란드의 의사이자 화학자 얀 밥티스타 판 헬몬트. (사진제공: 영국왕립화학회 도서관 · 정보센터)

인이었던 파라셀수스(1493~1541)의 의화학에서 영감을 얻은 것이었다.

이후 그는 이 새로운 '과학(피지크, physick)'을 학문의 대상으로 삼게 된다. 르네상스 시대의 정통의학은 그리스의 히포크라테스 의학과 로마의 갈레노스 의학을 기초로 하고 있었다. 그런데 파라셀수스는 정통의학과 다른 생각을 품고 있었다. 어떤 질병들은 연금술로 조제한 자연의 약으로 치료해야 한다고 주장한 것이다. 파라셀수스의 의료지식과 의학적 견해는 그가 사망한 지 수십 년이 흐른 후, 유럽 전역에 받아들여지기 시작했다. 이에 따라 의료계는 17세기 초까지 갈레노스파와 파라셀수스파로 양분되어 있었다.

헬몬트는 파라셀수스의 저작들을 탐독했다. 적어도 그에게는 충분히 타당한 이야기로 가득했다. 그렇다고 해서 그 이야기를 무턱대고 받아들이지는 않았다. 파라셀수스는 자신의 화학지식과 의학지식을 뚜렷이 밝힐 생각이 없었던 듯하다. 모호한 용어를 써서 연막을 치거나 효능과 작용을 부풀려 표현한 부분이 많은 것을 보면 말이다. 이를테면 이런 식이다.

"인간은 우주라는 거시우주가 반영된 미시우주이므로 신체에 나타나는 이상증세는 자연의 이상증세에 견줄 수 있다."

"간질은 지진이 일어나 땅이 흔들리고 떠는 현상과 같은 것이다."

미시우주가 거시우주에 대응된다는 개념은 신플라톤학파에서 매우 중요하게 다룬 주제였다. 또한 자비르 계보의 연금술사들도 적극적으로 수용한 개념이었다. 그러나 헬몬트는 그러한 개념은 순전히 신비주의적인 것이라며 전혀 신뢰하지 않았다.

헬몬트는 파라셀수스의 저술에서 터무니없는 것과 살펴볼 만한 것을 가려내는 작업에 착수했다. 그가 알고 싶었던 것은 화학적 사상이 아니라 화학적 의약품이었기 때문이다. 그렇다고 해서 헬몬트 자신이 신비주의에서 완전히 자유로운 것은 아니었다. 파라셀수스처럼 헬몬트도 화학이란 철저히 기독교적 신앙을 토대로 해야 하는 학문이라고 믿었다. 헬몬트는 파라셀수스의 지적 사유물을 탄탄한 이론으로 대체하는 작업을 했다. 물론 현대적 관점으로 보면 어디까지가 파라셀수스의 사유이고 어디서부터가 헬몬트의 이론인지 분간하기가 쉽지 않다.

예컨대, 헬몬트는 '무기 연고'라는 파라셀수스의 치료법을 옹호했다. 그런데 이 치료법은 오늘날 사람들에게는 황당한 마법쯤으로 들린다. 상처에 바르는 것이 아니라 상처를 입힌 무기의 날에 연고를 바르는 연고이기 때문이다. 얼토당토 않는 이야기 같지만 헬몬트는 나무랄 데 없이 이성적이며 합당한 근거가 있는 치료법이라고 확신했다. 그도 그럴 것이 신플라톤학파 학자들에게 자연의 기적은 단순한 미신이 아니었다. 자연이 신비한 힘으로 가득 차 있기 때문에 일어나는 현상이었다. 보라. 자기력은 얼마나 분명한가. 무기 연고는 날에 묻은 피의 정기가 피의 주인의 몸에 돌아가도록 해주는 자연의 신비한 힘을 발생시키는 연고인 것이다.

　1621년 헬몬트는 이 무기 연고를 변호하는 글을 쓴다. 그런데 한 명망 높은 예수회 수사의 호된 비판을 받았다. 이에 헬몬트는 이 약이 어떻게 치유효과를 발휘하는지를 설명하는데, 안타깝게도 종교적인 세계에서나 통할 법한 이야기인 '원격 치유'를 비교하고 말았다. 루벤 대학은 이 사건을 학교에 불명예를 초래한 일로 판단하고, 스페인의 종교재판에 헬몬트를 회부한다. 당시 벨기에는 스페인의 지배를 받고 있었다. 이 재판에서 그는 이단으로 선고받고 감옥에 수감된다. 하지만 영향력 있는 친구의 중재로 큰 고초 없이 풀려난다. 이후부터 헬몬트는 교회의 승인 없이는 어떠한 글도 발표할 수 없으며, 지역 대주교의 허가 없이는 집 밖으로도 나가지 못하는 생활을 하게 된다. 심지어 역병이 돌 때에도 허락을 받아야 했다. 실제로 그 지역에 역병이 돌았을 때 헬몬트를 두고 떠날 수 없다며 온 가족이 함께 머무르다가 두 아들을 잃고 말았다.

　헬몬트는 화학과 의약에 관한 방대한 분량의 저술을 남겼다. 그의 저술은 생전에는 출간되지 못하다가 사후에 원고를 유산으로 받은 아들 프란시스퀴스 메르쿠리우스에 의해 빛을 보게 된다. 그것이 바로 1648년에 출간된 『의학의 기원(Ortus Medicinae)』이다. 라틴어로 쓰인 이 대작은 존 챈들러에 의해 영어로 번역되어, 1662년에 『오리아트리케(Oriatrike, or Physick

Refined)』라는 제목으로 출간되었다.

헬몬트의 『의학의 기원』에는 탄성이 절로 나오는 아이디어들이 수두룩하다. 가장 눈에 띄는 것은 '소화'에 관한 것이다. 파라셀수스는 소화란 아르케우스(Archeus)라는 '내면의 연금술사'가 수행하는 연금술의 한 과정이라고 설명했지만, 헬몬트는 소화란 산(acid)이 관여하는 발효(fermentation)의 일종이라고 설명하고 있다. 이처럼 『의학의 기원』은 참신하면서도 고루하며, 예지와 통찰로 빛나지만 퇴화와 역행이 엿보이는, 한마디로 기묘한 책이다.

당시 유럽은 데카르트와 그의 후예들이 주장하는 기계론적 세계관이 대세를 이루고 있었다. 이 기계론적 사상은 훗날 뉴턴의 『프린키피아(Principia)』에서 훨씬 정교하게 다듬어진다. 하지만 헬몬트는 생각 없이 시류에 휩쓸리는 사람이 아니었다. 더구나 데카르트 학파의 이원론, 즉 몸과 정신을 따로 보는 사상에는 결코 동의할 수 없었다. 헬몬트는 물질에 생기를 불어넣는 결정적인 힘이 있음을 주장하면서, 그 자신이 피를 증류하는 방법으로 '스피리투스 문디(spiritus mundi)', 곧 '세상의 정기'를 찾아낼 것을 의심치 않았다.

한편 헬몬트는 논리적 사고와 수학적 추상에만 의존하는 과학은 종말을 고해야 하며, 대신 관찰과 실험을 토대로 해야 한다고 주장했다. 그는 주장에만 그치지 않고, 그러한 과학으로 무엇을 얻을 수 있는지 효용성을 입증하기 위해 몸소 어떤 실험을 수행했다. 헬몬트는 이 실험을 통해 만물이 물로 만들어졌음을 알게 되었다고 말했다.

그런데 헬몬트가 보기에도 만물이 물로 만들어진 것은 아니었던 모양이다. 또 다른 만물의 질료로 공기를 인정한 것을 보면 말이다. 공기는 아리스토텔레스의 4원소 중 하나이다. 하지만 공기는 활성이 없어 변하지 않기 때문에 결국 궁극의 질료로 남는 것은 물밖에 없다며 원래 주장으로 되돌아갔다.

"손으로 만질 수 있는 모든 흙과 땅과 몸은 오직 물에서 태어나며, 이들은 본성을 따라 또는 인위적으로 다시 물로 돌아간다."

헬몬트는 이 주장을 뒷받침하기 위해 이렇게 적고 있다.

"나는 내 손으로 행한 실험으로 이 사실을 알았다. 식물은 물을 먹고 자란다!"

헬몬트가 쿠사누스가 제안한 실험에 대해 알고 있었는지 또는 모르고 있었는지는 중요하지 않다. 어쨌든 실험을 직접 한 사람은 헬몬트였다.

이 실험은 인내심 없이는 해내기 어려운 실험이었다. 가택에 연금된 덕분에 인내력이 생긴 건지도 모른다. 헬몬트는 흙

200파운드를 화덕에서 말린 다음, 빗물을 뿌려가며 물기를 머금게 했다. 이 흙을 화분에 담고 5파운드 무게의 어린 버드나무를 심었다. 그러고 나서 5년을 기다렸다.

그동안 버드나무에 간간이 물을 주었다. 하지만 물 이외의 다른 어떤 것도 흙에 들어가지 않도록 경계를 게을리하지 않았다. 그는 흙에 먼지가 앉지 못하게 '주석을 입힌 철판으로 뚜껑을 만들어 덮되, 뚜껑에 구멍을 많이 내어' 물과 공기가 통할 수 있게 했다. 쿠사누스처럼 그도 실험결과에 영향을 미칠 요인의 존재에 대해 알고 있었으며, 이를 배제시킬 방법까지 고안한 것이다.

실험 기한이 다 되자 그는 버드나무의 무게와 흙의 무게를 쟀다. 그런데 흙의 무게가 원래 200파운드에서 고작 2온스 부족했다. 반면 버드나무는 무성하게 자랐다.

"물만 먹고도 줄기와 껍질과 뿌리가 도합 164파운드였다."

그리고 4년 동안 낙엽으로 사라진 잎사귀들의 무게는 추산하지 않았다고 덧붙였다.

이 실험에서 굳이 무게를 잴 필요가 있는지 모르겠다는 사람도 있을 것이다. 누가 보아도 흙이 크게 줄지 않았으며, 나무는 무성히 자라지 않았는가. 이파리 무게가 빠졌는데 164파운드가 무슨 의미가 있겠는가.

그런데 여기에 가장 기초적이면서도 절대적인 것을 살펴봐야 한다. 바로 '숫자'이다. 숫자는 그 어떤 반론의 여지도 남기지 않는, 완전무결한 '사실'이다. 사람들이 실험결과의 해석을 두고 미심쩍어 하면 헬몬트는 어떻게 해서 164파운드가 나왔는지, 어디에서 비롯되었는지를 침착하게 설명하면 된다. 그 상황에서 "공기에서 나왔을지도 모르지 않소?"라고 대꾸하는 사람이 있다면 비웃음을 살 게 뻔하다.

헬몬트의 실험이 아름다운 까닭은 '명료함' 때문이다. 다시 말해, 이 실험에는 간과되었을 수도 있는 부분, 자칫 오류를 야기할 수도 있는 부분이 없다. 거기에 수량화라는 탁월한 도구를 쓴 점도 명쾌함을 더한다. 이 수량화야말로 개인적 일화에 불과할지도 모를 일을 과학적 탐구로 변형시켜준 요체이다.

물론 "만물이 물로 만들어진다."는 헬몬트의 결론은 완전히 빗나간 것이다. 나무는 물로 자라지 않는다. 잎이 대기 중에서 흡수한 이산화탄소를 원료로 광합성 작용을 해서 그 산물로 셀룰로오스를 만들어내고 그로 인해 나무가 자란다. 그럼에도 헬몬트의 실험설계와 결과의 해석에 적용한 논리에는 흠 잡을 데가 없다. 헬몬트가 그 결론 말고 다른 어떤 결론에 이를 수 있겠는가.

현대 과학자들이 헬몬트의 실험에서 겸허히 배워야 할 교훈이 있다. 퍼즐에서 가장 중요한 조각이 빠지면 아무리 그럴듯해

보여도 결국엔 허점투성이일 수밖에 없다는 점이다.

한 시대의 막을 내리며

헬몬트는 '물질세계의 원료는 물'이라는 주장 외에도 여러 주장을 펼쳤다. 그러나 대체로 주목할 만한 것은 아니었으며, 결정적으로 주장을 뒷받침하기 위해 숫자를 제시하지 않았다. 물고기가 물을 먹고 살지 않으면 무엇으로 살까? 딱딱한 물질도 물과 접촉하면 물로 변하지 않던가. 소금을 보라. 물에 녹아 '맛이 있는 물'을 만든다. 세상에는 녹지 않는 고체가 수두룩하다. 이에 대해 헬몬트는 단지 알맞은 용매를 찾지 못해서라고 치부했다. 이 또한 관점에 따라서는 틀린 견해가 아니다. 헬몬트는 세상에 있는 모든 것들을 녹이는 '만물 용해액'이 있을 것이라고 믿었다. 이를 '알카헤스트(alkahest)'라고 이름 짓고, 이 물질을 찾는 데 여러 해를 소비하기도 했다. 그런데 만약 그런 물질을 찾았다면 그것을 어디에 담아두었을지 갑자기 궁금해진다.

만물의 원료가 물이라는 주장에 대한 증거로 실험결과 못지않은 힘을 지닌 것은 성경이었다. 창세기에도 하나님이 물로 세상을 창조했다고 적혀 있지 않은가. 하나님은 '물에서 물'을 가려내고, 그사이에 창공을 펼치고, 그다음에 마른 땅을 내었다. 계몽시대가 동틀 무렵에도 신학은 여전히 과학 위에 군림하고 있었다.

헬몬트는 거기에 만족하지 않고 자신의 주장을 뒷받침하기 위해 연금술 가운데 기막히게 들어맞는 것을 찾아 제시하곤 했다. 이를테면, 자신은 모래라도 어떤 알칼리에 녹여 물로 만들 수 있다고 말했다. 그렇게 해서 만들어진 것이 '물유리(water glass, 나트륨 규산염 – 옮긴이)'이다. 물유리는 공기 중에서 수분을 흡수함에 따라 액화한다. 액화된 물질에 산을 넣으면 다시 모래 가 처음과 똑같은 양만큼 생겨난다. 여기서 그가 수량을 나타내 는 '똑같은 양'을 말한 데 주목하라. 물질이란 파괴될 수 없으므 로 어떠한 변형을 거쳐도 보존된다고 믿었음을 알 수 있다.

헬몬트만 오직 물로 세상을 만들 수 있다고 주장한 것은 아니 다. 이오니아학파의 창시자로 유명한 그리스 철학자 탈레스도 기원전 6세기에 그와 비슷한 말을 했다. 탈레스에 따르면, 물은 증발하여 공기로 변환되며, 이것이 빙결하면 '흙', 즉 고체로 변 형된다. 그런데 탈레스의 생각에 주목한 사람이 없었다. 이오니 아학파의 후학들조차 몰라보았다. 그러니 헬몬트의 주장에 주 목한 사람도 없었다.

헬몬트의 주장이 왜 그렇게 관심을 받지 못했는지를 해명할 만한 과학적인 근거는 딱히 없다. 하지만 시대적 상황이 헬몬트에게 불리했던 것은 확실하다. 17세기 중반에는 화학에 관한 것이라면 무엇이든 하찮은 것으로 만들어버릴 만큼 데카르트를 위시한 기계론적 사상가들이 위세를 떨치고 있었다. 헬몬트의 저술은 연금술의 직계로, 화학이라는 영토에 마지막으로 핀 꽃이었던 셈이다. 헬몬트의 화학이 파라셀수스의 과학이론을 조금은 더 이성적인 토대 위에 올려놓기는 했지만 그것으로는 역부족이었다. 그보다도 훨씬 빠르고 힘차게, 신플라톤학파의 흔적이나 마법적 요소가 화학에서 지워지고 있었기 때문이다. 대표적으로 독일 태생의 안드레아스 리바비우스(Andreas Libavius)와 요한 루돌프 글라우버(Johann Rudolph Glauber)와 같은 이들이 맹활약을 펼치고 있었다. 파리왕립식물원(Jardin du Roi)에 들어선 왕립의료 및 의약학교에서는 연금술이 화학이라는 학문의 갈래로 발전하고 있었다.

헬몬트의 『오리아트리케』가 영국에서 출간되기 한 해 전에, 종래의 화학하는 방법을 전면적으로 비평하는 『회의적 화학자(The Sceptical Chymist)』가 출간되었다. 이 책은 이후 화학을 새로운 국면으로 접어들게 한 책으로 평가받는다. 이 책에서 로버트 보일은 원소를 정의하는 방식에 대해 처음부터 다시 검토할 것을 권하고, 증거가 허락한 것 이상의 것을 추론해서는 안 된다머 화학자들에게 주의를 당부했다.

헬몬트의 시대적 불운은 거기서 그치지 않았다. 17세기에는 여러 원소체계가 등장했다. 그중에는 아리스토텔레스의 4원소와 파라셀수스의 연금술 3인방인 황, 수은, 소금을 적당히 버무려 놓은 것들도 있었다. 어찌되었든 화학자의 소재가 풍부해진 것이다. 이에 비해 헬몬트의 두 원소 체계는 이것 아니면 저것밖에 없었다. 당연히 흥미를 끌지 못했다.

당시의 정치사회적 분위기도 그에게 호의적이지 않았다. 신성로마제국의 권위를 부인하는 보헤미아의 급진 정치세력이 득세하더니 1619년에 마침내 '30년전쟁'이 터졌다. 크롬웰이 이끄는 영국의 성공회는 과격 세력을 마뜩찮아했다. 그러한 격동기에 헬몬트의 화학은 정치적 세력을 비롯한 외부 세력의 관심을 끌 만한 특징이 없었다.

그런데 뜻밖의 영역에서 화학사에 족적을 남겼다. 헬몬트는 연소반응에서 생성되는 '정기'에 흥미를 느꼈다. 연소반응이 일어날 때의 공기는 보통 공기와는 확연히 다른 무언가가 있었기 때문이다. 헬몬트는 숯이 타면서 내뿜는 증기, 곧 '나무의 정기'를 채집하고 관찰했다. 그리고 이 증기가 불꽃을 끄는 성질이 있음을 발견했다. 헬몬트는 이 증기 또한 공기가 아니라 물에서 비롯됐다고 굳게 믿었다. 새로운 물질이니 새 이름이 필요하다고 생각한 헬몬트는 파라셀수스의 책에서 고대 그리스어 '카오스(chaos)'를 빌려 쓰기로 했다. 이를 플레밍어로 읽으면 '가스(gas)'라고 발음된다. 그런데 헬몬트는 어떤 기체를 채집했던 것일까? 이 기체가 바로 다음 세기 내내 화학자들이 그토록 알아내고자 했던 물질이다.

제2장

복합 원소

헨리 캐번디시–물의 구성성분 실험과 섬세함의 아름다움

1781년, 영국에서 손꼽히는 부자인 런던의 괴짜 귀족 헨리 캐번디시는 유리용기에 두 종류의 '공기'를 넣고 불을 붙이는 실험으로, 두 공기가 합쳐져 '물'이 생성됨을 밝혔다. 그런데 이 실험은 캐번디시가 최초로 한 것이 아니다. 게다가 캐번디시 이후에도 여러 과학자들이 시도했다. 다만 이전의 어느 실험가보다 캐번디시가 정교하게 실험과정을 계획했고 관련 물질의 양을 치밀하게 측정했다. 이 측정값을 통해 캐번디시는 이 두 공기가 물의 구성성분임을 밝혔다. 그전까지는 물은 더 이상 나눠지지 않는 원소로 알려져 있었다. 하지만 캐번디시의 생각은 달랐다. 한편 캐번디시는 물이 화합물이라는 사실을 자신이 최초로 발견했다고 주장했지만 학계는 호락호락 인정하지를 않았다. 19세기 학계는 이 주장의 진위를 확인하고 최초의 물 발견자를 가리기 위해 열띤 논쟁을 벌인다. 그 와중에 캐번디시가 자신의 주장을 슬그머니 철회하자 한껏 고조된 '물 논쟁'은 진공상태에 빠진다. 캐번디시는 이후 3년 동안 꼼꼼하게 재확인 실험을 한다. 그사이 캐번디시와 같은 실험을 한 학자들이 여럿 등장하면서, 오늘날까지도 물이 다원소 물질임을 최초로 발견한 자를 가리는 논쟁이 끝나지 않고 있다.

판 헬몬트는 지상의 모든 피조물은 물을 근본물질로 하여 생성된다고 굳게 믿었다. 하지만 그의 주장은 이렇다 할 관심을 불러일으키지 못했다. 그도 그럴 것이 물이 만물의 원소임은 너무나 분명한 사실이었기 때문이다. 18세기 후반까지도 사람들은 아리스토텔레스의 4원소, 즉 물, 불, 흙, 공기로 이루어진 세상에서 살고 있었다. 문제는 모두 그렇게 믿을 뿐 아무도 확인해볼 생각을 하지 않았다는 데 있었다. 캐번디시가 후세에 길이 남을 실험을 수행할 당시의 관심대상은 물이 아니었다. 당연히 실험목표도 물의 성질을 탐구하는 것이 아니었다. 동시대인들과 마찬가지로 그도 물보다는 4원소 중 하나인 공기에 관심을 두고 있었다.

그 시대는 '공기 화학'의 전성기라 일컬어질 만큼 화학적 반응이 진행되면서 뽀글뽀글 피어나는 '증기'를 채취하는 일에 너도 나도 심취했다. 아무 관심도 못 받던 불활성 물질 '공기'가 다양한 모습으로 포착되었던 것이다. 1727년 영국의 성직자였던 스티븐 헤일스(Stephen Hales)는 공기에 물을 흘리는 방법으로 공기를 채집할 수 있다고 주장했다. 그는 물 항아리 속에 유리용기

(오늘날 헤일스 트로프라고 불림)의 입구를 아래로 향하도록 담가두고 공기를 불어넣었다. 이때 물을 통과한 공기는 유리용기 상층부에 모였다. 이와 같은 방법으로 공기를 채집했다.

또한 정확한 양을 잴 수 있었다. 사라진 물만큼 공기가 차오른 것이므로 그것이 곧 공기의 양이었다. 스코틀랜드의 조지프 블랙(Joseph Black)은 헤일스의 실험기법을 응용하여, 석회석, 즉 산화마그네슘을 가열할 때 생기는 '공기'에 대해 연구했다. 이 증기는 광물에 고정되려는 성질이 강해 아주 고온의 열을 가해주어야만 겨우 발생되었다. 블랙은 이 증기를 '고정된(비휘발성) 공기'라고 불렀다. 일반 공기(common air)와는 뚜렷이 다른 점이 있었는데, 이 공기 안에서는 물질이 잘 타지 않았다. 더욱 특이한 것은 석회수(수산화칼슘 용액, 소석회)를 뿌옇게 흐리는 성질이었다.

블랙의 제자였던 대니얼 러더퍼드(Daniel Rutherford)는 밀폐된 용기에서 연소반응을 시키면 호흡곤란을 일으키는 고약한 잔류물이 생성됨을 확인했다. 당시 화학자들은 산이 어떤 금속과 반응하면 모종의 유독한 증기가 생성됨을 알고 있었다. 그중 한 사람이 스웨덴에 살던 약제사 칼 빌헬름 셸레(Carl Wilhellm Scheele)였다. 그는 1770년에 그 증기를 수집하여 관찰하고, 일반 공기 중에 폭발하듯 불타는 성질이 있음을 확인했다. 셸레는 그 증기를 '불이 잘 붙는(가연성) 공기'라고 불렀다.

당시 공기 화학은 한 이론을 중심으로 전개되고 있었고 그 중심에는 플로지스톤(phlogiston)이라는 물질이 있었다. 플로지스톤이란 용어는 '불을 지피다'는 뜻의 그리스어 플로지스토스(phlogistos)에서 유래한다. 이 이름은 1703년에 독일의 화학자 게오르크 슈탈(Georg Stahl)이 붙인 것이다. 플로지스톤은 사물을 타게 하는 물질이었다. 18세기 과학자들은 연소반응을 공기와 연소 질료 사이를 모종의 물질이 오가는 것이라고 생각했다. 그 물질이 바로 플로지스톤이다.

이들은 물질이 타면 플로지스톤을 잃는다고 생각했다.[*] 일반 공기가 플로지스톤으로 포화되면 연소반응이 멈춘다. 밀폐된 용기 안에 촛불을 켜둘 경우 곧 꺼지는 것도 이 때문이다. 영국의 비국교도 목사 조지프 프리스틀리(Joseph Priestley)는 이 물질이 러더퍼드의 고약한 공기를 설명해준다고 생각했다. 이 고약한 공기는 '플로지스톤이 가득 채워진 일반 공기'라는 것이다.

1774년 프리스틀리는 호흡곤란을 일으키는 불활성 물질과는 정반대 성질이 있는 물질의 제조법을 알아낸다. 그러니까 플

---

[*] 그 때문에 나무가 불에 타면 가벼워졌다. 그런데 수상하게도 금속은 공기 중에서 가열하면(하소시키면) 더 무거워졌다. 플로지스톤을 잃는데도 말이다. 그러나 문제없다. 플로지스톤 이론을 열렬히 지지하는 학자들은 이렇게 설명한다. 겉보기에도 변덕스러운 이 '연소 주도 물질'은 때로 음의 무게를 띠기도 한다.

로지스톤을 빼낸 공기를 만든 것이다. 이 공기가 연소반응을 매우 활발하게 한다는 점도 발견했다. 프리스틀리는 산화수은을 가열하여 이 물질을 얻었다. 그런데 이 실험 역시 셸레를 비롯해 다른 여러 학자들이 이미 수행한 적이 있는 실험이었다.

그해 프리스틀리의 실험을 옆에서 유심히 관찰한 존 월터(John Warltire)라는 학자가 있었다. 프리스틀리의 친구인 월터는 셸레의 가연성 공기가 폭발하듯 연소하는 반응을 매우 흥미롭게 생각했다. 월터는 당시 과학자들 사이에서 가장 인기가 높았던 '전기'를 연구하고 있었다. 월터는 일반 공기와 가연성 공기를 혼합한 다음, 전기 스파크로 불을 붙여보았다. 이 실험에서 폭발이 일어난 후 공기가 줄어들며 실험용기의 벽에 이슬이 맺히는 것을 목격했다.

한편 파리에서 활동하던 과학자 피에르 마케르(Pierre Joseph Macquer)도 그와 비슷한 실험결과를 얻었다. 가연성 공기를 연기 없는 불꽃으로 연소시키면서 도자기 접시를 불꽃 위에 대면 접시 표면이 축축해지는 현상을 발견한 것이다. 이에 대해 마케르는 아무리 보아도 그냥 물 같다고 말했다.

그런데 이들이 실험으로 알아낸 것은 그리 대수롭지도 신기하지도 않은 일반적인 현상이었다. 실내공기가 응축하면 유리창에 뿌옇게 입김처럼 서린다거나, 눅눅한 서재의 오래된 책은 종이가 울고 가장자리가 말리게 마련이다. 그런 연유에서인지 월터도 물에는 그다지 신경을 쓰지 않았다. 프리스틀리도 1781년 같은 실험을 다시 하면서도 물은 안중에도 없었다. 그보다는 공기에 무슨 일이 벌어지는지를 관찰하느라 여념이 없었던 것이다.

가연성 공기에는 확실히 플로지스톤이 다량 들어 있었다. 하지만 셸레와 캐번디시를 비롯한 일부 과학자들은 그 공기 자체가 순수한 플로지스톤일지도 모른다고 생각하기 시작했다. 프리스틀리는 일반 공기가 물을 방출하는 원인은 플로지스톤 때문이라며, "일반 공기는 플로지스톤화 과정을 거쳐 습기를 보유한다."라는 부연 설명을 제시했다.

이에 캐번디시는 직접 실험을 통해 확인해보리라 결심한다.

괴짜 동료

화학사에는 다른 어떤 분야 못지않게 많은 기괴한 일화들이 전해온다. 엠페도클레스는 불멸의 꿈에 심취한 나머지 에트나 산(이탈리아 시실리 섬의 유럽 최대 활화산 – 옮긴이)에 스스로 몸을 던졌다고 한다. 파라셀수스는 르네상스시대를 사는 내내 욕설과

술을 입에 달고 살았으며 언제나 비틀거렸다고 한다. 플로지스톤 이론을 팔아 잇속을 챙긴 교활한 연금술사 요한 베허(Johann Becher)는 연금술로 금을 만들어주겠다고 네덜란드 왕자를 속여 수수료만 챙겼다고 한다. 주기율표를 완성한 드미트리 멘델레예프(Dmitri Mendeleyev)는 시베리아의 황야를 활보하던 텁수룩한 예언자였다.

이러한 에피소드는 대개 들리는 말을 또 얻어들은 이야기인지라 정확한 출처가 없다. 그럼에도 에피소드의 전부가 거짓부렁은 아닐 것이다. 캐번디시도 이 계보에 끼는 데 모자람이 없을 만큼 행적이 기이했다. 과학사의 기이한 인물들을 다룬 원조 서적인, 버나드 자페(Bernard Jaffe)의 『도가니(Crucibles, 1976)』에서 캐번디시를 이렇게 소개하고 있다.

"그는 자연의 비밀을 캐내는 데 너무나 몰두한 나머지 완전히 사로잡힌 듯 했으며, 건강이나 외모에는 일분일초도 신경을 쓰지 않았다. 찰스 캐번디시 경의 아들이자 어마어마한 재산의 상속자임에도 그는 단벌신사였으며 그마저 유행에 뒤떨어져 고루하기 짝이 없었고 신발도 마찬가지였다."

캐번디시가 남의 시선을 즐기는 무대 체질이 아닌 이상, 괴짜 중에 괴짜라고밖에 할 말이 없다. 대영제국의 귀족으로 존경받아 마땅한 헨리 캐번디시는 정녕 종잡을 수 없는 기인이었다.

_그림2. 헨리 캐번디시. 윌리엄 알렉산더가 잉크 소묘로 완성한 초상화. 은둔 과학자 캐번디시의 유일한 초상화로 알려진 작품. (사진제공: 영국왕립화학회 도서관 정보센터)

이는 소문이 아니라 동료들이 직접 증언한 이야기이다. 찰스 블랙던(Charles Blagden)은 캐번디시가 유일하게 가까이 지낸 연구동료라 볼 수 있다. 블랙던의 말을 빌리면, 캐번디시는 뚱하니 말이 없거나 침울하며, 또 험악해서 가까이하기 겁나는 사람, 사람의 심기를 거슬리는 괴상야릇한 사람이었다. 과학자이자 정치가였던 브로엄 경(Lord Brougham)은 캐번디시가 죽은 지 35년이 흐른 후 그를 이렇게 회상했다.

"팔십 평생을 산 사람 중에 그보다 말을 덜한 사람은 없을 것입니다. 트라피스트회[1664년에 프랑스 노르망디 주의 라 트라프(La Trappe) 수도원이 세운 분파. 기도, 침묵, 정진, 노동을 강조하는 엄격한 수도회 - 옮긴이] 수도사라도 그보다는 말수가 많았을 겁니다. 왕립 협회 모임에서도 몸 둘 바를 모르겠다는 듯 어정쩡한 몸놀림으로 재빨리도 회의실을 빠져나갑니다. 어쩌다 하는 말소리는 기분이 몹시 상하지 않고서는 낼 수 없을 것 같은 날카로운 쇳소리를 연상케 했습니다."

비교적 인물평에 관대한 험프리 데이비(Humphry Davy)조차 캐번디시는 냉정하고 이기적인 사람이라고 평했다. 데이비는 캐번디시가 세상을 떠났을 때 "뉴턴 이래 이보다 더 큰 과학적 손실은 없다."라고 애석해했던 사람이다. 그럼에도 개인적인 평가에서는 캐번디시가 낯을 심하게 가렸으며 당황하면 말도 제대로 하지 못하는 사람이었다고 인정했다. 화학자 토마스 톰슨(Thomas Thomson)은 캐번디시를 병적으로 부끄럼을 타고 숫기가 없었다고 기억했다.

이 정도 증언이면 한 사람의 면면을 파악하기에 충분한 것 같다. 자폐가 그를 소개한 대목은 이렇게도 해석해볼 수 있다. 캐번디시는 사람을 싫어하는 염세주의자라기보다는 그저 본인도 괴로울 만큼 부끄러움을 잘 타는 성격 때문에 동료들과 소통한 다든지 어울리기가 거의 불가능했던 것이다. 또한 냉정하고 쌀쌀맞은 듯 보이지만 실은 극도로 수줍은 성격이 겉으로 그리 보였을 수도 있다. 이를 뒷받침해줄 만한 이야기가 있다.

한번은 왕립협회 회장인 조지프 뱅크스(Joseph Banks)의 집 앞에서 캐번디시가 서성거리고 있었다고 한다. 캐번디시는 안에 모여 있는 수많은 사람들을 어떻게 대면할지 두려워 차마 문을 두드리지 못하고 있었던 것이다.

1851년에 화학자 조지 윌슨(George Wilson)은 캐번디시의 전기를 펴낸 바 있다. 이 전기를 읽은 올리버 색스는 캐번디시는 일종의 사회성 장애를 앓았다는 진단을 내렸다.

캐번디시를 묘사하는 여러 정황을 미루어 볼 때 이 탁월한 학자는 아스퍼거 증후군(Asperger's syndrome)을 앓은 것이 분명하다. 이 증후군의 특성은 다음과 같다. 문자를 자구적으로 해석하며 융통성이 없고 고지식하다. 한 가지에 완전히 골몰한다. 계산과 정확한 수량에 집착한다. 일반적이지 않은 관점임에도 고집스럽게 주장한다. 과학이 아닌 일상대화에서도 정확한 언어를 쓰는 습관이 있으며, 사회적 행동을 이해하지 못하며 인간관계에 미숙하다.

캐번디시에 관한 자료로 보건대 아스퍼거 증후군 진단을 내려도 무리가 아니다. 그런데 가만히 보면 윌슨의 전기에 등장하는 캐번디시는 객관적이며 공정하게 묘사된 것이 아님을 알 수 있다. 자료의 구석구석을 한 번 더 살펴보면 캐번디시의 일상에서 의외의 모습도 발견된다. 그렇다면 그에 관한 그림은 어떻게 달라질까?

전기에 따르면 캐번디시는 둘째가라면 서러워할 만큼 과묵한 사람이었다. 그런데 스트랜드(영국 런던 번화가 – 옮긴이)의 크라운 앤 앵커에서 주마다 열리는 왕립협회 클럽 만찬에는 빠진 적이 거의 없다. 또 조지 앤드 벌처 커피하우스에서 열리는 월요모임에도 거의 빠지지 않았다.

사람들과 이야기를 나누는 것이 그에게는 고통과 번민을 안겨주었지만 어떻게든 자신의 몸을 이끌고 사람들과 어울리려고 노력했다. 그 누구보다 지식인 동료들과 교류하며 과학적 모험담을 나누고 싶었기 때문이다.

그것은 캐번디시 자신이 선택한 삶이었다. 캐번디시는 아버지의 뒤를 이어 관료귀족으로 정치가 노릇을 하며 순탄하게 살 수도 있었다. 하지만 그는 형 찰스처럼, 귀족적인 삶을 버리고 과학을 택했다. 그가 귀족에 가장 근접한 삶을 누린 것은 1766년 왕립협회 회원으로 선출된 일이다. 바로 그해 캐번디시는 왕립협회저널인 「필라소피컬 트랜슬레이션(Philosophical Translations)」에 공기 화학을 다룬 뛰어난 논문을 발표한다. 「인위적으로 조성한 공기에 관한 세 편의 논문」으로 왕립협회가 수여하는 코플리 훈장을 받았다.

캐번디시가 말한 '인위적으로 조성한 공기'란 '비탄성적 상태로 다른 물질 안에 함유되어 있는 것을 기술적 힘으로 그 물질에서 빼낸 공기'를 뜻한다. 예컨대, 블랙의 고정된 공기나 가연성 공기가 그런 기체이다. 캐번디시는 가연성 공기가 점화되는 순간 펑 하고 터지는 현상을 보고하고 끝내기에는 무언가 성이 차지 않았다. 그래서 조심스럽게 이 공기를 측량해보기로 했다. 그 결과 가연성 공기는 물보다 8,700배 가볍고 습기 중량의 9분의 1을 차지한다는 측정치를 얻었다.

이러한 측정치, 즉 구체적인 수치를 제시하는 모습에서 우리는 캐번디시의 실험관을 엿볼 수 있다. 캐번디시는 런던 피커딜리 인근의 그레이트 말보로 가에 위치한 대저택에 개인 실험실을 가지고 있었으며, 온갖 측량기구들을 구비하고 있었다. 윌슨은 캐번디시 전기에서 그를 '계산하는 기계'로 희화했다. 불행히도 후세 사람들이 그 풍자를 무분별하게 인용하는 통에 캐번디시는 오직 계산에 집착하는 사람으로 알려졌다. 그런데 달리 해석해보면 캐번디시는 수량화야말로 가장 믿을 만한 방법임을 알고 있었다는 이야기가 된다.

앞 장에서 17세기에 이미 수량화의 진가를 보여준 판 헬몬트를 이야기했다. 그런데 캐번디시는 한 걸음 더 나아갔다. 캐번디시는 정확성과 정밀성을 정확하게 구분할 줄 알았으며 모든 실험은 부득이 오류가 따름을 간파했다. 심지어 캐번디시는 자신의 측정치의 정확성을 추산했다. 실험자가 유발하는 오류와 측정기구의 제약조건에 따른 오류를 구별했다. 그러한 오류를 줄이기 위해 그는 반복해서 실험하고 측정하여 평균을 구하는 방법을 도입했다. 실험횟수에 상관없이 오직 유효숫자만 취했다.

프랑스의 대과학자 피에르 시몽 라플라스(Pierre Simon Laplace)는 실험결과의 오차 및 실험 자체의 오차를 줄이기 위한 통계기법을 개발한 선구자로 유명하다. 라플라스는 동료 과학자인 블랙던에게 캐번디시의 업적을 이렇게 칭찬했다고 한다.

"정교하고 정밀하게 실험을 수행한 점이 바로 캐번디시가 탁월한 자연과학자임을 입증한다."

캐번디시가 무엇보다 실험과학의 진보에 기여한 점이 있다면 바로 이것이라고 단언했다.

"실험자는 자신의 실험방법과 측량기법이 타당한 만큼 실험결과도 타당하다고 주장하고 싶다면 상세한 수치를 제공하라!"

숫자는 힘이 세다. 캐번디시는 실험에서 관찰된 다른 증기에 대해 일반 공기를 기준으로 상대 중량을 구해 함께 제시했다. 이 수치를 들은 사람들은 이를 풍선에 채워 부력을 일으킨다면 사람이 하늘을 날 수도 있지 않을까 하는 기대에 부풀기도 했다. 그런데 정말로 그런 모험을 벌인 사람이 있었다. 1783년, 파리에서 활동하던 물리학자 자크 샤를(Jacques Charles)은 라부아지에에게 가연성 공기를 대량생산하는 법을 개발해달라고 부탁했다는 것이다. 이를 두고 뱅크스는 영국보다 앞서나가는 프랑스를 경계하면서도 "허풍선이 프랑스인들 같으니……."라며 초연한 척했다고 한다.

1780년대 초에 캐번디시는 '일반 공기가 플로지스톤화될 때 그 방법에 상관없이 약간 줄어드는 현상에 대해' 알아보는 실험을 계획한다. 월터와 프리스틀리가 설명한 실험과정을 살펴보던 중에, 일반 공기를 가연성 공기로 점화할 때 부피가 줄어드는 현상을 직접 확인해봐야겠다고 생각한 것이다. 가연성 공기가 플로지스톤일 수도, 아닐 수도 있기 때문이다. 그러니까 캐번디시가 새로 제안한 것은 없는 셈이다. 그는 기존의 실험을 주의 깊게 관찰할 때 놀라운 비밀이 발견되기도 한다는 것을 알고 있었다. 1784년 왕립학회에서 발표한 대로, 그는 "연구 중인 주제에 해법을 던져줄 가망성이 보이는 실험이 있다면 주의 깊게 관찰해볼 가치가 있다."라고 생각했다.

🧪 폭발 현상을 해부하다

캐번디시도 이전 실험가들과 마찬가지로 아연이나 철을 산에 녹여 가연성 공기를 생성했다. 그런 다음 이 공기에 스파크를 일으켜 폭발음을 유도했다. 다음은 캐번디시가 관찰한 내용이다.

폭발 후 남은 공기의 부피는 처음 보통 공기 부피의 5분의 4를 약간 상회했다. 따라서 일반 공기가 다른 모든 플로지스톤화 반응에서 이보다 더 줄어들지 않는다면 다음과 같은 결론을 내려도 무리가 없을 것이다. 즉 이 비율로 혼합하여 폭발시킨다면 가연성 공기 거의 전부와 일반 공기의 5분의 1이, 각자 탄성을 잃고 물로 응축되어 실험장비 유리 표면에 맺힌다.

모든 부분을 상세하게 점검하면 아무것도 거저 생기지 않음을 알 수 있다. 유리 표면에 맺힌 이슬에 대해서 캐번디시는 "아무 맛도 없고 냄새도 없으며, 증발시켜도 말린 자리에 아무 침전물이 남지 않는다. 증발 도중에도 톡 쏘는 냄새가 전혀 없다. 이러한 관찰을 종합해볼 때 순수한 물인 것 같다."라고 말했다. 그런데 어떤 경우 폭발 후 '검댕' 같은 흔적이 발견되었다. 이는 실험장비를 만드는 과정에서 유리를 봉합하는 데 쓴 물질 때문에 생겨난 것으로 결론짓고, 이후 실험에서는 봉합용 이물질이 열에 노출되지 않도록 장비를 덧대자 검댕 흔적이 감지되지 않았다고 기록했다.

그것은 정말 순수한 물이었을까? 사실 초기 몇 번의 실험에서 캐번디시는 물이 산성을 띤 점을 발견했다. 이후 산성이 어디에서 유래했는지를 밝히는 데 오랜 시간을 할애했다. 정확히 이런 표현은 쓰지는 않았지만 정리하면 이렇다. 그 산성은 반응 후 남은 공기, 즉 5분의 4에 들어 있는 불활성물질인 소량의 질소가 공기 중의 산소와 반응하여 산화질소를 생성하고 이것이 물에 녹아 산성을 띠게 된 것이다. 캐번디시가 실험결과를 곧장 발표하지 않고 뜸을 들인 이유도 여기에 있다.

이처럼 예외적이며 부수적인 현상을 밝히는 데 무려 3년이 걸렸다. 게다가 또 다른 이유가 있었다. 캐번디시는 발표를 목적으로 실험을 수행하지 않았다. 그는 자신이 최초 발견자라는 권리를 확보하는 데 관심이 없었다. 이는 어찌되었건 경솔한 처사였다. 캐번디시는 동기인 윌리엄 헤버든(William Heberden)이 지향한 원칙을 품고 있었던 듯하다.

"행복한 작가는 항상 발표를 염두에 두고 글을 쓰지만, 그럼에도 좀처럼 발표하지 않는다!"

아무튼 캐번디시가 이 실험에서 발견한 것은 무엇이었을까?

가만히 생각하면 분명해진다. 가연성 공기와 일반 공기의 '활성' 구성성분이 만나 물을 형성한다는 것이다. 당시 라부아지에는 이미 이 두 물질을 수소와 산소라고 부르고 있었다. 하지만 캐번디시는 그때까지도 플로지스톤 이론을 벗어나지 못하고 있었다. 그래서 모든 것이 명확하게 이해되지 않았던 것이다.

캐번디시는 손실되는 일반 공기의 5분의 1, 그것이 바로 프리스틀리가 설명한 '플로지스톤이 빠져나간 공기'일지도 모른다고 규명했다. 실제로 실험에서 일반 공기 대신 이 공기를 2배의 가연성 공기와 섞고 점화하면 탈플로지스톤화된 공기가 모두 사라졌다. 하지만 이렇게 설명하려면 보존법칙에 따라 빠져나간 플로지스톤이 어딘가에 나타나야 한다. 캐번디시는 이에 대해 "탈플로지스톤화된 공기는 실체가 없으며, 그것은 탈플로지스톤화된 물, 곧 플로지스톤이 없는 물"이라고 결론을 내렸다. 다시 말해서, 물은 두 성분이 합쳐져 생성되는 것이 아니라 플로지스톤이 부족한 물이 플로지스톤이 있는 가연성 공기를 만나 생성되어 나타나는 것이다.

달리 해석하면, 가연성 공기가 플로지스톤이 아니라면, 플로지스톤화된 물, 곧 플로지스톤과 결합한 물이 플로지스톤이다. 이렇게 해석할 경우, 플로지스톤이 상쇄되는 공식으로 물이 생성되는 현상을 말끔하게 설명할 수 있다.

$$(물 - 플로지스톤) + (물 + 플로지스톤) = 물$$

캐번디시의 이 결론을 어떻게 해석할지를 두고 이후 적지 않은 논쟁이 벌어졌다. 어떻게 해석하느냐에 따라 물의 성질을 발견한 자가 캐번디시가 될 수도 있는 문제였기 때문이다.

진실은 이렇다. 캐번디시는 원소로 존재하는 물의 상태에 대한 의구심을 명료하게 보여주는 자신의 실험기록을 전혀 남기지 않았다. 이 때문에 그가 실험에 사용한 공기에 물이 어떤 형태로든 이미 존재하고 있었는지, 아니면 폭발에 의해 응축된 것인지(프리스틀리는 이렇게 믿었을 가능성이 크다), 그도 아니면 화학반응을 거치면서 물의 구성성분으로부터 물이 생성되었음을 막연하게나마 알고 있었는지 알 길이 없다.

정통 사학자들은 캐번디시의 실험에 대해 이야기할 때 비록 고대의 유물인 플로지스톤 이론으로 표현한 것이긴 하지만 그가 자신의 실험을 바르게 해석한 것으로 볼 수 있다고 생각한다. 하지만 과학사학자인 데이비드 필립 밀러(David Philip Miller)는 캐번디시의 실험해석은 프리스틀리의 견해에 더 가깝다고 강하게 주장한다. 어느 편이 옳든, 물이 합성물질임을 명시적으로 분명하게 진술한 문장을 찾으려면 영국해협 저편을 건너다보아야 할 것이다.

때마침 프랑스 파리의 라부아지에도 같은 주제를 연구하고 있었다. 피에르 마케르의 실험을 철저히 분석하고 나서, 라부아지에 또한 두 공기가 화합할 때 어떤 일이 벌어지는지 직접 실험을 통해 관찰해보려던 참이었다. 1770년대 중반에 라부아지에는 프리스틀리가 말하는 탈플로지스톤화된 공기는 사실 그 자체가 독립적인 한 원소라고 결론짓고 '산소(oxygen)'라는 이름을 제안한다. 라부아지에의 산소는 '산형성자'라는 뜻이다. 이 원소가 '산성의 본질'로, 모든 산성은 이 물질에서 비롯한다고 (잘못) 해석한 까닭이다.

캐번디시는 라부아지에가 제안한 산소에 대해 듣기는 했지만 그다지 신경 쓰지는 않았다. 대신 조심스럽게 그러나 상당히 정확하게, 이 원소라고 추정한 물질이 들어 있지 않은데도 산성을 띠는 한 가지를 예로 든다. 바로 해양 산(marine acid), 지금의 염산(hydrochloric acid)이다. 라부아지에도 1783년에 그 부분에 문제가 있음을 인정하고 아직 연구 중이라고 밝혔다. 하지만 캐번디시를 제외한 당대의 과학자들은, 특히 프리스틀리는 라부아지에의 주장이 본질적으로 보수적이라며 신랄하게 비판했다. 그에 반해 캐번디시는 현실적인 입장에서 현재로는 아무도 그 물질의 진실을 밝힐 수준이 못 된다며 말을 아꼈다. 그런데 캐번디시가 정작 못마땅하게 여긴 것은 라부아지에의 명명 체계였다.

프랑스 화학자 라부아지에는 1878년 출간한 『화학 입문(Traité elementaire de chimie)』에서 새로운 명명체계를 제안한 적이 있다. 그런데 캐번디시는 화학이라는 학문활동을 하자면, 이 체계를 따라 산소라는 명칭을 채택할 수밖에 없도록 라부아지에가 암암리에 힘을 행사하고 있다고 판단했다. 이에 캐번디시는 새로운 이론을 발견할 때마다 새로운 용어를 붙인다면 어떤 일이 벌어질지 생각해보라며, 화학이란 학문활동이 종국에는 아무도 이해할 수 없는 잡다한 언어의 바벨탑 쌓기와 무엇이 다르겠냐고 비판했다.

캐번디시는 라부아지에가 주동하는 이름 짓기 열풍을 한낱 유행으로 치부했다. 캐번디시는, 새로운 이름은 불가피하게 그 이름의 탄생배경인 가설과 이론의 틀을 벗어날 수 없으며, 그러한 논란을 잠재울 실험결과가 나오기 전에는 기존의 검증받은 용어를 고수하는 편이 바람직하다고 주장했다.

캐번디시가 무조건 전통을 옹호하는 고루한 학자라서 라부아지에의 명명법을 반대한 것은 아니다. 그도 점차 플로지스톤을 폐기하면서 라부아지에의 산소를 수용했다. 캐번디시가 직접 실험한 결과들이 이 프랑스 화학자의 주장과 갈수록 일치했던 것이다. 심지어 캐번디시는 1785년에 플로지스톤에 의심을 품고 그 이론에 대한 지지를 공식 철회한다. 이 사건을 두고 1787년에 플로지스톤을 지지하던 영국 학자 리처드 커원(Richard Kirwan)은 라부아지에의 동기인 루이 베르나르 기통 드 모르보(Louis Bernard Guyton de Morveau)에게 보낸 한 서한에서 "캐번디시가 플로지스톤을 저버렸다."라고 전한다.

한 세기가 저물 무렵 캐번디시는 라부아지에의 용어, 즉 탈플로지스톤화된 공기는 산소로, 가연성 공기는 수소로 고쳐 부를 준비를 한다. 이 기체에 대해 라부아지에는 자신의 연구는 물론 월터, 프리스틀리, 캐번디시의 그간의 연구에 힘입어 '물 형성자'로 부르는 것이 마땅하다는 입장을 표명한다.

하지만 결론에 이르려면 아직 멀었다. 1770년대 말경, 라부아지에는 산소가 산성의 본질이라면 수소와 결합한 경우에도 산성을 띠어야 한다는 논리적 결론에 이른다. 이에 따라 라부아지에는 1781~1782년에 걸쳐 프리스틀리와 월터가 했던 실험을 그대로 수행하면서 다시 한 번 주의 깊게 관찰한다. 하지만 아무것도 발견하지 못한다. 이어서 라플라스와 함께 유리용기에 산소와 수소를 혼합하는 실험을 한다. 이 실험에서 이들은 이 두 원소를 합한 무게가 곧 생성된 물의 무게와 거의 맞먹는다는 사실을 발견한다.

그런데 프랑스 과학자들만 이같은 실험을 한 것은 아니다. 1783년 봄, 프리스틀리도 같은 실험을 수행하면서 관찰과 확인을 거듭하고 있었다. 이에 대해 런던에 머물던 프랑스 과학자 에드몽 샤를 주네(Edmond Charles Genêt)는 프랑스과학협회(French Académie des sciences)에 실험결과를 기술한 서한을 보낸다. 프랑스과학협회(Academie des Sciences)는 5월 회원들이 모인 자리에서 주네의 편지를 낭독한다. 그 자리에는 라부아지에도 참석했으며, 메지에르 군관학교 소속의 수학자 가스파르 몽주(Gaspard Monge)도 있었다. 몽주는 6월에 곧장 그 실험을 따라 하기도 했다.

라부아지에와 라플라스도 마찬가지로 그 실험을 반복했다. 그런데 이들은 캐번디시의 실험결과를 이미 알고 있었다. 블랙던의 한 지인이 파리를 여행하던 중 정보를 입수해 6월 초 이들에게 알려주었던 것이다. 소심한 캐번디시와는 달리 라부아지에는 야심 있는 인물이었다. 그는 서둘러 실험을 수행하고 결과를 측정했다.

그날은 6월 24일이었다. 서두른 실험치고 측정치는 보통 때와 다름없이 정확했다. 라부아지에는 곧바로 이 실험결과를 학회에서 발표한다. 이때 몽주와 캐번디시가 일찍이 달성한 업적을 언급하면서 캐번디시의 관찰결과는 실험을 통해 재확인할 필요가 있다고 강력히 제안한다. 이는 캐번디시의 주장이 그 정당성을 입증받기 위해서는 재확인 실험이 필요하다는 엄포나 마찬가지였다.

그런데 한 가지 호기심을 자아내는 부분은 라부아지에가 이 발표 자리에서 산소를 계속 탈플로지스톤화된 공기라고 부른 점이다. 아마 그에게는 그것이 습관처럼 굳어졌을 것이다. 그래서인지 몰라도 굳이 플로지스톤을 자신의 이론에 맞춰 재설명할 필요가 없다고 믿고 넘어가버렸다. 바로 이 점에서 라부아지에는 캐번디시보다 훨씬 명료하고 단호하게 실험의 의미를 꿰뚫어보고 있었다. 라부아지에는 다음과 같이 발표를 마무리한다.

"이 실험에서 관찰된 현상은 더는 묵과하기 힘든 엄연한 사실입니다. 실험을 통해, 다시 말해 인위적으로 물을 만들었습니다. 물이 아닌 것들로부터 말입니다. 무에서 유가 창조된 것입니다."

이어서 라부아지에는 장엄한 어조로 물을 두 구성성분으로 분리하는 실험을 제시함으로써 자신의 주장에 못을 박았다. 그는 물질의 성분을 조사하는 바른 방법은 양방향, 즉 합성과 분해 모두를 밝혀야 한다고 생각했다. 그에 따라 엔지니어인 장 바티스트 모스니에(Jean Baptiste Meusnier)와 공동으로 물을 분해하는 실험에 착수한다. 라부아지에는 이 실험에 대해 이렇게 보고했다.

"수은을 가득 담은 두 사발을 엎어 놓아 공기 유입이 없는 상태를 조성하고, 그 안에 철 더미와 물을 함께 넣어두었다. 철은 보통 공기에서 탈플로지스톤화된 공기, 즉 산소를 흡수함에 따라 녹이 슬었다. 이와 동시에 철에 흡수된 산소량에 비례하여 가연성 공기가 방출되었다. 이 실험에서 물은 서로 다른 두 성분, 즉 탈플로지스톤화된 공기와 가연성 공기로 분해되었다. 지금까지는 물을 원소로 알고 있었다. 하지만 물은 전혀 단순 원소가 아니다."

캐번디시 실험의 아름다움은 상세한 부분까지 꼼꼼하게 관찰하고 측정한 데 있다. 이러한 자세를 견지함으로써 그는 '물의 생성'에 관한 연구에 집중할 수 있었으며 결국 '물이 만들어짐'을 명료하게 밝혀냈다. 이는 라부아지에가 뒤이은 실험에서 추론한 결과이기도 하다. 그런데 라부아지에의 실험에도 아름다운 점이 있다. 실험결과에 대해 바른 해석에 도달하도록 이끈 과정이 바로 그것이다. 이 논리적 유추에 힘입어 그의 주장은 반론의 여지를 남기지 않은 채 완성될 수 있었다.

물론 모든 사람이 이들의 실험을 그렇게 해석한 것은 아니었다. 캐번디시는 자신의 실험결과를 설명하면서 플로지스톤 이론을 적용했다. 이 플로지스톤이라는 가리개 덕에 라부아지에가 노골적으로 주장을 폈을 때와는 달리 학계의 뭇매를 피해갈 수 있었다.

영국 화학자 윌리엄 포드 스티븐슨(William Ford Stevenson)은 라부아지에의 주장을 '기만'이라고 소리 높여 비판했다. 이는 당시 일부 과학자들이 고대의 지적 유물인 물의 원소 상태 이론을 폐기하기를 얼마나 꺼려했는지 보여주는 일례에 불과하다. 어떻게 물이, 불을 끄는 물이, 그 강력한 반플로지스톤 물질이 어떻게 다른 모든 가연성 물질을 제압하고도 남는 공기에서 만들어질 수 있단 말인가. 학자들은 말도 안 된다며 반발했다.

캐번디시 또한 실험의 의미를 제대로 파악하지 못했다. 그 근거는 라부아지에가 내린 결론에 의심을 표명한 대목에 있다. 플로지스톤을 철통같이 신봉하던 프리스틀리는 라부아지에의 주장 따위엔 조금도 시간을 할애하지 않았다. 한편 블랙던은, 라부아지에가 캐번디시의 업적을 흔쾌히 인정하지 않은 점에 더욱 분노했다. 사실 라부아지에가 새로운 주장을 펼칠 당시 캐번디시는 영국왕립학회에 아직 그 주장과 관련된 실험에 대해 아무런 논문도 제출하지 않은 상태이긴 했다.

그런데 논란은 거기서 그치지 않았다. 1784년 드디어 캐번디시가 왕립학회에 논문을 제출하자 곧 새로운 논쟁이 불거졌다. 스위스의 과학자 장 앙드레 드 뤽(Jean Andre De Luc)은 그 소식을 듣고 캐번디시에게 논문 사본을 요청했다. 그러고는 친구인 제임스 와트(James Watt)에게 캐번디시가 와트의 아이디어를 그대로 베껴 쓴 표절범이라는 편지를 썼다. 와트는 에든버러 대학에서 조지프 블랙의 실험기술자로 일하면서 수년에 걸쳐 월터의 실험을 반복 수행한 사람이다. 드 뤽이 정말로 분개한 것은 실험 자체라기보다 캐번디시가 '탈플로지스톤화된 물'이라는 용어를 사용하여 실험결과를 해석한 점이다. 캐번디시의 해석이 와트가 추론하여 제기한 주장, 즉 물은 순수한 공기와 플로지스톤이 합쳐진 물질이라는 주장과 너무나 흡사했기 때문이다.

이러한 논란은 역사적인 관점에서는 근거 없는 헛소동이 아니다. 하지만 실험과학적 관점에서 살펴보면 이야기가 달라진다. 와트가 정말로 물이란 두 '원소'의 화학반응 결과 생성되는 물질이라고 규명했는지 그 여부를 가리기가 몹시 애매하기 때문이다. 와트는 1783년 초 프리스틀리가 탈플로지스톤화된 공기와 가연성 공기를 섞어 놓고 스파크를 일으켜 점화하는 실험 장면을 그림으로 남겨두었다. 그해 4월 와트는 "물은 탈플로지스톤화된 공기와 가연성 공기 또는 플로지스톤, 곧 이 공기의 잠열(숨은 열)의 일부가 빼앗긴 것"으로 구성되어 있다고 주장했다. 이것은 물이 합성물질임을 진술한 문장인가. 잠열이란 기체가 액체로 응축하면서 방출하는 열을 말한다. 이 점으로 미루어 본다면 와트의 주장에는 두 기체의 화합물과 물의 응축 두 가지를 한 문장 안에 표현한 것으로 보인다. 이 문장이 무엇을 말하고 있는지 정확히 알 수 있을까. 여간 난감하지가 않다.

당시 와트는 물에 대한 자신의 의견을 편지로 써서 프리스틀리, 드 뤽, 블랙에게 보냈다. 왕립학회에서 공식적으로 낭독되기를 바라는 마음에서 그랬을 것이다. 그런데 와트는 프리스틀리가 추가실험을 한 결과 와트의 편지에 나오는 아이디어와 몇 가지가 일치하지 않는다는 지적을 듣고 돌연 공식적인 교신을 중단해버린다. 그런 상황에서 드 뤽이 캐번디시의 논문을 입수하여 읽었을 때 와트의 이론이라고밖에 볼 수 없었던 것이다.

와트는 불쾌했다. 지식을 강탈당했음을 확실히 증명할 수도 없었다. 그는 드 뤽에게 보낸 서한에서 이렇게 토로했다.

저는 캐번디시에게 따져 묻는 옹졸한 대응은 <u>조금도</u> 할 생각이 없습

그럼에도 와트는 언제 어디서고 캐번디시의 실험해석은 자신의 것과 동일하지는 않다고 말하고 다녔다. 오히려 캐번디시는 자신보다 실험을 훨씬 많이 수행했으니 당연히 주장을 펼칠 근거도 많다며 그의 해석이 맞을 것이라고 시인하기도 했다. 한편으로는 조선공의 아들로 태어난 자신의 미천한 출생에 비해 비교가 되지 않는 캐번디시의 부와 신분을 부러워했던 것 같다. 드릭에게 자신은 캐번디시의 으리으리한 저택에서 비롯되는 막강한 힘 따위는 무시할 수 있다고 말한 대목을 보면 그러하다.

하지만 와트는 얼마 지나지 않아 이 모든 것을 훌훌 털어버리고 그해 물에 관한 실험과 개념을 기술한 논문을 작성한다. 이 논문에서 그는 "탈프로지스톤화된 공기와 가연성 공기를 유리 실험기구에 넣고 점화하면 유리벽에 습기가 차는데, 이것은 두 공기가 만나 생성한 물임을 최초로 발견한 자는 캐번디시라고 생각한다."라고 정중하게 기술한다. 세상일에 둔감한 캐번디시는 와트가 그 논문을 쓰기 이전까지는 그가 발끈했다는 이야기는 못 들은 모양이다. 1785년 캐번디시는 영국왕립학회에 와트를 회원으로 추천한다.

이렇게 해서 와트와 캐번디시는 공식적으로 화해를 했다. 그런데 이 둘을 제외한 다른 사람들은 누가 물이 화합물임을 최초로 발견한 자인가를 두고 여전히 공방전을 벌였다. 캐번디시, 와트, 라부아지에, 몽주, 모두가 물망에 올랐다. 이 논쟁은 와트가 쟁점으로 부상하던 19세기 중반에 절정에 달한다. 그를 강력히 지지한 논객은 프랑스과학학회 간사 프랑수아 아라고(François Arago)였다. 아라고는 '제임스 와트를 찬미하며'라는 글을 기고한다. 아라고뿐만 아니라 브로엄 경, 와트의 아들 제임스 와트 주니어도 호소문에 각자 목소리를 냈다.

한편 1839년 8월 영국고등과학협회 회장으로 당선된 윌리엄 버넌 하코트(William Vernon Harcourt)는 버밍엄에서 거행된 취임식 연설에서 캐번디시가 최초 발견자임을 열렬히 주장한다. 하지만 회중에는 심기가 몹시 불편한 회원들이 포진하고 있었다. 당시 와트는 영국 중부를 중심으로 형성된 산업계에서 영웅이 되어 있었기 때문이다.

데이비드 필립 밀러는 이 '물 논쟁'이 과열된 데는 겉으로 드러난 쟁점이 아닌 한층 깊은 요인들이 있다고 지적했다. 우선 와트 주니어는 아버지의 명성과 평판을 위해 자식의 도리로 논쟁에 끼어들었을 것이다. 하지만 아라고를 위시한 지지자들은 그들만의 소망이 있었다. 와트가 물의 발견자일 경우 기초과학 범주에서 와트의 위상이 확립될 것이다. 이에 따라 순수과학과 응용과학은 떼려야 뗄 수 없는 고리로 연결되어 있다는 신념을 위해 논쟁에 그토록 적극적이었던 것이다.

이에 반해 하코트 진영은 학계의 엘리트가 주류를 이루었다. 이들은 지식은 지식 그 자체를 위해 추구해야 한다는, 이른바 '과학의 품위'를 유지하는 데 급급한 부류였다. 따라서 엔지니어의 관심사인 실용성과는 되도록 멀리 떨어져 활동하고자 했다. 이들에게는 캐번디시만한 전형이 없었다. 세속을 초월한 생활, 고귀한 태생, 사심 없는 과학적 연구자세를 보라. 조지 윌슨이 집필한 캐번디시의 전기는 이러한 이해관계를 밑그림으로 하고 있다. 윌슨은 캐번디시가 물의 발견자임을 옹호하고 존경받을 만한 처신을 널리 알리기 위해 논쟁의 연장선에서 전기를 집필한 것이다. 자연스럽게 물에 대한 실험에 많은 지면이 할애되었다. 그런데 윌슨은 전기를 집필하기 위해 캐번디시에 대해 조사하면서 그의 사람됨이 변변하지 못함을, 아니 보통에도 미치지 못함을 알게 된다.

안타깝게도 윌슨이 묘사한 캐번디시의 성격은 이후 캐번디시에 관한 모든 이야기의 기본 틀로 정형화되고 만다. 일례로, 캐번디시의 논문을 전집으로 묶어 낸 편집자는 캐번디시를 "냉정하며 냉철한 지성체가 인격으로 체현한 인물"이자 "대단히 독특하며 비사교적인 위인"이라고 소개하고 있다.

그런데 캐번디시처럼 꼼꼼하고 상세함에 집착하는 성격이 과학 지식의 지평을 넓히는 데는 더없이 귀중한 덕목임을 입증하는 일례가 있다. 1783년 그는 보통 공기의 다른 구성성분을 관찰하는 도중 연소반응을 돕지 않는 플로지스톤화된 공기의 존재를 알게 된다. 그것은 물론 캐번디시가 입증한 대로 질소였다. 캐번디시는 질소가 산소와 반응하여 질산으로 변하는 것을 밝혔다. 블랙던은 캐번디시의 이 플로지스톤화된 공기를 '공기 형태의 산성'이라고 간추려 정리했다. 블랙던과 프리스틀리는 캐번디시의 물과 관련한 업적보다 질소에 관한 연구가 훨씬 중요하다고 판단한다. 공기화학에 열중하던 당시의 시대적 분위기가 엿보이는 대목이다.

캐번디시는 보통 공기에서 플로지스톤화된 구성성분을 완전히 제거했는데도 항상 극소량의 공기가 남는 것 같다는 이야기를 한다. 아무리 제거해도 거품처럼 고집스럽게 남는다고 하소연하면서, 그 양이 보통 공기의 120분의 1을 구성하고 있는 것 같다고 측정했다. 그러면서도 단지 실험에 부주의한 탓이거나 실험상의 오류라며 대수롭지 않게 넘겼다. 늘 그랬듯 캐번디시는 자신이 관찰한 모든 내용을 기록해두었다. 그 내용은 윌슨의 전기에서 언급되었다.

몇 년 후, 화학을 공부하던 윌리엄 램지(William Ramsay)라는 영국 청년이 학부생 시절에 윌슨의 책을 중고로 구입해 읽는 도중, 수상쩍은 거품을 읽게 된다. 그 기억은 고스란히 그의 명석한 두뇌 한 칸에 저장되었다. 1980년대에 런던 유니버시티 칼리지의 화학과 교수가 된 이 학생은 그때의 기억을 떠올리게 된다. 램지는 당시 영국인 물리학자 레일레이 경(Lord Rayleigh)과 서신을 교환하고 있었다. 레일레이 경은 공기에서 질소를 추출하면 항상 소량의 비활성 물질이 불순물처럼 따라 남는다고 의심하고 있었다. 램지와 레일레이는 캐번디시의 질소 실험을 다시 해보기로 한다.

그 후 1894년, 이들은 새로운 원소를 발견했음을 공식적으로 발표한다. 그 원소는 다른 아무것과도 반응하지 않는 듯했다. 이들은 이 원소의 이름으로 '빈둥거리는'이라는 뜻의 그리스어 '아르곤(argon)'을 붙인다. 몇 해 지나지 않아 램지는 다른 세 원소도 발견한다. 모두 불활성기체이다. 이들은 나중에 원소주기율표에서 새로운 족으로 한 줄을 차지하는 원소였다. 이는 또 다른 이야기이므로 제8장에서 다루기로 한다.

제3장 

새로운 빛

마리 퀴리—라듐 발견 실험과 인내의 아름다움

1898~1902년, 파리, 파리물리화학교육원 건물에 딸린 춥고 눅눅한 목재창고에서 폴란드 태생의 과학자 마리 퀴리는 프랑스 태생의 남편 피에르의 도움을 받아가며 수 톤의 역청우라늄광을 부수고 갈고 있었다. 이 역청은 우라늄 광산에서 수거한 갈색 폐기물 덩어리였다. 퀴리는 이 보잘것없는 돌 덩어리에 두 종류의 원소가 들어 있다고 확신했다. 바로 이 부부가 명명한 폴로늄(polonium)과 라듐(Ra, radium)이다. 화학적 추출 공정을 끝없이 반복한 끝에 퀴리는 연한 청록빛을 발하는 용액을 얻는다. 그것은 강력한 방사성 원소인 라듐이 들어 있음을 알리는 빛이었다. 학계는 이 실험결과의 의미를 즉각 알아보았다. 이 업적으로 빠르게 학자적 입지를 다진 신참 과학자 마리와 피에르는 1903년 노벨물리학상을 수상한다.

마리 퀴리는 자신이 여성 과학자의 아이콘으로 떠오른 데 대해 마냥 기쁘지만은 않았을 것이다. 선구적인 여러 여성 과학자들과 마찬가지로 그녀도 여성이라는 점이 과학하는 데 아무런 영향도 미치지 않는다는 신념대로 살기 위해 부단히 애썼을 것이다. 그런데 현실은 안타깝게도 그렇지 못했다. 아인슈타인과 러더퍼드 같은 이들은 마리를 뭇 과학자와 대등하게 인정했다. 이후 이들은 성에 대해 편견 없는 남성 과학자들을 대표하게 되었다. 하지만 과학계 전반은 그렇지 않았다. 19세기 말엽까지도 과학계는 여성이 과학의 진보에 기여할 수 있으리라고는, 다시 말해 독창적이며 대범한 학문적 성과를 내리라고는 인정하지도, 기대하지도 않는 분위기였다.

마리가 방사성이라는 혁명적인 업적으로 노벨상을 수상할 때에도 언론은 마리의 남편을 거쳐 취재를 하려고 했다. 1903년 노벨위원회도 가까스로 마리를 수상자 명단에 올렸다. 마리의 남편 피에르가 사망한 지 몇 해 지났을 때에는 파리의 일간신문은 마리가 과거 동료학자와 부적절한 관계였음을 들춰냈다. 언론은 이때다 하며 그녀의 스캔들을 연일 들먹였다. 만약 저명한 남성 과학자가 비슷한 구설수에 올랐다면 학문적 업적에 비해 아무것도 아닌 일이라며 조용히 넘어갔을 것이다.

마리는 자신이 이룩한 업적에 자부심이 대단했다. 연구논문에서 자신이 기여한 부분을 조심스럽게 강조하고 또 서둘러 발표한 점으로 미루어 짐작하면 그렇다는 이야기이다. 한편으로는 피에르가 대외적인 주장이나 명성에 소홀한 사람이었기 때문에 당연히 마리가 적극적으로 나설 수밖에 없기도 했다. 마리는 여성으로서 학문적 성과를 인정받기 위해서는 남성 과학자들보다 두 배는 더 성과를 올려야 함을 잘 알고 있었다. 실제로도 그렇게 했다. 그런 까닭에 마리 퀴리는 과학 분야에서 노벨상을 두 번이나 수상한 유일한 여성 과학자가 된 것이다.

마리 퀴리는 일부러 비극적 여주인공의 전형이 되어 본모습을 숨기고자 한다는 의심을 사기도 했다. 하지만 그녀의 삶은 결코 녹록치 않았다. 거대한 비극으로 얼룩진 데다 끊임없는 역경의 연속이었다. 성격이 냉정하게 변한 것도 무리가 아니었다. 마음의 문을 닫고 사람들과 어울리기를 싫어한 듯했으며 가까운 주변인들에게조차 다정하게 대하지 않았다. 학문에 대한 헌신과 굳은 의지가 동료들에게는 무뚝뚝한 성격의 소유자로 비춰졌을지도 모른다. 남들이 자신을 여성으로 인식하지 않기를 바란 만큼 마리 퀴리 또한 그들, 곧 남성의 상처받기 쉬운 자존심을 감싸줄 생각이 추호도 없었다.

새로운 원소를 발견한 일에 관한 한 마리 퀴리는 이전에 다른 이들이 한 것을 따라했을 뿐 새로 더한 것이 없다. 하지만 그들과 달리 그녀는 그 누구보다 오랫동안 끈질기게 실험을 했다.

🧪 새로운 물리

갈륨, 저마늄, 스칸듐, 프랑슘.

19세기 말에서 20세기 초에 주기율표에 새로 등장한 원소의 이름들이다. 흉물스런 국수주의가 기승을 부리던 시절임을 단박에 알 수 있다. 그러니 마리 퀴리가 새 원소를 발견해 폴로늄이라고 이름 지은 것은 흉이 아니다. 게다가 퀴리의 조국 폴란드는 러시아의 압제에 신음하고 있었다. 애국심이 남다를 수밖에 없었다.

폴란드는 마리가 태어나기 4년 전인 1863년 대대적인 독립운동을 일으켰다. 그러나 실패로 돌아가면서 이후 폴란드의 고난은 극에 달한다. 당시 러시아 황제 차르는 모든 공적 활동에서 폴란드어를 쓰지 못하도록 했다. 이에 대항한 폴란드 지식인들은 목숨을 잃기도 했다.

_그림3. 마리 퀴리(1867~1934). 라듐과 폴로늄 발견자.
(©CORBIS)

마리, 곧 마리아 스클로도프스카(Maria Sklodowska)는 조국을
떠나 프랑스 유학길에 오른다. 파리 소르본 대학에서 과학과 수
학을 공부할 예정이었다. 마리아에게 파리는 기회의 땅이었다.
드뷔시, 말라르메, 졸라, 에두아르 뷔야르, 툴루즈 로트레크 같
은 이들이 파리에 있었다. 하지만 파리 시내는 그다지 안전하지

않았기 때문에 마리아는 라탱 구역에 있는 하숙집 근처를 좀처럼 벗어나지 않았다. 마리아는 1894년에 대학을 졸업하고 물리학자 가브리엘 리프만(Gabriel Lippmann)을 지도교수로 박사과정을 시작한다. 리프만 교수는 컬러사진술을 발명한 공로로 노벨상을 수상한 인물이다.

그해 마리아는 피에르 퀴리와 만난다. 당시 서른다섯 살의 피에르는 파리물리화학교육원에서 강의를 하고 있었으며, 한편으로는 결정의 대칭 성질을 연구하고 있었다. 피에르의 학문적 배경으로는 엘리트 과학자 군단에 합류하기 어려웠다. 이를테면 에콜 노르말 쉬페리외르, 에콜 폴리테크니크 같은 일류대학 출신이 아니었던 것이다.

그러나 이른 나이에 중요한 과학적 발견을 했다. 1880년도에 소르본 대학에 있던 형 자크와 공동연구를 수행해, 석영을 압축했을 때 내부에 전기장이 생성되는 현상을 관찰하고 압전 효과를 발견한 것이다. 피에르 형제는 이 연구결과를 바탕으로 전하량 단위의 극소량 물질을 측정할 수 있는 압전 저울을 개발한다. 피에르의 동기 폴 랑주뱅(Paul Langevin)은 제1차세계대전 중 압전 효과를 응용해 초음파 기술을 개발하기도 했다.

피에르는 부끄러움을 많이 타며 사교성이 부족한 편이었다. 그러한 성격 탓인지 모르겠지만 그때까지 미혼이었다. 대신 중

독에 가깝게 연구에만 매달렸다. 나이가 들면 가정을 꾸려야 한다는 통념에도 전혀 동요하지 않는 듯했다. 1881년 어느 날의 일기에는 "천재 여성은 희귀하다."라는 한탄도 적혀 있다. 그런데 마리아를 보는 순간 피에르는 그녀가 바로 그 희귀한 여성임을 직감했다. 1894년 여름, 마리아가 잠시 폴란드에 다니러 갔을 때 다음과 같은 편지를 보낸다.

"내게는 너무나도 아름다운 소망이 있소. 보잘것없는 내가 감히 생각하기조차 두려운 소망이오. 그대와 내가 아주 가까이서 함께 여생을 보낼 수 있다면……. 우리의 꿈, 우리의 이상에 취해 매진하는 삶. 그대의 조국을 위한 꿈, 우리의 인류를 위한 꿈, 과학적 이상을 위한 꿈을 위해 우리가 함께하는 그것이 나의 가슴 벅찬 소망이오."

그의 구애는 당시로서는 파격적인 면이 없지 않았다. 피에르의 '물리 현상에서의 대칭성'이라는 논문은 마리아에게 바친다는 헌정사로 시작한다. 그 때문이었는지 결국 마리아의 마음을 얻고 드디어 1895년에 결혼식을 올린다. 그해 피에르는 그동안 느긋하게 진행해오던 박사논문을 완성한다. 자기장에 관한 것으로, 자석이 자성을 잃는 온도, 오늘날 퀴리점으로 불리는 온도가 존재함을 밝힌 논문이었다. 반면, 마리는 첫째 딸 이렌을 갖게 되어 박사논문 일정을 뒤로 미뤄야 했다. 이렌도 훗날 노벨상을 수상하는 여성 과학자로 성장한다. 결혼과 출산은 언뜻 그녀의 앞길을 가로막는 걸림돌 같았지만 결과는 그렇지 않았다. 이렌이라는 출중한 여성 과학자를 얻었을 뿐 아니라 박사논문을 뒤로 미룬 덕에 중대한 발견의 기회를 얻었기 때문이다. 마리가 박사논문 주제로 최종 선택한 연구 분야는 1896년 3월에야 발견된 현상이었다.

한 세기가 저무는 길목에서 새로운 과학적 발견과 신기술이 쏟아지면서 과학기술은 대중적으로도 커다란 관심을 불러일으켰다. 1889년 구스타프 에펠은 과학기술의 모더니즘을 기념하여 파리의 상공을 가로지르는 철재 탑을 세운다. 이 에펠탑은 라울 뒤피, 로베르 들로네 같은 파리의 쟁쟁한 화가들이 발빠르게 화폭에 담기도 했다. 과학정신을 높이 사는 글쟁이임을 자처한 에밀 졸라는 소설 『루르드(Lourdes, 1894)』를 출판한다. 이 책에서 졸라는 종교적인 신비주의 사상에 정면 도전하는 과학에 대해 과감하게 그리고 있다. 피에르는 이 책을 마리에게 선물하기도 했다.

1895년에는 빌헬름 콘라트 뢴트겐(Wilhelm Conrad Roentgen)이 X선을 발견한다. 그는 곧이어 인체의 골격 형상을 사진으로 촬영하는 기술도 개발한다. 이로써 인체의 내부를 들여다보는 시대가 열린 것이다. 이 발견으로 대중의 상상력은 한껏 고무되었다. 1897년에 열린 파리의 한 축제 행렬에서는 X선을 기리는 풍선이 등장하기도 했다.

뢴트겐은 이른바 음극선을 연구하는 도중에 X선을 발견했다. 음극선이란 음으로 하전된 금속의 전극에서 방출되는 신비한 광선이다. 광선을 발생하는 장치인 음극선관은 일반 유리관에 매우 낮은 압력하에서 기체를 밀폐시켜 제작한다. 1895년에 프랑스 물리학자 장 페랭(Jean Perrin)은 음극선이 표면을 때리는 순간 표면에 전하를 남겨두며 이것이 축적된다는 사실을 발견한다. 페랭은 훗날 퀴리 부부와도 막역한 친구로 지낸 학자이다. 그로부터 2년 후 케임브리지 대학의 톰슨(J. J. Thomson) 교수는 음극선이 전기장의 영향을 받아 휘는 현상을 발견한다. 그는 연구를 거듭해 음극선이 사실은 하전된 입자의 흐름이라는 결론을 내리고, 이를 '전자'라고 부른다.

1895년에 음극선을 관찰하던 뢴트겐은 유리관에서 일부 광선이 이탈하여 가까이 있던 인광 스크린을 발광시키는 것을 목격한다. 그런데 이 현상은 독일의 물리학자 필립 레너드(Philipp Lenard)가 이전에 이미 발견한 현상이었다. 뢴트겐은 이를 심도 있게 조사하는 실험을 진행하던 중이었다. 또한 이탈한 광선들이 유리관 주변에 놓여 있던 검은색 카드 보드를 통과하는 것을 관찰한다. 이때 발광 스크린 앞에 자기 손을 놓았더니 손뼈의 윤

곽이 어렴풋이 잡힌 그림자가 생겼다. 이 광선이 사진촬영 시 감광층을 어둡게 하는 것을 발견한 뢴트겐은 1895년 12월, 아내의 왼손 골격을 촬영하는 데 성공한다.

이 골격 사진을 촬영하는 것이 음극선이 아님은 분명했다. 음극선이 자석에 휘는 성질이 있었는데 새로운 투시 광선은 자기장에 영향을 받지 않았던 것이다. 뢴트겐은 이 광선을 X선이라고 명명한다. 과학자들은 재빨리 X선이 빛과 비슷하나 빛보다 파장이 짧은 전자기적 방사의 일종임을 밝혀낸다.

프랑스 과학자 앙리 푸앵카레(Henri Poincare)는 1896년 1월 과학아카데미에서 뢴트겐의 발견은 아르키메데스의 발견과 맞먹는 것이라고 극찬했다. 이 회중에는 앙리 베크렐(Henri Becquerel)도 있었다. 당시 베크렐의 부친은 인광(phosphorescence) 현상을 집중적으로 연구하고 있었다. 한편 베크렐은 어떤 물질에 빛을 쬐이면 희미하게 발광하다 갑자기 멈추는 현상을 조사하고 있었다. 그는 뢴트겐의 발견 소식을 듣고, 모든 인광 물질이 비슷한 광선을 방출하지는 않는다는 생각을 품었다. 그런데 베크렐의 이 가정은 뜻밖인 면이 없지 않다. 뢴트겐의 인광 스크린은 X선을 수용하는 판이었다. 즉 방출하는 것이 아니었다. 어찌 되었든 베크렐은 인광 물질에서 방출되는 X선을 조사하는 실험에 착수한다.

같은 해 2월, 베크렐은 검은색 종이로 사진건판을 싼 다음 그 위에 인광 물질을 올려놓고 햇볕을 쪼여 방출을 유도했다. 그런데 여러 물질을 실험했는데도 X선이 발생하는 것 같지 않았다. 건판도 그대로였다. 그런데 우라늄염은 예외였다. 현상판에 자신의 그림자를 새겨놓은 것이다. 베크렐은 처음에는 이 현상을 일으키는 데 햇빛이 필요하다고 가정했다. 실험에서 햇볕에 노출한 것이 다였기 때문이다.

이번에는 우라늄염과 건판 사이에 구리 박막을 끼워놓고 실험을 했다. 구리 박막이 우라늄에서 방출되는 광선으로부터 감광층을 보호해주리라고 예상했다. 그렇다면 현상판에는 십자 모양의 그림자가 새겨져야 한다. 그런데 북유럽의 2월은 햇볕 드는 날이 거의 없다. 베크렐이 실험을 수행하려고 한 날 역시 잔뜩 흐렸다. 그래서 나중으로 미루기로 하고, 실험장치는 그대로 선반 위에 올려두었다. 며칠이 지나도 날이 개질 않자 결국 실험을 포기하기로 했다. 하지만 이 대목에서 베크렐의 느긋한 마음가짐과 유연한 사고방식이 큰 역할을 했다. 당장 실험장치를 해체하지 않고 어쨌든 인화를 해보기로 한 것이다. 그동안 우라늄이 흐릿하나마 겨울햇살을 한줌이라도 받았다면 감광층에 희미하나마 그 흔적을 남겼을 것이다.

그런데 베크렐은 깜짝 놀랐다. 뜻밖에도 구리의 실루엣이 너무나도 선명하게 남아 있었던 것이다. 일단 우라늄 광선을 일으키는 데는 햇빛이 필요하지 않다는 사실을 분명히 알게 되었다. 하지만 그는 인광이 아닌 다른 현상이라는 데까지는 생각이 미치지 못했다. 그래서 이를 '투명 인광' '고성능 인광' 현상으로 설명했다.

이 발견은 처음에는 이렇다 할 반응을 얻지 못했다. 우라늄 광선의 세기가 매우 약해 골격 사진이 여전히 흐릿했던 것이다. 게다가 과학자들의 관심은 이보다는 X선에 쏠려 있었다. 하지만 퀴리 부부는 베크렐의 연구결과가 전례 없는 독특한 현상임을 간파했다. 1898년 초 마리는 우라늄 광선을 박사학위 논문의 주제로 결정한다. 훗날 마리는 "그 주제가 몹시 끌렸습니다. 무엇보다도 전혀 새로운 현상이었고 아무도 그것을 연구한 적이 없다는 점이 마음에 들었던 것 같습니다."라고 회고했다.

🧪 원료를 찾아

우라늄 광선에 대한 연구는 처음부터 공동프로젝트였다. 퀴리 부부가 시작부터 함께 연구한 것이다. 이들은 파리물리화학교육원 건물에 딸린 빈 창고를 실험실로 사용하기로 했다. 퀴리 부부는 먼저 우라늄에서 광선이 얼마나 방출되는지를 측정하는 정량화기법을 확립했다. 방출된 광선이 금속 전극의 전하를 얼마나 높이는지를 측정하여 '활동도'로 환산하는 방식이었다. 베크렐에 따르면, 이 광선은 공기가 전기를 띠도록 유도하는 성질이 있다. 요즘으로 말하면 광선이 공기를 이온화시킨다는 말이다. 즉 원자와 충돌하여 전자를 빼내면서 하전시키는 것이다. 피에르가 발명한 압전 저울이 여기서 진가를 발휘한다. 이들은 금속판 아래에 우라늄염 시료를 놓은 다음, 이 저울로 금속판의 전하량을 측정했다.

이들은 비교적 순수한 물질의 활동도를 측정했다. 초기 실험에 사용된 우라늄염은 프랑스 화학자 앙리 모이상(Henri Moissan)이 제공해주었다. 하지만 1898년 2월부터는 원료인 역청우라늄광, 곧 우라늄 원석으로 실험을 했다. 이 원석은 중세부터 은 채굴로 유명한 색스니 지방의 요하임스탈이라는 탄광마을에서 채취된 것이었다. 놀랍게도 역청우라늄광은 정제한 우라늄보다 활동도가 훨씬 강했다. 이와 비슷하게, 희귀원소인 토륨(Th, thorium)염도 우라늄처럼 광선을 방출했으며, 정제한 토륨 화합물보다 토륨 원석 에쉬나이트(aeschynite)의 활동도가 훨씬 강했다.

퀴리 부부의 통찰력이 빛나는 대목은 가설에 있다. 이들은 역청우라늄광의 이온화 세기가 우라늄보다 강한 것은 알려지지 않은 성분의 활성이 우라늄 원소보다 높기 때문이며, 이 성분은 광물에 불순물 형태로 존재한다는 가설을 세운 것이다. 이 가설을 검증하기 위해 천연우라늄인 구리의 원광 휘동광(chalcite)과 인산구리와 우라늄으로 제조한 합성우라늄을 비교실험했다. 이론상으로는 두 재료가 동일한 결과를 내야 하지만, 합성우라늄은 우라늄과 비슷한 양상의 활동도를 보인 반면, 천연우라늄은 우라늄보다 높았다. 따라서 이 물질에 무언가 있는 것이 분명했다. 우라늄을 능가하는 '우라늄 같은' 효능을 띠는 성분이 들어 있어야 했다. 관건은 그 성분을 분리하는 일이었다.

퀴리 부부는 4월 12일, 연구결과와 가설을 과학아카데미에 발표한다. 이 논문에서 새로운 원소의 존재 여부를 진단하는 데 방사능을 쓸 수 있다는 가설을 제기한다. 통상적인 화학 분석으로는 그 존재가 드러나지 않지만 우라늄 광선의 발원물질로 추정되는 이 물질은 뜻밖에도 광선을 방사함으로써 존재를 드러내기 때문이다. 마리가 쓴 대로, 그녀는 "이 가설을 최대한 빠른 시일 안에 입증하고자 하는 강렬한 열망에 휩싸였다."

마리 퀴리와 '강렬한' 또는 '열망'이란 말은 그다지 어울리지 않는다. 마리 또한 그 시대의 여성에게 요구되는 조심스럽고 품위 있는 행동을 교육받았기 때문이다. 마리의 든든한 지지자였던 아인슈타인조차 마리는 "즐거움이나 고통 따위를 어떻게 다룰지 모르는 가련한 처자"라고 말했다. 그녀 스스로도 자신은 남편과 아이들에게 헌신할 따름이라고 말했으니, 아인슈타인의 관찰은 틀림이 없으리라. 말년에 그녀가 겪은 불행은 누구라도 안타까워할 것이다. 1911년 「르 주르날(Le Journal)」에 게재된 그녀와 폴 랑주뱅과의 연애사건은 선정적인 사건을 좇는 저속한 일간지의 전형적인 작태 그 이상도 이하도 아니었다. '라듐의 불꽃이 한 과학자의 가슴에 불을 지피다'라는 도발적인 기사에 맞서, 마리는 "개인의 사생활을 침해하고 함부로 보도하는 언론만큼 혐오스러운 것은 없다."라는 내용을 골자로 글을 써서 「르 탕(Le Temps)」에 기고한다. 마리 퀴리가 대중에게 드러나도 좋다고 허락한 유일한 열정은 학문에 대한 열정이었다. 피에르도 마찬가지로 고집스러운 열정의 소유자였다.

역청우라늄광에 미지의 원소가 숨어 있다면 화학적 기술로 분리해낼 수 있을 것이다. 퀴리 부부는 파리물리화학교육원의 귀스타브 베몽(Gustave Bemont)이라는 화학자의 도움을 받아 분리실험과 기술목록을 작성했다. 예컨대 두 원소의 혼합물에서 하나는 가용성 화합물이고 다른 하나는 비가용성 화합물일 때 알맞은 용매를 이용해 분리할 수 있다. 녹지 않는 물질이 침전되면 이를 여과지로 걸러내 채취한다. 한편 다른 물질은 용액에 그대로 녹아 있을 것이다. 이 분리기법을 적용할 경우, 극소량 존재하는 원소에 대해서도 이 원소와 화학 성질이 같은 다른 원소를 사용해 침전시켜 분리해낼 수 있다. 침전된 미량 원소는 여전히 다른 원소인 운반체에 실려 있을 것이다.

한편 퀴리 부부는 역청우라늄광에 두 종류의 새로운 활성 원소가 함유된 것 같다는 결론에 이르렀다. 하나는 바륨과 화학적 성질이 비슷했다. 따라서 염소로 침전시키면 녹지 않는 염화바륨이 생성될 것이다. 다른 하나는 비스무트 계통인 것 같았다.

이 분리기법은 똑같은 과정을 반복해서 수행하는 매우 고단한 방법이었다. 용액에서 생성된 물질을 결정화하고 이를 세척한 다음 다시 용해시키고 다시 결정화하는 과정을 반복하는 지난한 작업이었다. 퀴리 부부는 시료의 활성도 변화를 측정하는 기구를 장착해 실험을 강행했다. 새 원소는 우라늄보다 방사능이 강했다. 따라서 새 원소가 형성한 화합물의 방사능도 역청우라늄광보다 높았다.

1898년 여름 무렵에는 이들이 추출한 물질의 방사능이 초기보다 약 300배까지 높아졌다. 그만큼 실험을 거듭해 추출물질을 축적했다는 뜻이다. 이들은 이렇게 모은 시료를 분광기로 관찰하여 새로운 원소를 식별할 수 있기를 기대했다. 분광기로 관찰할 경우, 빛을 쬔 원소는 빛의 일부를 재방출하는데 이때 원소에 따른 고유 파장에서 뚜렷한 스펙트럼선이 나타난다. 1868년에 헬륨(helium)도 분광기를 통해서 규명된 바 있다. 천문학자들이 촬영한 태양빛의 스펙트럼에서 미지의 스펙트럼선이 관찰되었는데, 이를 분석한 결과 새로운 원소임이 판명되었다. 태양으로부터 발견된 원소이므로 이를 헬륨이라고 명명했다. 퀴리 부부는 프랑스 과학자 외젠 드마르세(Eugene Demarçay)에게 시료를 보내 분광분석을 의뢰했다. 그런데 드마르세는 새로운 스펙트럼선이 없다는 회답을 보내왔다. 이 고활성 원소가 스펙트럼선의 형태로 드러나려면 더 많은 시료가 필요했던 것이다.

이에 굴하지 않고 퀴리 부부는 그해 7월, 프랑스학회(Institut de France)에 이 실험에 대한 논문을 발표한다. 논문은 베크렐이 낭독했다. 퀴리 부부는 그달에 새로 발견될 원소의 이름을 지어 놓기도 했다. 그만큼 확신이 깊었다. 이들은 "역청우라늄광에서 추출한 물질에는 지금까지 알려진 적이 없는 금속이 들어 있다고 확신했습니다. 비스무트와 성질이 비슷했죠. 이 금속의 존재가 확인되면 마리의 고국을 기려 '폴로늄'이라고 부를 생각이었습니다."라고 회고했다. 그런데 연구논문의 제목은 '역청우라늄광에 함유된 새로운 방사성(radioactive) 물질에 관한 연구'였다. '방사성' 물질이라는 또 다른 이름이 붙어 있었다.

사실 퀴리 부부가 확인하고자 했던 새 원소는 폴로늄이 아니라 바륨과 비슷한 다른 원소였다. 이들은 마침내 역청우라늄광보다 방사능이 900배 강한 시료를 준비하여 드마르세에게 분석을 요청했다. 드디어 새로운 스펙트럼선이 나타났다. 이들이 애타게 찾던 증거를 입수한 것이다. 이들을 더욱 흥분에 빠트린 것은 이 원소를 녹인 용액이었다.

마리는 훗날 "농축된 라듐을 함유한 용액이 모두 환한 빛으로 가득한 것을 보고 우리는 뛸 듯이 기뻤습니다. 화려한 색의 스펙트럼을 보고 싶어 했던 남편도 뜻밖의 광경을 보고 감격스러워했으며 더욱 만족스러워했습니다."라고 회고했다. 찬란한 빛 때문에 피에르는 새 원소의 이름으로 '라듐'을 떠올리게 되었다고 1898년 12월 20일 무렵 실험일지에 기록했다. 그해 크리스마스 다음 날 퀴리 부부와 베몽은 이전과 거의 동일한 제목의 논문을 발표한다.

「역청우라늄광에 함유된 새로운 강력한 방사성 물질에 관한 연구」였다.

이 새로운 스펙트럼선은 물리학자들에게는 새 원소에 대한 증거로 충분했다. 하지만 화학자들에게는 아니었다. 이들은 가시적인 물질을 원했다. 당시는 누군가 "새 원소가 있습니다."라고 말하면 "어디 한번 보여주시오! 내 손에 올려놓아보시오."라는 말을 당연하게 하던 시대였다. 마리는 자신의 발견을 확고히 뒷받침하기 위해서는 순수한 라듐을 분리하는 수밖에 다른 도리가 없음을 깨달았다. 그래서 이를 목표로 실험에 착수했다.

빛나는 쓰레기

라듐을 분리하는 공정에서는 시료가 계속해서 줄어들었다. 상당량의 역청우라늄광으로 시작해도 가열, 결정화, 재결정화를 거치는 동안 매 단계에서 크게 줄어들기 때문이다. 이는 새 원소임을 증명할 일정 양을 확보하기 위해서는 엄청난 양의 역청우라늄광을 처리해야 했다. 역청우라늄광은 값싼 원료가 아니었다. 당시 우라늄은 도자기산업에서 주홍빛 유약을 만드는 데 쓰이고 있었다. 따라서 우라늄광의 수요도 높았다.

다행히도 퀴리 부부의 관심은 우라늄이 아니라 라듐이었다. 라듐은 우라늄이 추출된 뒤에도 남아 있다고 추정되는 극소량의 물질이었다. 게다가 역청우라늄광 자체보다 우라늄 광산에서 채취한 역청우라늄광 찌꺼기가 더 강한 방사능을 띠었다. 우라늄을 제거함으로써 귀하디귀한 라듐의 농도가 한결 높아진 것이다. 이 갈색 가루 찌꺼기는 색스니 인근 마을에서는 아무 쓸모가 없어 인근 소나무 숲에 버려지고 있었다. 그렇다 해도 방대한 물량을 색스니에서 파리까지 실어오자면 운송비가 들었다. 운좋게 에드몽 드 로스차일드 남작(Baron Edmond de Rothschild)의 후원으로 퀴리 부부는 10톤 분량을 확보할 수 있었다.

그런데 도착한 자루에는 갈색 가루와 소나무 가시잎들이 뒤범벅이 되어 있었다. 이를 본 퀴리 부부가 얼마나 기운이 빠졌을지 짐작이 간다. 이들이 알고 있었는지는 모르겠지만 당시 이 부부에게 격려가 될 만한 경구가 있다. 현자의 돌을 찾아 험난한 여정을 나선 연금술사들이 위안을 삼는 말이다.

"현자는 오물이 두둑두둑 쌓인 곳에서 자신이 찾던 물질을 얻는다네!"

방대한 물량의 원료를 보관할 장소도 만만치 않았다. 그들은 새로운 실험실도 필요하게 되었다. 공간이 넉넉하다는 이유만으로 파리물리화학교육원에 딸린 창고를 실험실로 쓰기로 했다. 하지만 넓다는 장점 말고는 열악하기 짝이없는 장소였다. 마리는 훗날 이 실험실을 이렇게 묘사했다.

나무로 지은 헛간에 바닥은 역청칠이 되어 있었고 유리 지붕은 비가 샜다. 실내도 전혀 꾸며져 있지 않았다. 낡은 목재 책상, 고장 난 철재 난로, 칠판이 다였다. 다행히 칠판은 피에르에게 요긴했다. 또한 실험 도중 화학적 처리로 발생하는 독성기체를 밖으로 빼내야 하는데 후

드 같은 배관시설이 전무했다. 따로 모아서 수시로 바깥으로 내다 버려야 했다. 날씨가 좋지 않으면 그마저 여의치 않았다. 실내에 방치하고 대신 창문을 열어두었다.

이렌 퀴리는 어머니 마리가 일하는 모습을 이렇게 회고했다.

어머니는 일신을 내던지는 데 아무 두려움이 없었습니다. 실험을 도울 사람도 실험비용도 실험에 필요한 물품도 없었습니다. 있는 것은 오직 실험할 공간뿐이었습니다. 그곳에서 라듐을 분리하고 농축하기 위해 수천 킬로그램의 역청우라늄광을 처리하는 고된 작업을 강행했습니다.

퀴리 부부의 무지막지한 실험에 대한 소문이 사방으로 퍼지자 유명인사들이 잇따라 헛간 실험실을 방문했다. 빅토리아시대를 통틀어 가장 유명한 영국의 물리학자 켈빈 경(Lord Kelvin)도 그중 한 사람이었다. 켈빈 경은 특히 이들을 적극적으로 후원했다. 한번은 훗날 노벨상의 영예를 안은 독일 과학자 프리드리히 빌헬름 오스트발트(Friedrich Wilhelm Ostwald)가 퀴리 부부가 부재중일 때 방문한 적이 있다. 그는 작업공간을 보고서는 말문이 막혔다고 한다.

"그것은 마구간과 감자저장고를 잇는 창고였지요. 작업대에 놓인 화학실험장비들을 못 보았다면 저는 이들이 정말로 못된 장난을 치고 있다고 생각했을 겁니다."

라듐을 분리하는 고된 일은 마리가 도맡았다. 피에르는 방사능의 성질을 조사하는 데 집중했다. 이처럼 몸으로 하는 일과 이론을 연구하는 일로 나누어 분담한 것은 각자 잘하는 분야를 맡아 성과를 높이려는 의도가 아니었다. 마리는 피에르 못지않게 수학에 정통한 학자였다. 혹자는 당시 시대 상황이 여성은 집 안에서 살림이나 해야 한다는 편견이 지배적이었으므로 마리 또한 어쩔 수 없었다고 오해할 수도 있다. 하지만 사실은 그렇지 않다. 피에르는 류머티스 관절염을 앓고 있어서 늘 통증에 시달렸다. 마리는 기진맥진하는 육체노동도 마다하지 않을 만큼 신물질을 찾는 데 열심이었다. 마리가 맡은 일은 수 톤의 역청우라늄광을 처리하고 그에 버금가는 물량의 침전물과 용액과 부산물을 폐기하는 엄청난 노동이었다. 마리는 당시 고된 작업을 이렇게 기록하고 있다.

"때로는 하루 종일 내 몸체만한 쇠젓가락으로 끓고 있는 용액을 휘저어 섞어야 합니다. 그런 날은 몸이 부서지는 듯한 피로에 지쳐 쓰러졌습니다."

그러면서도 그녀는 목표를 향해 나아가고 있음을 느끼고 일이 진척되는 기쁨으로 연구에 열중했다.

작업환경이 매우 열악했음에도 우리는 행복했습니다. 거의 실험실에서 살았죠. 끼니도 간단한 도시락으로 때웠습니다. 그럼에도 우리의 초라한 보금자리에는 평온이 감돌았습니다. 실험기구들이 작동하는 것을 관찰하면서, 때로 이리저리 걷기도 하면서 우리의 실험에 대해, 현재와 미래에 대해 이야기를 나누었습니다. 추울 때는 난로 옆에 앉아 뜨거운 차 한 잔을 마시며 기운을 차렸습니다. 우리의 완성된 꿈만큼이나 우리의 일상도 완전한 충일 그 자체였습니다.

마리의 이야기에는 소박한 낭만이 배어 있다. 하지만 독성 원료물질이 펄펄 끓는 가마에서 빛나는 물질을 뽑아내려고 용액을 휘젓고 있는 모습을 상상해보라. 17세기, 오줌에서 인을 분리하기 위해 큰 통을 휘젓고 있었던 연금술사 헤닝 브란트(Henning Brandt)가 떠오르지 않는가. 과연 아름답고 고상한 풍경인가. 이번에는 해가 저물 무렵 허리가 휘는 힘든 일과를 마치고 헛간을 나서는 퀴리 부부를 그려보라. 그리고 이제 다음 글을 감상해보라. 수년이 걸린 이들의 실험이 어떻게 해서 과학사를 통틀어 가장 황홀한 실험이었는지 깨닫게 될 것이다.

밤중에 작업실에 나가보는 것이 우리에게는 커다란 기쁨이었습니다. 우리의 결실이 담긴 캡슐과 병이 희미한 발광체가 되어 그 실루엣을 고스란히 드러내고 있습니다. 그처럼 아름다운 광경이 없었습니다. 늘 새롭고 신기했습니다. 실험실 사방이 빛으로 가득했습니다. 빛으로 반짝거리는 유리관은 동화 속 요정의 빛나는 날개 같았습니다. 어둠 가운데 걸려 있는 그 빛을 볼 때마다 우리의 가슴은 쿵쾅거렸습니다. 우리는 홀린 것처럼 넋을 잃곤 했습니다.

🧪 원자 속 숨은 에너지

1902년 7월, 마리 퀴리는 그동안의 실험결과를 발표한다. 순수한 라듐 화합물 0.1g을 얻은 것이다. 그녀는 이렇게 기록했다.

"이것을 얻는 데 꼬박 4년이 걸렸다. 화학계에서 요구하는 대로 라듐이 진실로 새로운 원소임을 입증할 증거를 만드는 데 말이다."

라듐의 방사능은 우라늄과는 상대가 안 될 정도로 엄청났다. 무려 100만 배나 강력했다. 이는 누구도 상상하지 못한 강도였다. 이어서 마리는 라듐의 밀도를 측정하는 데 성공하고 이로부터 원자량을 계산해낸다. 이로써 새로운 원소임이 완벽하게 입

증되었다. 드미트리 멘델레예프의 주기율표에 입성할 허가장을
받은 셈이다.

　마리가 「콩트 랑뒤(Comptes rendus)」 학회지에 발표한 논문
에서 라듐의 원자량은 225였다. 오늘날에는 226이 공인된 원자
량이다. 마리는 논문 결론에서 "원자량으로 미루어 보면 주기율
표에서 알칼리토금속 족의 바륨 뒤에 놓여야 한다."라고 기술했
다. 라듐의 화학적 성질이 라듐과 비슷했기 때문에 이러한 결론
을 유추한 것이리라. 족이 같은 원소는 화학적 성질들도 대개 같
기 때문이다.

　한편 마리가 추출한 미세 알갱이들은 라듐염으로, 여러 원소
가 합해진 것이었다. 여기에서 순수한 금속 원소를 얻기까지 다
시 9년이 걸렸다. 시료로 쓸 라듐염을 충분히 확보하는 일부터
시작해야 했다. 마리는 앙드레 드비에른(Andre Debierne)과 공
동실험으로 라듐염을 전기분해시켜 순수한 원소로 분리해내는
데 성공한다.

　이를 두고, 1926년에 장 페랭은 "방사능이라는 거대한 건축
이 완성되는 과정에서 라듐 분리실험은 그 초석을 다진 작업이
었다고 해도 전혀 과장이 아니다."라고 말했다. 하지만 오래전부
터 방사능이라는 학문은 터를 잡고 다져지고 있었다. 퀴리 부부
가 파리의 허름한 창고에서 실험에 매진할 때부터 시작된 것이

다. 물론 퀴리 부부는 이 건축을 완성하는 데 그 누구보다 중요한 역할을 했다.

퀴리 부부는 1900년 파리에서 열린 국제물리학회에서 '새로운 방사성 물질'이라는 주제로 논문을 발표했다. 이 자리에는 켈빈, 헨드릭 로렌츠, 야코부스 반트 호프, 스반테 아레니우스 같은 쟁쟁한 학자들이 참석했다. 이들은 모두 새로운 방사성 물질에 흥분했다. 핵심질문은 이것이었다. 대체 방사성 물질의 에너지는 어디서 나오는 것일까? 방사성 물질이 방출하는 광선은 분명히 에너지를 전달하고 있었다. 라듐의 발광은 이 원소의 원자가 작고 희미한 태양처럼 에너지를 방사하고 있음을 보여주는 살아 있는 증거였다. 마리는 다음과 같이 발표를 이었다.

"우라늄 광선은 시간이 지나도 변화가 없습니다. 우라늄은 감지할 만한 상태변화를 일으키지도 않으며 화학적 변형도 일으키지 않습니다. 그대로 남아 있지요. 적어도 겉보기에는 처음부터 끝까지 똑같습니다. 우라늄이 방출하는 에너지원도 감지할 수 없는 상태로 남아 있는 것이지요."

그리고 이렇게 털어놓았다.

"이 현상이 가장 이해하기 힘든 부분입니다."

마리 자신도 당혹한 나머지 다음과 같은 비과학적인 말을 하기도 했다.

"방사능은, 에너지란 생성될 수도 파괴될 수도 없다는 열역학 제1법칙을 위배하는지도 모릅니다."

다음과 같은 가능성도 제기되었다. 방사성 물질은 외부에서 방사에너지를 흡수했다가 그 에너지를 다시 방사하며, 이 광선은 모든 공간에 스며 있지만 우라늄과 토륨 같은 무거운 원소에만 흡수된다는 것이다. 이는 물에 빠진 사람이 지푸라기라도 잡으려는 심정으로 내놓은 가설과 다름없다. 당시 과학자들은 그렇게라도 위안을 받고 싶은 심정이었을 것이다.

그런데 이 가설을 정말로 진지하게 받아들인 이들이 있었다. 두 명의 독일 과학자 율리우스 엘스터(Julius Elster)와 한스 가이텔(Hans Geitel)이었다. 이들은 방사성 시료가 지하에서 어떻게 측정되는지를 조사하기 위해 색스니 지방의 하르츠 산맥에서 바위를 뚫고 300미터 아래까지 파고 들어갔다. 지하 바위가 이들이 가정한 방사성 유도 광선을 차단할 것이라는 가설에 따른 실험이었다. 즉 이 광선이 차단된 만큼 방사성 시료의 활동도가 달리 측정될 것이었다. 이들이 수행한 실험은 침투성 물질에 의한 지하 환경영향 차단이라는 분야에 대한 최초의 실험이었을 것이다.

오늘날에 비유하면, 땅속 깊이 묻힌 실험실에서 중성미자나 여타의 생소한 아원자 입자들이 새어나오는지 여부를 조사하는, 이른바 탐사권 선점용 실험 같은 것이다. 하지만 실험결과 방사성 시료의 활동도에 아무런 변화가 없었다. 이에 따라 방사성 원소의 에너지는 원자 자체에서 발산된다는 결론을 내리게 되었다. 다시 말해, 방사능은 원자 에너지의 한 형태였다.

마리 퀴리는 이미 다음과 같은 결론에 도달해 있었다.

"방사능은 원자의 성질을 가지고 있으며, 물질의 물리적 상태나 화학적 상태와 무관하게 존속하는 것으로 보인다."

어쨌든 방사능이 무엇인지 알기 위해서는 원자를 들여다볼 수밖에 없었다.

1903년 6월 25일에 마리는 박사학위 논문을 제출했다. 이 논문을 살펴보면 놀라움을 금치 못할 이들도 있겠지만, 새로 발견한 두 원소와 4년에 걸친 수고로운 실험에 대한 것이 전부였다. 그 모든 것을 오로지 학위논문을 위해 감내했던 것이다. 마리는 이 실험으로 방사능에 관한 한 세계적 전문가로 부상했다. 학위논문이 무난히 통과되어 마리는 영예로운 박사가 되었다. 마리는 파리에서 이를 기념한 파티를 열었다. 초대받은 손님 가운데는 원자를 쪼개어 본 학자가 있었는데 바로 뉴질랜드 출신의 어니스트 러더퍼드였다. 그가 바로 원자에 감추어진 에너지원을 밝힐 미래의 주인공이었다.

캐나다의 맥길 대학에서 연구 중이었던 러더퍼드는 1899년에 방사성 물질이 방출하는 광선은 두 종류임을 밝혔다. 바로 알파선과 베타선이다. 알파선은 두꺼운 알루미늄 박편에 저지당하여 사라지고, 베타선은 이를 통과한다. 퀴리 부부와 베크렐은 러더퍼드의 베타선이 톰슨이 확인한 하전된 입자, 즉 전자인 음극선과 동일하다고 추정했다. 한편 1899년 러더퍼드는 한 가지 기이한 현상을 발견한다. 토륨이 방사성 기체를 내뿜는 방사(에머네이션, emanation) 현상이다. 이 때문에 토륨의 방사능을 계속해서 측정하려면 금속상자에 담아 뚜껑을 닫아두어야 했다. 러더퍼드는 영국의 화학자 프레더릭 소디(Frederick Soddy)와 함께 연구팀을 꾸려, 토륨 방사현상의 실체를 밝히는 실험에 착수한다. 이 방사현상의 실체는 나중에 토론(thoron)이라고 명명된다. 이 연구팀은 물리학자와 화학자들이 연합한 팀으로서, 가장 풍성한 연구 성과를 내면서 초기 방사성화학과 원자물리의 학문적 특성을 정립하는 데 크게 기여하게 된다.

1900년대 후반에, 토론이 그저 불활성기체인 아르곤임을 발견한 두 과학자가 있었다. 바로 윌리엄 램지와 레일레이 경이었다. 이들은 러더퍼드와 소디의 연구팀보다 무려 6년이나 앞서 아르곤의 비밀을 알아냈다. 러더퍼드와 소디는 자신들이 발견한 것의 의미를 생각하고 공포에 사로잡혔다고 한다. 토륨이 저절로 천천히 변환을 거듭해 아르곤이 되어버리다니! 훗날 소디는 그 순간 두려운 나머지 움찔했다고 회상했다. 실험실에서 동료인 러더퍼드에게 "이건 변환(transmutation)이야. 토륨이 붕괴되고 있어."라고 말하자, 러더퍼드가 황급히 이렇게 소리쳤다.

"제발, 소디. 변환이라고 하지 말게. 연금술사로 오해받으면 목이 달아난다고!"

그럼에도 변환은 변환이었다. 러더퍼드와 소디는 우라늄, 토륨, 라듐이 알파선을 방출하며 저절로 새로운 화학물질로 변해 간다고 추정했다. 이에 대해서는 제4장에서 러더퍼드의 이야기와 함께 자세히 다루기로 한다. 변환 과정에서 방사능이라는 신비한 에너지가 방출되는 것이었다. 1903년 소디는 이 신비한 에너지가 얼마나 막강한지를 진술하며 다음과 같은 추산 결과를 제시했다.

1그램의 라듐이 붕괴하는 동안 방출되는 총 에너지는 적어도 10^8그램칼로리 이상으로 $10^9 \sim 10^{10}$그램칼로리의 사이일 것이다. 방사능 변화에 따른 에너지는 2만 배에서 100만 배까지 올라갈 수 있으며 분자 변화에 따른 에너지에 맞먹는다.

1년 후 소디는 라듐 사용을 주제로 한 토론에서 다음과 같이 경고했다.

"극도로 옹졸한 성격의 소유자가 이만한 에너지를 방출하는 무기를 손에 넣게 된다면, 마침내 질투에 못 이겨 레버를 올린다면 어떻게 될까요? 이 무기를 쓰기로 마음만 먹는다면 지구가 박살날 수도 있을 것입니다."

불과 40년이 못 되어 그러한 무기가 개발되었을 뿐 아니라 정말로 레버가 올라가리라고는 꿈에도 생각지 못했으리라.

피에르 퀴리도 이와 비슷한 결론에 도달했다. 1904년 스톡홀름 노벨상 수상식 연설에서 피에르는 다음과 같은 말을 했다. (그 전해 수상자이지만 시상식에 참석하지 못했다가 다음 해에 연설하게 된다).

"라듐이 범죄자의 수중에 들어간다면 매우 위험한 상황이 발생할 것입니다. 그렇다면 이런 질문을 던져봅시다. 자연의 비밀을 아는 것이 인류에게 유익한가, 자연의 힘을 선용할 만큼 인류는 성숙한가, 또는 그 지식이 전혀 해롭지 않다고 밝혀질 것인가?"

피에르 퀴리의 질문에 어떻게 답할지는 각자의 몫이다.

유명세와 운명

노벨상은 퀴리 부부의 모든 것을 변화시켰다. 그런데 모든 것이 바람직하게 변한 것은 아니었다. 우선 경제적인 상황이 오히려 악화되었다. 국제적으로 주목받는 학자로 성장하고 있었음에도 이들은 여전히 쪼들렸다. 프랑스 정부가 과학지원사업에 매우 보수적이었기 때문에 연구비는 늘 턱없이 부족했다. 다행히도 피에르 퀴리는 앙리 푸앵카레의 도움으로 1900년에 소르본 대학에 임용된다. 그러나 2년 후 대학 당국은 피에르가 프랑스과학학회 회원 선거에 입후보하려고 했을 때 이를 거절한다. 프랑스 언론은 노벨상 수상식을 보도하면서 그동안 퀴리 부부에게 정부가 얼마나 무심했는지를 강도 높게 비난했다. 「라 그랑드 르뷔(La Grande Revue)」지에는 다음과 같은 내용의 기사가 실렸다.

"7년 동안 이 나라에는 존경스러운 과학자 부부가 일군 쾌거에 상으로 보답해야 마땅하다고 생각한 사람이 한 사람도 없었다. 이들은 다른 나라 사람들의 후원에 의존해야 했다."

그런데 이러한 호의적 기사마저 퀴리 부부에게 또 다른 불행을 몰고 왔다. 이후 기자들의 끝없는 인터뷰에 응해야 했기 때문이다. 조용히 연구에만 몰두하던 퀴리 부부에게는 언론에 노출되고 일반 행사에 초대받는 일들이 정신 사납기만 했다. 무엇보다 연구에 집중할 수 없었기 때문에 환멸을 느끼기 직전이었다. 심지어 도처에서 구걸하는 사람들, 마음씨가 뒤틀린 사람들, 입신양명을 꿈꾸는 이들로부터 편지가 쇄도했다. 훗날 마리는 노벨상에 대해 "재앙과 맞먹는 여파를 몰고 오는 것"이라고 쓴 적이 있다. "한순간이라도 평화로울 수 있다면 땅속을 파고들어가는 일도 마다하지 않았을 것이다."라는 기록으로 볼 때 얼마나 괴로웠을지 짐작이 간다.

이후 방사능은 일반인의 손으로 넘어갔다. 라듐은 특히 인기가 있었다. 새로운 X선으로 각광받은 것이다. 퀴리 부부의 발광물질에 매혹되지 않은 사람이 없는 듯했다. 피에르는 친구 조르주 구이(Georges Gouy)에게 라듐이 왜 갑작스런 인기를 끌고 있는지 모르겠다며 하소연했다. 화학회사들은 영구적으로 빛을 발하는 라듐의 상업적 가치를 알아보았다. 라듐은 곧 시계나 기기의 패널을 비롯해 여기저기에서 모습을 드러냈다. 파리의 한 화학제품 생산업체는 원소 분리실험에 여념이 없던 마리에게 산업용도에 맞게 분리공정을 대량화할 방법에 대해 자문을 구하기도 했다. 1900년 당시 라듐화합물을 제조하는 회사는, 독일에 두 군데 있었다. 뉴욕의 한 도박장에서는 고객에게 '라듐 룰렛'이라는 발광칩을 판매했다. 더불어 라듐으로 잔 테두리를 두른 발광칵테일도 팔았다. 샌프란시스코에서는 쇼걸들이 라듐이 박힌 발광의상을 입고 어둠 속 무대에서 춤을 추어 한때 돌풍을 일으키기도 했다.

라듐의 선풍적 인기는 발광 성질 때문만은 아니었다. 독일 과학자 프리드리히 발크호프(Friedrich Walkhoff)는 X선이 암 치료에도 효력이 있을 것이라는 연구결과를 내놓았다. 피에르 퀴리도 라듐이 그러한 분야에도 유용하리라고 주장했다. 이후 라듐이 의학적으로 기적의 효과가 있다는 소문이 돌기 시작했다. 이러한 엉터리 의학 선풍의 주 무대는 미국이었다. 이러한 '라듐 열풍'은 퀴리 부부와 베크렐이 노벨상을 수상하자마자 불기 시작해 이후 30년 동안이나 계속되었다. 라듐염 용액인 라이서(Raithor)는 정신병조차 치료한다는 만병통치약으로 광고되었다. 피츠버그의 에벤 베이어스(Eben Beyers)라는 사업가는 턱암으로 사망하기 직전까지 4년 동안 매일 라이서를 마셨다고 한다. 1914년 영국과학조합의 의료분과위원회는 다음과 같은 경고문을 작성했다.

"라듐이 치료제로 우수한 효능이 있다고 알려진 이후 라듐 사기가 극성을 부리고 있습니다. 라듐이 함유되지도 않은 용액이나 제약을 강매당할 위험이 있으며, 라듐이 함유되었다 하더라도 무자격자에 의해 잘못 제조되거나 처방될 수 있으니 신중을 기하기 바랍니다."

당시 퀴리 부부의 건강상태를 되짚어보면 진짜 문제는 라듐 사기가 아님을 알 수 있다. 라듐을 발견하는 이 위대한 업적을 달성하는 내내 이들은 만성피로에 시달렸으며 이런저런 질병이 끊이지 않았다. 마리는 체중이 5킬로그램이나 줄었다. 퀴리의 친구인 조르주 사냑(George Sagnac)은 둘 다 먹는 것이 그렇게 부실해서 되겠느냐고 피에르를 야단칠 정도였다. 1903년 피에르는 스코틀랜드 출신으로 런던에서 활동하던 물리학자 제임스 듀어(James Dewar)에게 이런 편지를 썼다.

"마리는 이렇다 할 병도 없는데 늘 피곤해합니다."

그해 여름 마리는 예정일보다 일찍 출산한 둘째 아이를 낳자마자 잃는 불행을 겪는다. 12월에는 빈혈이라는 진단을 받는다. 이들은 노벨상 수상식에도 가지 못할 만큼 건강상태가 말이 아니었다. 당시 혼자 참석한 베크렐이 퀴리 부부의 상까지 대리 수상했다.

퀴리 부부는 방사성 물질이 유해하다는 사실은 알고 있었지만, 자신들의 병과 연관이 있으리라고는 생각하지 못했다. 방사능이 인체에 악영향을 미친다면 그것은 피부에 국한될 뿐이라고 생각했다. 피에르와 베크렐은 1901년에 라듐이 피부에 미치는 영향을 시험해보고 그 결과를 발표했다. 피에르는 라듐을 다량 함유한 바륨을 띠처럼 팔에 감싸고 10일 동안 상태를 관찰했다. 피부가 적색으로 변했으며 7주 후에는 상처로 발전했다. 이는 피부 속까지 상해를 입힌다는 증거였다. 그 악영향으로 이후 방사능 용액을 다루는 데 통증이 따랐는지도 모른다. 퀴리 부부는 다음과 같이 기록하고 있다.

"방사능 활성이 매우 높은 고순도의 라듐이 든 시험관이나 캡슐을 잡은 손가락 끝부분이 갈수록 단단해졌다. 때로는 극심한 통증이 느껴지기도 했다. 손끝에 염증이 생기기도 했는데 15일이나 지속되었다. 그러다 피부가 떨어져나갔지만 두 달이 지나서야 겨우 통증이 가라앉았다."

1899년에는 마침내 끔직한 사실이 발견되었다. 방사능은 '방사성이 불활성 상태'인 물질을 방사성 물질로 유도하는 성질이 있었다. 그에 따라 라듐을 다룬 지 오래지 않아 퀴리 부부의 실험실은 온통 방사능으로 오염되었다. 실험실 안에 있는 모든 것에서 방사능이 측정되었다. 이들의 실험일지는 지금도 방사능이 매우 강해 조심스럽게 다루어야 한다.

1906년 피에르의 건강은 극도로 악화되었다. 만성피로와 우울증에 시달렸다. 2년 동안 논문을 한 편도 발표하지 못했다. 관절이 그렇게 아픈 원인이 지병인 류머티즘 때문이라고만 생각했다. 하지만 그보다 훨씬 불행한 사건이 찾아왔다. 그럼에도 이 사건이 없었더라면 방사능에 상해를 입은 그가 말년을 얼마나 고통스럽게 보내야 했을지 가늠하기조차 힘들다. 피에르는 그해 4월 19일 도페나 지역에서 달리는 마차에 치이는 사고를 당했다. 불운하게도 바퀴에 깔리는 바람에 머리통이 박살나면서

즉사했다. 피에르는 떠났지만 그 여파는 고스란히 마리의 몫이 되었다. 남편의 자리를 이어 받아 마리는 소르본 대학의 교수로 임용된다. 소르본 최초의 여성 교수가 된 것이다. 하지만 마리는 삶의 의욕을 송두리째 잃어버린 것처럼 강의를 했다고 한다.

그럼에도 마리의 박애정신은 여전히 가슴에 남아 있었다. 제1차세계대전 당시 마리는 이동식 X선 병동에서 일한 적이 있었다. 마리가 라듐을 암 치료에 활용할 방도를 연구한 것도 뜬금없는 일이 아니다. 그녀도 사람인지라 편안히 쉬고 명예를 누리고 싶었을지도 모른다. 하지만 마리는 1934년 7월 4일 백혈병으로 운명하기까지 화상을 입은 손의 통증을 견디며 방사능 연구에 매진했다. 이 병마도 연구에 전력투구하느라 몸을 소홀히 한 탓에 얻은 것이리라. 아인슈타인이 말한 대로 그녀는 '명성이 타락시키지 못한 유일한 유명인사'였다.

1903년 마리는 물리학으로 노벨상을 수상했다. '앙리 베크렐 교수가 발견한 방사현상에 대해 베크렐 교수와 공동연구로 이룩한 탁월한 업적을 기린' 것이었다. 이 노벨상만으로도 마리의 명성은 보장받고도 남는다. 하지만 1911년 화학 분야에서 노벨상을 단독으로 수상하면서 그녀의 위대함이 영원히 빛을 발하게 된다. '라듐 원소와 폴로늄 원소를 발견하고, 라듐을 분리했으며, 라듐과 이의 화합물의 놀라운 성질을 연구하여 화학의 발

전에 기여한 공로를 인정한’ 이 상은 그녀가 수행한 아름답고도
끈질기며 치명적인 실험을 기린 것이었다.

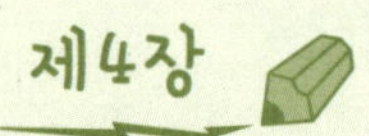

제4장

베일을 벗은 방사능

어니스트 러더퍼드—알파입자와 우아함의 아름다움

1908년 맨체스터에서 방사성 물질이 방출하는 알
파입자의 정체를 밝히는 데 집념을 불태운 어니스트
러더퍼드는 마침내 결실을 맺는다. 알파입자가 헬륨 원자
의 핵으로 구성되어 있음을 입증한 것이다. 이 입자를 최초로
확인한 사람도, 알파입자라고 이름을 붙인 사람도 러더퍼드이다. 그
는 이 발견으로 방사성 원소가 일련의 변환을 거치는 것 같다는 가설
에 종지부를 찍었다. 방사성 원소가 방사능을 방출하면서 변환하다 마침내
다른 원소가 되는 것이 사실로 밝혀졌기 때문이다.

어떻게 러더퍼드 같은 사람을 싫어할 수가 있을까? 순박함의 표본인 전형적인 뉴질랜드 청년. 외향적이면서도 다정다감하고, 키 크고 잘생기고, 걸걸한 목소리지만 솔직하며 가식이 없고, 금방이라도 콧노래를 흥얼거릴 듯 늘 쾌활하며 유머러스하고, 상냥하면서도 위풍당당한 남성! 이런 호남아가 천재적인 안목까지 갖추었다니! 케임브리지 대학 재학 시절 러더퍼드의 옆집에서 기숙했던 폴 랑주뱅은 그를 이렇게 회상했다.

"결코 적을 만들지 않으며 친구를 잃는 법이 없는 사람. 여러 면에서 보통 사람은 범접하기 어려울 만큼 뛰어났기 때문에 그 같은 자와 막역한 친구사이였다고 함부로 말하기조차 저어된다."

영국 유수의 대학의 학생들, 이른바 수준 있는 이들에게는 오지 출신인 그가 품행이나 교양 면에서 촌스럽고 부족해 보였을 것이다. 러더퍼드 역시 그러한 이질감을 느끼고 있었다. 그가 존경해 마지않던 지도교수 J. J. 톰슨은 물론 그와 가까이 지낸 동기 프레더릭 소디조차 예외가 아니었다. 러더퍼드 자신도 때로 평소의 쾌활함을 잃고 침울함에 휩싸이기도 했으며 실험기구를

_그림4. 가장 위대한 실험 과학자 중 하나인 뉴질랜드의 물리학자
어니스트 러더퍼드. (사진제공: 영국왕립화학회 도서관 정보센터)

바닥에 내동댕이칠 것처럼 불같이 화를 내기도 했다. 이해가 느
리거나 솜씨가 서툰 이들에게는 특히 관용을 베풀 줄 몰랐다. 이
모든 것이 근대과학사에서 가장 왕성한 연구활동을 벌인 과학
자이자 가장 인간적인 과학자인 러더퍼드의 면면이다. 솔직히
동료 화학자 차임 바이츠만(Chaim Weizmann)은 러더퍼드야말

로 "과학자 이외의 것은 상상할 수도 없는 인물이다. 그는 어떤 주제가 나와도 즉시 열변을 토했다. 심지어 아는 것이 전혀 없는 주제여도 상관이 없었다."라고 평가했다.

러더퍼드는 실험을 할 때 기쁨을 느꼈다. 자신의 솜씨가 요구되는 실험일수록 더욱 그러했다. 어찌나 우아하게 실험을 했던지 마치 실험하려는 개념의 명료함과 이를 물리적으로 구현할 방도를 찾는 즐거움이 때마침 교차하는 데서 울려 퍼지는 춤사위 같았다. 러더퍼드의 손과 정신은 서로 긴밀한 피드백을 주고받는 듯했다. 그는 머릿속에서 이미 실험기구들을 낱낱이 시각화하고 짜 맞추어 실험의 꼴을 잡아두는 것 같았다. 그는 실험기구들을 애지중지한 나머지 제자나 동료가 조금이라도 기구를 서투르게 다룰 경우 '실험기구에 대한 범죄'라도 저지르는 듯 다그쳤다. 러더퍼드의 실험은 한마디로 멋스런 풍취가 있었다. 마음 같아서는 20세기의 가장 위대한 실험과학자는 러더퍼드라고 단언하고 싶다.

나의 단언과는 별도로, 이 한 가지는 분명하다. 러더퍼드는 한 시대를 풍미한 학자이다. 그의 업적은 핵물리학과 아원자물리학이라는 현대과학의 양대 학문의 시대를 열었다. 이 양대 학문을 연구하기 위해서는 불가피하게 여러 나라의 학자들이 팀을 이루어 기초학문을 연구해야 했다. 이러한 연구팀은 상상을 초월한 규모의 장비들을 동원하고 천문학적인 규모의 예산으로 운영되었다. 제아무리 실험기구에 능한 러더퍼드라 한들 오늘날 초미립자 물질탐사에 동원되는 거대한 입자가속기와 충돌장치 앞에 서게 된다면 긴장으로 몸이 굳을 것이다. 그는 뼛속까지 빅토리아시대 사람이어서 손으로 직접 실험장비를 밀(蜜)로 밀봉하고 끈을 조여 가며 장치를 구축해야 마음이 놓였다. 이러한 성미 탓에 편협하고 고루한 학자로 평판이 굳고 말았다. 최고의 과학은 검약에서 완성된다는 신념을 굽히지 않았던 그는 과학이 상업성에 휘둘리는 세태를 한탄하며 산업계에서 지원하는 굵직한 연구비를 연달아 고사한 것이다.

러더퍼드는 퀴리 부부가 연구하던 '방사성화학'으로 연구방향을 정하고 원자물리학을 파고들었다. 1909년에 그는 원자의 한가운데 아주 조그마한 고밀도의 핵이 있으며, 핵이 원자질량의 대부분을 차지하고 나머지는 거의 빈 공간이라는 사실을 발견한다. 뒤이어 1919년에는 신문기사의 제목처럼 '원자를 쪼개어' 화학이라는 학문으로는 연구가 불가능한 영역으로 훌쩍 넘어가 그곳에서 물질을 연구했다. 원자는 화학의 가장 기초적이며 근본적인 단위였다. 그런 원자가 한 번 쪼개지더니 그 후로는 한물간 화학용어로 전락하고 말았다. 대신 학자들은 새로운 규칙과 새로운 물질 영역에서 완전히 새로운 세계를 항해하기 시작했다.

그런데 이 장에서 다룰 실험은 그와 같은 대격변을 일으킨 혁명적인 실험이 아니다. 이 실험에 앞서 수행된, 화학의 영역에 속한다고 주장해도 무리가 없는 한 실험에 대해 이야기하려고 한다. 명쾌한 개념과 우아한 실행이 돋보이는 이 실험은 러더퍼드 실험인생을 통틀어 최고로 꼽힌다.

🧪 알파를 찾아서

러더퍼드도 퀴리 부부와 마찬가지로 뢴트겐이 발견한 X선을 주제로 잡고 연구를 시작했다. 뢴트겐의 X선은 러더퍼드가 케임브리지 대학에 온 1895년 바로 그해에 발견된 전혀 새로운 분야였다. 뭇 과학자들과 마찬가지로 러더퍼드 역시 이 X선에 마음이 사로잡혔다.

러더퍼드는 음극선을 연구하던 중 전자를 발견한 당대 최고의 과학자 톰슨의 휘하에서 연구를 하게 된다. 톰슨이 발견한 전자는 최초로 발견된 아원자 입자로, 원자가 더 작은 물질로 나뉠 수 있음을 시사한 물질이다. 연구 초기에 러더퍼드는 X선이 기체를 어떻게 이온화시키는지, 즉 기체 원자에서 전자를 어떻게 떼어내는지를 연구했다. 케임브리지 대학의 캐번디시 연구소 과학자들은, 아원자와 관련된 현상에 대해 뚜렷한 연구성과를 내놓지 못하고 있었다. 이들은 X선이 기체의 전기전도성을 높여주며, 그에 따라 하전된 물체가 스파크를 내면서 전하를 떨어뜨린다고 이해했다.

한편 방사능도 기체를 이온화시키는 성질이 있었다. 1897년 러더퍼드는 우라늄화합물에서 나오는 신비한 방사 효과에 관심을 가지면서 이 분야로 연구 주제를 바꾼다. 피에르 퀴리처럼 그도 전기방전 장비로 방사능을 측정했다. 이 장비에 시료를 놓으면 방사능이 센 물질일수록 전기를 더 빨리 방전한다. 러더퍼드는 우라늄 시료를 알루미늄 박막으로 덮고 방사능을 측정하자 우라늄의 방사 세기가 약해지는 현상을 발견했다. 계속해서 알루미늄 박막을 덧씌웠더니 방사능도 계속해서 감소하는 것이었다. 그런데 박막 층이 일정 개수에 도달하면 더 이상 차이가 나지 않았다. 다시 말해 그 이상에서는 방사능이 일정했다. 이에 따라 러더퍼드는 박막이 어느 한 유형의 방사능은 흡수하며 또 다른 유형의 방사능에는 영향을 미치지 못한다는 결론을 유추했다. 그리고 1899년에 이 실험에 관한 논문을 발표했다.

이 실험결과로부터 우라늄의 방사현상이 복합적임을 알 수 있다. 현재까지 확인된 바로는 적어도 두 종류의 방사현상이 존재한다. 하나는 즉시 흡수되는 방사능으로 편의상 '알파방사'라고 부르며, 다른 하나는 투과성이 있는 방사능으로 '베타방사'라고 부르기로 한다.

이 놀라운 발견은 그에게 계시나 다름없었다. 방사능이 발견된 것도 이미 놀라운데 더 깊이 조사해볼 것이 있음이 분명해진 것이다. 심지어 러더퍼드는 세 번째 유형의 방사현상이 감지된다고도 말했지만 그것이 무엇인지 뚜렷이 규명하지는 못했다. 제3의 방사선은 바로 감마선이었다. 지금까지 알려진 바로는 감마선은 알파선과 베타선보다 투과력이 훨씬 강하며, 본질적으로 다른 유형의 방사선이다. 즉 알파선과 베타선은 입자인 반면, 감마선은 X선처럼 전자기파의 일종이다.

알파방사는 베타방사보다 이온화 효능이 높아 정량화하기가 수월했다. 이 때문에 러더퍼드가 베타선이 아닌 알파선을 집중 연구하기로 결정한 것 같다. 베타선은 이후 음극선과 동일한 것으로 밝혀진다. 러더퍼드는 알파선에 대한 애착이 남달라 알파선을 '자신의 발견물'로 여겼으며 그렇게 말하고 다니기도 했다.

방사능을 연구하는 다른 학자들과 마찬가지로 러더퍼드도 역청우라늄광 같은 하찮은 광물이 어떻게 이러한 에너지를 자연 방사하는지 어리둥절해했으며, 때로는 도무지 알 수 없어 괴로

워하기까지 했다. 러더퍼드는 케임브리지 대학에서 캐나다 몬트리올에 있는 맥길 대학으로 옮겨 연구하게 되었다. 그로부터 2년 후인 1900년에 우라늄 원석에서 방출되는 에너지의 크기를 어림 계산하는 데 성공한다. 알파선 방사현상만을 토대로 한 이 근사치는 실제 값보다 꽤 낮게 추산되기는 했다. 이에 대해 그는 "원자가 재결합한다거나 분자가 재배치되는 일반 화학이론으로는 그만한 에너지를 유도해낼 수 없다."라는 견해를 밝혔다. 이는 자연 물질에 대한 현재의 지식체계에는 근본적인 무언가가 빠져 있음을 완곡하지만 냉정하게 표현한 것이다.

러더퍼드는 맥길 대학에서 소디와 함께 연구를 시작한다. 이 공동연구는 그에게 꽤 큰 성과를 안겨주기도 했지만 동시에 험난한 시련도 주었다. 당시만 해도 방사능은 화학자들의 영역이었다. 그런데 러더퍼드는 화학에는 문외한에 가까웠다. 사실 방사능현상만 보면 기존의 화학과는 전혀 다른 새로운 영역처럼 보이기는 했다. 방사능이 발견된 이후로는 순전히 방사성 물질이 방사하는 마법의 빛을 통해 새로운 물질을 발견하기 시작했기 때문이다. 앞 장에서 간단히 언급했지만 러더퍼드는 오언스(R. B. Owens)와 공동연구로 토륨 화합물이 기체 같은 것을 '방사'하는 현상을 발견했다. 러더퍼드는 소디와 함께 이 방사 물질을 '토론'이라고 이름 지었다. 러더퍼드는 소디와 함께 새로운 원소로 보이는 물질도 발견했으며, 이를 토륨X라고 불렀다. 이는 영국의 화학자 윌리엄 크룩스가 우라늄 염에서 불순물 형태로 존재하는 물질을 발견해 우라늄X라고 부른 전례를 따른 것이다. 토륨X가 토륨에서 직접 생산되기는 했지만 토론을 방사하는 것은 토륨이 아니라 토륨X로 관찰되었다. 다시 말해 토륨이 토륨X로 변해가는 것이었다. 러더퍼드와 소디는 이 현상을 '변해간다'라고 말했지만 이는 '아원자적 화학 변화'를 완곡하게 에두른 표현이었다. 물론 이 현상이 무엇을 의미하는지는 둘 다 알지 못했다.

그 후 러더퍼드와 소디는 토륨과 우라늄과 라듐이 변질되어 새로운 원소로 거듭난다는 사실을 더 이상 부인할 수 없었다. 러더퍼드는 '모 원소'가 사라지고 대신 '딸 원소'가 쌓인다면, 이를 광석의 나이를 어림하는 데 응용할 수 있겠다는 생각이 들었다. 이후 러더퍼드와 소디는 방사성 붕괴현상이 정확한 수학법칙을 따름을 입증했다. 즉 방사성 물질의 방사에너지양이 시간에 대해 지수함수적으로 감소하는 법칙이었다. 이 법칙을 따르면, 방사 에너지양이 일정 기간에 초기 값의 반으로 줄고, 일정 기간이 지나면 다시 반으로 줄어 4분의 1이 되고, 그다음에는 8분의 1이 되는 식이다. 이 특성기간을 반감기(half-life)라고 한다. 방사성 원소의 반감기[*]를 알고 있을 경우, 암석에 함유된 원소의 양과 원소의 딸 원소의 양을 측정하여 언제부터 이 암석의 방사성 붕괴 시계가 돌아가기 시작했는지를 알 수 있다. 이 시간이 곧 바위의 나이이다. 러더퍼드의 동기생으로 예일 대학 화학 교수였던 버트럼 볼트우드(Bertram Boltwood)는 이 원리를 적용해 1907년에 지구의 나이가 적어도 20억 년은 된다고 추산했다. 이는 1860년대 켈빈 경이 추산한 나이보다 20배 많은 것이었다.

그런데 한 원소가 어떻게 전혀 다른 원소로 변할 수 있을까? 방사성 원소의 변환이 방사선의 성질과 연관이 있는 것은 분명했지만 어떻게 연관되는지는 불분명했다. 당시 알파선에 대해서는 방사성 붕괴 과정에서 베타선, 곧 전자가 모 원소를 칠 때 부수적으로 발생한다고 이해하고 있었다. 이는 뢴트겐이 X선을 발견하는 과정에서 유추한 것이었다. 즉 음극선 발생장치인 유리관을 전자들이 연속해서 칠 때 X선이 발생했기 때문이다. 그런데 러더퍼드와 소디는 토륨에서 토륨X를 분리해내면 베타선도 함께 사라져버리고 알파선만 방출되는 현상을 관찰한다. 이로부터 토륨이 토륨X로 붕괴하는 과정이 알파선 발생과 연관이 있다고 생각하게 된다.

---

* 엄밀히 말해, 특정 원소의 반감기를 논할 수는 없다. 다만 원자의 특정한 형태, 즉 동위원소를 말할 수는 있다. 동위원소가 각각 양성자 수가 같고 화학적 거동도 같지만 핵질량은 약간 차이가 난다. 그 이유에 대해서는 다음 장에서 이야기하겠다.

톰슨은 음극선이 전기장과 자기장에서 휘는 모습을 관찰하고 음극선이란 음으로 하전된 입자라고 추정했다. 이후 입자가 휘는 정도를 측정하여 각 입자의 전하량을 질량과의 비율, e/m(전자의 비전하 – 옮긴이)로 구했다. 그의 실험을 좇아 여러 학자들이 알파선도 이처럼 휘는지를 관찰하려고 했다. 하지만 번번이 실패로 끝나기 일쑤였다. 러더퍼드는 이 의문을 새로운 각도에서 해석해보기로 계획했다. 이렇게 해서 그의 비상한 재주가 빛을 발하는 실험이 탄생하게 된다. 그는 위아래가 트인 작은 금속상자를 준비했다. 성냥갑 상자와 비슷하다. 상자 내부를 나누어 좁은 채널을 연달아 만들고 각 끝에 금속편을 댄다. 채널에 전기장을 걸어준 다음 알파선을 쏜다. 알파선이 경로를 벗어난다면 금속편으로 떨어질 것이고 상자 안에 갇힐 것이다. 그 결과 상자 밖으로 빠져나가는 방사능 세기는 감소할 것이다. 한편 자기장의 영향을 조사하기 위해 이번에는 강력한 전자석을 막대처럼 양쪽에 세우고 그사이에 상자를 놓고 실험을 했다.

이 실험으로 러더퍼드는 알파선이 하전된 입자임을 입증했다. 그뿐 아니라 날렵한 전자에 비하면 육중하기 그지없음을 확인했다. 알파입자는 양으로 하전되어 있었다. 그런데 이 양으로 하전된 입자는 하전된 전자 한 개와 비교하면 수소 원자 전체와 맞먹는 크기였다. 이러한 관찰 결과는 논리적으로 앞뒤가 맞았다. 방사성 원자가 원자 크기의 입자를 방출한다면 원자가 완전히 새로운 원자로 전환될 가능성이 설명되기 때문이다. 방사능은 변환의 결과로 발생하는 것이 아니라 변환을 일으키는 원인이었던 것이다. 러더퍼드는 톰슨에게 "이 실험결과가 의미심장한 것은 방사성 물질이 일련의 연속적인 변화를 거치는 동안 어떤 일을 겪는지 머릿속에 그려볼 수 있기 때문이죠."라고 말했다.

러더퍼드와 소디는 알파입자의 e/m 비율로부터 다음 두 가지 가능성을 내다보았다. 알파입자가 전자와 정반대 전하를 동일한 양으로 보유한다면, 이는 알파입자가 헬륨원자 질량의 반절을 보유하는 셈이다. 반면 알파입자가 헬륨원자 전체 질량을 보유한다면 전하량은 전자의 전하량보다 두 배 많아야 한다. 그러나 이 두 가능성 중 어느 것이 맞는지 분간할 길이 없었다. 1906년 소디는 "당시로서는 어떤 결론을 내릴 실질적인 근거가 거의 없었다."라고 회고했다.

바움바흐의 얇은 천 시험관

헝가리 태생의 화학자 게오르크 폰 헤베시(Georg von Hevesy)에 따르면 러더퍼드가 싫어한 사람이 딱 두 명 있었다고 한다.

바로 프레더릭 소디와 윌리엄 램지. 맥길 대학에서 공동연구를 시작할 때부터 러더퍼드와 소디는 원자가 나누어질 수 있는지 여부를 놓고 열띤 논쟁을 벌였다고 한다. 화학자인 소디는 원자가 쪼개진다는 것은 가당치 않은 소리라고 생각했다. 소디가 불활성기체의 발견자와 함께 공동연구를 수행하러 영국으로 떠나자 이번에는 러더퍼드는 램지와 사사건건 부딪히기 시작했다. 아마도 기분이 몹시 좋지 않은 어느 순간 러더퍼드는 소디와 램지가 자신을 이기기 위해 음모를 꾸미고 있다고 오해를 했던 것 같다.

러더퍼드는 알파입자가 헬륨원자가 아닌가 하는 생각을 떨칠 수 없었지만 그것을 증명할 길이 없었다. 그런데 1903년에 러더퍼드가 제안했던 한 실험을 소디와 램지가 수행하게 된다. 라듐염을 진공 유리관에 넣은 다음, 방사성 붕괴가 진행되면서 발생하는 기체를 채집해 분석하는 실험이었다. 소디와 램지는 미미한 거품 같은 것을 채집했는데, 그것을 스펙트럼 분석한 결과 헬륨으로 확인되었다. 물론 이 실험으로 알파입자가 헬륨임을 증명한 것은 아니다. 소디와 램지는 기존의 화학 이론을 벗어난 비약적 사고를 할 수는 없었다. 따라서 헬륨이 라듐염의 방사작용으로 생성되었을 것이라고 생각했다. 램지는 이 실험에 대해 실험의 창시자인 러더퍼드의 승인도 없이 떠벌리고 다니기 시작했다. 이를 참다못한 톰슨은 캐나다에 있는 자신의 제자였던 러더퍼드에게 직접 편지를 쓰게 된다.

램지, 이 친구가 요즘 통 맘에 들지 않네. 몇 번 주의도 주었지. 그 주제가 나오면 나는 늘 자네가 그 실험을 설계했고 또 어떻게 예견했는지 꼬집어준다네. 자네가 없었더라면 그들이 실험에 성공하지 못했을 걸세. 램지는 학자로서의 양심은 어디다 내다 판 모양일세. 재능이 아까운 친구야.

정작 러더퍼드는 그러한 논란이 벌어지는 데도 개의치 않는 듯했다. 그들을 가끔 '영국의 2인조 람사마니아(Ramsamania)'라고 우스개로 부르기는 했지만 말이다. 오히려 이들의 실험 덕에 러더퍼드는 자신이 발견한 알파입자의 정체를 밝히고 말겠다는 결심을 굳히고, 1907년 맥길 대학을 떠날 때까지도 그 문제에 매달렸다. 그는 영국으로 돌아와 맨체스터 대학에 적을 두고 계속 연구를 이어나갔다. 1908년 1월에는 이렇게 말하기도 했다.

"알파입자의 본성이 확인되기만 한다면 방사능 분야에서 가장 어려운 문제가 해결되는 셈이다. 이것만 해결된다면 다른 문제들은 줄줄이 풀릴 것이다."

맨체스터 대학에서 러더퍼드는 전도유망한 제자 한스 가이거(Hans Geiger)와 만나게 된다. 그리고 가이거와 함께 차근차근 알파입자를 검출할 장치를 개발하기 시작한다. 양쪽에 전극을 세우고 강력한 자기장을 걸었다. 전극 사이에 기체를 채우고 압력을 낮게 유지한 다음, 기체 속으로 알파입자를 발사했다. 매 입자가 발사될 때마다 기체에 약 8만 개의 이온이 생성되었다. 그리고 이온들이 양 전극을 가로질러 전기방전효과를 일으켰다. 이는 알파입자가 흐르고 있다는 신호이다. 이 장치가 바로 오늘날 방사능을 측정하는 표준장비인 가이거 계수기의 전신이다.

알파입자의 전하량 대 질량(e/m) 비를 안다면 입자에 하전된 전하량을 측정하여 질량을 계산할 수 있다. 그렇게 된다면 이 원자만한 입자의 정체가 밝혀지는 것이다. 1908년 러더퍼드와 가이거가 한 일이 바로 그것이었다. 러더퍼드는 캐나다에 있을 때 벌써 일정량의 라듐이 방사하는 전하량의 총량을 추산했다. 이에 해당하는 알파입자의 개수를 세는 일만 남은 셈이다. 러더퍼드와 가이거는 이 개수를 세어보고 알파입자의 질량이 헬륨의 원자질량과 같음을 입증할 수 있었다. 이들은 "알파입자는 헬륨 원자다. 더 정확히 말하면, 알파입자가 양전하를 상실한 것이 헬륨 원자이다."라고 썼다.

마리 퀴리가 라듐이 새로운 원소임을 발견하고 나서 화학자들이 이 주장을 받아들이도록 하기 위해서는 순수한 형태로 분리해야 했듯이, 러더퍼드도 숫자로 주장하는 것보다는 알파입자와 헬륨이 화학적으로 동일한 것임을 입증해야 한다는 사실을 알고 있었다. 1908~1909년 새 학기가 시작될 무렵인 가을에 러더퍼드는 제자 로이드(T. Royds)와 함께 그 유명한 실험에 착수한다.

이 실험을 수행하는 데는 무척 단순하면서도 곧 부서질 것 같은 기막힌 도구가 필요했다. 러더퍼드는 평소에 직접 장비를 고안하고 제작하기를 즐겼지만 이번에는 자신의 손재주로는 어림없음을 알고 전문가에게 도움을 청했다. 대학 근처에서 실험장비 점포를 운영하는 유리 실험기구 제작자 오토 바움바흐(Otto Baumbach)를 찾아갔다. 바움바흐는 러더퍼드가 주문한 대로 두께가 수백분의 1밀리미터인 유리 모세관을 제작해주었다. 유리 공예의 달인인 바움바흐조차 쉽지 않은 주문이었다. "바움바흐 씨는 여러 번 실패를 거듭한 끝에 두께가 균일하면서도 매우 얇은 유리관을 만드는 데 성공했다."라고 러더퍼드는 적었다.

러더퍼드는 이 시험관의 끝을 이보다 더 큰 시험관으로 감쌌다. 큰 시험관에는 마개를 장착해 진공상태를 만들거나 기체를 채워 넣을 수 있도록 했다. 안쪽에 든 모세관에 라듐을 채워 넣고, 시험관 사이는 기체를 뽑아내 진공으로 만들었다. 안쪽 시험관의 두께가 충분히 얇다면, 라듐에서 방출되는 알파입자가 빠져나올 수 있으리라. 그렇다면 시험관 사이에는 알파입자만 모을 수 있을 것이다.(그림5 참조) 러더퍼드의 생각이 옳다면, 헬륨기체가 쌓일 것이고, 이 기체를 스펙트럼으로 분석하면 헬륨임을 확인할 수 있을 것이었다.

그런데 이 실험을 두고 램지와 소디가 앞서 수행한 실험과 무엇이 다른지 이의를 제기할 사람도 있을 것이다. 이들이 벌써 라듐에서 헬륨이 방출됨을 밝히지 않았던가. 당연히 차이점이 있다. 헬륨이 방사성 붕괴의 부산물이라고 가정할 경우, 이는 일반 기체처럼 방출된다. 즉 원자가 총알처럼 발사되는 것이 아니라 먼지처럼 확산되는 것이다. 러더퍼드와 로이드는 후자일 경우, 헬륨 원자가 얇디얇은 유리벽을 투과하지 못할 것이고 안쪽 시험관은 헬륨으로 가득찰 것이며 유리관을 빠져나가는 기체가 하나도 없을 것이라고 가정했다. 따라서 헬륨이 유리벽을 통과할 유일한 방법은 에너지가 넘치는 알파입자가 되는 것이다.

얼마나 단순한 아이디어인가. 너무나 소박한 개념이라 이 실험이 탐지하고자 한 물질도 그렇게 소박하리라고 넘겨짚기 쉽다. 하지만 이 얼마나 의미심장한 실험이었던가. 맨체스터의 유리세공 기술자 덕분에 러더퍼드는 원자 내부를 들여다본 것이다. 거기서 한 원소가 다른 원소로 변해가는 동안 무슨 일이 벌

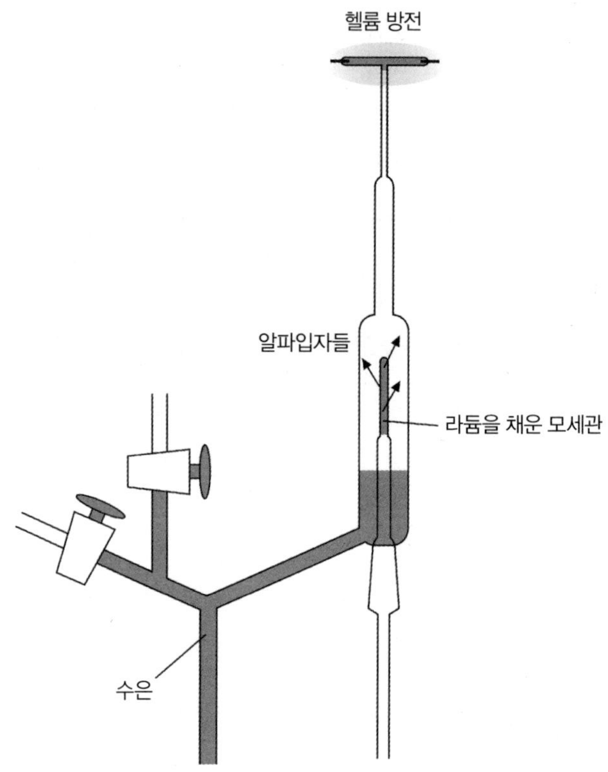

_그림5. 러더퍼드가 알파입자가 헬륨이온임을 입증한 실험장치. 모세관의 벽 두께가 매우 얇아 관에 담긴 라듐 화합물이 방출하는 고에너지 알파입자가 곧바로 통과해 나온다. 그러나 내부관은 외부관으로 둘러싸여 있어 통과한 알파입자들이 그사이에 갇힌다. 이때 갇힌 입자들의 스펙트럼을 촬영해 이의 화학적 정체를 밝히게 된다. 시험관 꼭대기에 전극을 장착하고 전기방전을 시켜 알파입자가 형성한 헬륨 기체가 헬륨의 특성 스펙트럼을 비추도록 했다. 시험관이 스펙트럼처럼 빛난 것은 당연하다.

어지는지를 얼핏 엿보았다. 한 원소가 다른 원소로 탈바꿈하기 위해서는 원자 자체가 붕괴되어야 했다. 알파입자의 정체는 그러한 원소 변환의 면면을 밝히는 데 없어서는 안 될 중요한 실마리였다. 알파입자가 정말로 헬륨원자라면, 큰 원자는 작은 원자가 여럿 뭉친 것이다. 그렇다면 원소는 모종의 유전적인 관계로 맺어진 형제들일 것이다.

원소의 이러한 관계를 의심한 역사는 사실 꽤 길다. 영국의 화학자 윌리엄 프라우트(William Prout)는 1815년에 모든 원소의 원자는 가장 가벼운 원소인 수소 원자의 응결물이라고 주장했다. 이 가설을 진지하게 지지하는 학자들도 있었다. 하지만 결정적으로 옌스 야코브 베르셀리우스(Jöns Jacob Berzelius)와 드미트리 멘델레예프 같은 당대의 최고 권위자들의 반대에 부딪혔다. 헬륨을 발견한 천문학자 노먼 로키어(Norman Lockyer)도 훗날 프라우트의 가설을 확인하는 실험을 했다.

헬륨을 발견한 해는 1868년이다. 로키어는 햇빛의 스펙트럼을 관찰하던 중 못 보던 색을 목격하고 이를 확인해 태양을 뜻하는 그리스어 헬리오스(helios)를 따서 헬륨이라고 명명한 것이다. 로키어는 1870년대에 프라우트의 개념을 발전시켜 원소는 별의 심장인 화로 속에서, 하나에서 또 다른 하나로 진화한 것이라고 주장했다. 윌리엄 크룩스, 기억을 되살리자면 우라늄이 방사성 붕괴를 거쳐 분해되어 새로운 물질인 우라늄X로 변한다고 주장한 크룩스도 별과 관련된 변환과 비슷한 이론을 제기한 적이 있다. 퀴리 부부의 방사물질에 대한 연구결과도 이러한 원소의 변환가설을 뒷받침하는 것 같았다. 그렇다 하더라도 알파입자의 정체가 헬륨이라고 밝혀진다면 원자 변환은 더 이상 가설이 아닌 정설로 인정받게 될 터였다. 원자는 여러 입자로 이루어진 복합체이며, 각각의 복합체가 고유한 화학적 성질을 띠고 있는 셈이다.

1908년 11월 3일, 러더퍼드는 맨체스터문학철학학회(Manchester Literary and Philosophical Society)에서 실험결과를 발표했다. '알파입자의 성질'이라는 주제의 강연을 통해서였다. 그는 실험장치를 어떻게 구성했는지 설명하고 예상한 실험결과를 얻었다고 말했다. 즉 스펙트럼을 통해 헬륨임을 확인했다고 주장했다. 그런데 맨체스터학회는 작은 지역 이름을 내걸고 있지만 그 지역에 국한되는 소규모 학회가 아니었다. 제아무리 중대한 과학적 발견을 듣더라도 쉽게 동요하지 않는 쟁쟁한 회원들이 모인 곳이었다. 이미 위대한 과학적 발견이 발표된 내력도 있었다. 1803년, 이 학회의 서기였던 존 돌턴(John Dalton)이 그 유명한 원자 이론을 이 학회에서 발표했다. 러더퍼드가 이 사실을 모를 리 없었다. 의도적이었는지 아니었는지는 알 길이 없지만, 그는 원자의 내부구조를 밝힌, 화학사의 획을 긋는 중대한 발견을 바로 이 학회에서 발표하게 된 것이다.

분명히 러더퍼드는 맨체스터 대학에서 연구하는 동안 더욱 위대한 업적을 남길 기회가 많았을 것이다. 그런데 1908년에 벌써 그는 방사성 붕괴의 성질을 밝힌 연구결과로 국제적으로 유명한 학자가 되어 있었다. 그해 말에는 스웨덴 노벨위원회로부터 노벨상 수상자로 확정되었다는 소식을 들었다. 이는 '원소의 분해 과정을 연구하여 방사성 화학에 기여한 공로를 기리며' 수여한 상이었다. 그가 가장 놀란 대목은 노벨물리학상이 아니라 노벨화학상이라는 점이었다.

노벨위원회의 화학분과는 퀴리 부부와 베크렐이 지난 1903년에 물리학상을 수상한 사실을 잊지 않았다. 이 흥미진진한 과학 분야가 화학에 속함을 천명하고자 발 빠르게 움직였던 것이다. 방사성과 원자 과학이 물리학에 속하는지 화학에 속하는지 의견이 분분했던 사실로 보아 두 학문의 접점이 바로 방사성과 원자 과학임을 짐작할 수 있다. 그런데 러더퍼드가 화학자들과의 사이가 좋지 않았으며 연구활동을 전개하는 내내 원자는 결코 쪼개질 수 없다고 맹신하는 이들과 다투고 겨룬 점을 생각하면, 1908년의 노벨화학상 수상 소식은 아이러니가 아닐 수 없다.

그해 12월 노벨상 시상식 연설에서 러더퍼드는 그의 최우선 연구 주제를 주저 없이 드러냈다. 이번 노벨화학상은 수상이 결정되기 얼마 전에 발견한 알파입자의 성질과 무관한 것이었다.

사실 언제 결정되었는지는 아무도 몰랐다. 무슨 업적으로 상을 받든 러더퍼드의 관심사는 알파입자였으므로 그는 '방사성 물질이 방사하는 알파입자의 화학적 성질'이라는 주제로 노벨상 수상 연설을 한다. 불과 몇 주 전에 제자 로이드와 함께 한 실험을 설명한 다음 이렇게 말한다.

"화학적으로 불활성인 헬륨 같은 원소가 우라늄, 토륨, 라듐 같은 원소의 원자체계를 구성하는 데 핵심 역할을 한다는 사실은 주목할 만한 발견입니다. 그렇다면 다른 원소도 헬륨이 일부를 구성한다고 추론할 수 있기 때문입니다."

🧪 원자의 내부

러더퍼드는 알파입자에 대한 집념이 집착으로 변질될 위험을 감수하면서까지 원자를 탐구하는 제일의 도구로 알파입자를 고집했다. 알파입자를 총알처럼 금속 박막에 발사한 실험에서 입자들이 대부분 곧장 뚫고나간 것을 발견했다. 이는 1903년 필립 레너드가 음극선(전자들)이 물질을 그대로 통과한다는 발견과 일맥상통하는 것이었다. 러더퍼드는 알파입자 폭격실험으로 원자의 실체는 돌턴이 제기한 단단하고 무거운 구가 아니라 빈 공간이 많아 성긴 물체라는 확신이 들었다. 1909년 러더퍼드는 가이거와 교환연구 학생이었던 어니스트 마스던(Ernest Marsden)과 함께 화학사상 가장 유명한 실험을 수행한다. 이들은 금으로 만든 박막에 알파입자를 연속으로 쏘아보았다. 그런데 박막을 맞고 곧바로 다시 튀어나오는 입자가 있었다.

"직경이 30센티미터나 되는 껍데기를 휴지에 세게 던졌는데 다시 튀어나와 던진 사람을 맞추다니!"

이들은 어안이 벙벙해졌다. 그렇다면 원자는 톰슨이 제안한 '물컹한 푸딩'은 아니라는 이야기이다. 톰슨의 푸딩 원자란 양전하*를 띤 둥그런 물질에 음전하를 띤 전자가 곳곳에 박혀 있다는 모형이다. 러더퍼드 팀이 실험을 통해 그려본 원자는 이러했다. 한가운데 양전하를 띤 아주 작은 핵이 있고, 그 주위를 전자들이 얇은 구름처럼 에워싸고 있으며, 원자질량이 한가운데 핵에 집중되어 있다. 1911년에 러더퍼드는 일본의 물리학자 한타로 나가오카(Hantaro Nagaoka)에게 보낸 편지에서 자신이 생각한 원자모형을 다음과 같이 설명했다.

저는 이런 원자를 생각해보았습니다. 중심에는 전하량이 'ne', 즉 전

---

* 핵이 양전하를 띤다는 사실은 러더퍼드가 곧 발견한 것은 아니다. 사실 러더퍼드는 초기에는 핵이 음전하를 띠며 알파입자가 그 주위를 둘러 혜성모양의 호를 이루고 있다고 생각했다.

자 *e*에 정수 *n*을 곱한 것이 있고, 그 주위를 반대 전하가 둥그렇게 감싸고 있습니다. 원자반경에 해당하는 두께만큼 감싸여 있는 것이죠.

이 서한은 나가오카가 1903년에 주장한 '토성' 모양의 원자설을 인정하는 의미로 보낸 것이었다. 러더퍼드가 생각하는 원자모형과 비슷했기 때문이다. 나가오카의 원자는 한가운데 양성을 띠는 핵이 있으며 그 주위를 전자들이 토성 고리처럼 궤도를 따라 돌고 있는 것이었다. 다만 나가오카의 핵은 조그맣지 않았다. 러더퍼드는 알파입자가 산란하는 실험을 통해, 핵의 크기는 텅 빈 원자의 한가운데 찍힌 '점'만 하다고 확신했다.

러더퍼드의 이 원자모형은 혁명의 시작에 불과했다. 1919년 그는 원자를 인공적으로 쪼개는 실험에 성공함으로써 '핵분열'이 어마어마한 에너지원이 될 수 있음을 발견한다. 이는 원자력이라는 희망과 동시에 핵무기라는 암울한 실상을 예고한 실험이기도 하다. 무엇보다 뜻깊은 것은 새로운 물리학의 시대가 열린 점이다. 덴마크의 한 과학자의 공로가 큰데, 그는 바로 1912년 러더퍼드가 쓴 대로 "방사성을 더욱 깊이 연구하기 위해 케임브리지 대학을 떠나 맨체스터로 뽑혀 온" 닐스 보어(Niels Bohr)였다. 보어는 양자 원자모형을 제시한 학자이다. 그는 전자들이 정해진 궤도, 낱개로 분리된 일정한 궤도만을 따라 핵 주위를 도는 모형을 제시했다. 보어의 원자모형을 통해 전자들이 원자에 어떻게 배치되는지가 드러났으며, 각각의 원소가 고유한 화학적 성질을 띠는 것도 바로 이러한 전자 배치와 관련 있음을 알게 되었다. 이러한 발견을 바탕으로 원소는 마침내 전 세계 화학교과서에서 실려 있는 쌍둥이 탑 모양의 주기율표로 정리되었다.

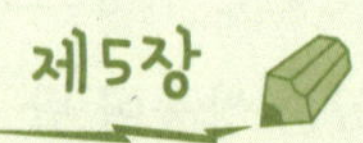

제5장

원소사냥꾼

글렌 시보그－화학과 작은 것의 아름다움

1995~1997년, 독일의 다름슈타트에서 여러 나라
의 과학자들로 구성된 연구팀이 두 원자를 하나로 융
합하여 '수퍼헤비급' 인공원소를 탄생시키기 위해 입자가
속기를 돌리고 있다. 이렇게 해서 탄생한 원소가 시보귬이다.
시보귬은 최초의 인공원소는 아니다. 하지만 학자들은 시보귬 탄생
을 기점으로 인공원소의 성질을 조사할 장비를 갖추었다. 다만 두 가지
문제가 있었다. 한 시간에 원자 하나를 만들 수 있는데, 수 초를 견디지 못
하고 방사성 붕괴를 시작한다는 점이다. 한 시간이나 걸려서 만든 시보귬 하나
가 순식간에 사라져버린다면 화학적 성질은 어느 세월에 다 분석할까?

새로운 원소를 제조하는 기계들이 있다. 손가락으로 꼽을 정도이긴 하지만 서서히 주기율표의 맨 밑줄 전부를 채워나가고 있다. 주기율표의 밑으로 내려갈수록 원소는 육중해진다. 심지어 납보다 수억 배 무거운 것도 있다. 그러한 원소는 자연에는 존재하지 않는다. 핵반응을 통한 생성물로만 존재한다. 원자에게 엄청난 에너지를 가해 서로 충돌을 일으키는 방법으로 핵반응을 유도한다. 이때 두 원자가 서로 결합할 경우 핵융합 반응이 일어난다. 이는 조금 부풀려 말하면, 태초에 별의 내부에서 진행된 우주의 원료를 생성하던 반응을 인공적으로 일으킨 것과 같다.

극히 무거운 원자는 쉽게 분해되어버린다. 이들은 재빨리 방사성 붕괴 반응을 일으켜 러더퍼드의 알파입자를 뱉어낸다. 한 원자가 거의 정확하게 반절로 갈라지는 경우도 있다. 이것이 '핵분열' 반응이다. 이때 굉장한 에너지가 발생한다. 이를 활용한 것이 오늘날 원자력발전소이다.

주기율표의 원소들은 대체로 안정적이다. 하지만 주기율표의 하단으로 내려가면 불안정하며 분열하기 쉬운 원자가 등장한다. 이들은 매우 무거운 원소이다. 역청우라늄광에서 분리한 우라늄 동위원소의 경우, 매우 느리게 붕괴한다. 우라늄은 보통 수백만 년에서 수천만 년에 걸쳐 붕괴된다. 그 외 다른 원소는 그보다는 빠르게 붕괴한다. 가장 안정적인 원자로 구성된 것은 수소를 1번으로 하는 주기율표에서 99번째에 위치한 아인슈타이늄(Es, einsteinium)이다. 1952년 초에 실행한 수소폭탄 초기실험의 낙진에서 발견되었다. 이들은 대체로 1년 반에 걸쳐 붕괴한다.*

그런데 원자 공장에서 생산되는 원소는 아인슈타이늄보다 훨씬 빨리 사라져버린다. 수 초를 버티지 못한다. 심지어 반감기가 1,000분의 1초인 것도 있다. 이 점이 골칫거리이다. 화학자의 본업은 새로운 원소를 만드는 데서부터 시작된다 해도 과언이 아니다. 화학은 한마디로 원소의 거동에 관한 이야기이다. 즉 원소가 어떻게 서로 반응하여 새로운 조합을 형성하고 어떻게 헤쳐 모이는지, 또 어떻게 원자가 조화롭게 배위하는지를 다루는 학문이다. 그런데 수 초밖에 존재하지 못하는 원자의 화학적 거

---

* 방사성 물질의 붕괴시간은 반감기로 측정된다. 이는 원자 시료가 반으로 줄어드는 데 걸리는 시간이다. 아인슈타이늄의 동위원소 중 가장 오래가는 것은 반감기가 470일인 아인슈타이늄252이다. 아인슈타이늄252가 1그램 있다면(사실, 아직 100만분의 1그램도 만들 수 없지만), 470일 후에는 0.5그램이 남는다. 나머지는 다른 무거운 원소로 붕괴할 것이고, 이 다른 원소는 이 원소의 반감기에 따라 붕괴할 것이다.

동을 어떻게 조사해야 할까?

해답은 그것을 가능하게 해주는 실험방법에 있다. 그러한 실험방법을 구현하기 위해서는 모르긴 해도 보통의 기술적 정교함으로는 어림없을 것이다.

🧪 원소 만들기

최초의 인공원소인 테크네튬(Tc, technetium)은 그다지 무겁지 않았다. 테크네튬은 원자번호 43번으로 몰리브데넘(Mo, molybdenum)과 루테늄(Ru, ruthenium) 사이에 있다. 테크네튬은 무거운 원소치고는 꽤 오래가는 원자형태를 지녔다.

원자형태란 무엇인가. 앞 장에서는 이를 동위원소 개념으로 대신했지만 동위원소가 무엇인지는 설명하지 않았다.

원자는 두 아원자 입자, 곧 양성자와 중성자가 밀집한 핵과 그 핵을 구름처럼 둘러싸고 있는 전자들로 이루어진다. 이때 얼마나 많은 전자가 에워싸고 있는지가 원소의 화학적 거동*을 결정한다. 그런데 전자의 개수는 양성자 수에 좌우된다. 전자와 양성

---

* 더욱 정확하게 말하면, 원소의 화학적 거동은 전자가 얼마나 많은가와 전자껍질과 하위껍질에 어떻게 배열되어 있는가에 달려 있다.

자는 서로 반대인 전하를 동량 지닌 것들이다. 전기적으로 중성인 원자는 전자의 전하량과 양성자의 전하량이 같다. 원소의 양성자 수를 원자번호로 부르며, 이 수에 따라 주기율표에서 원소의 순서가 매겨진다. 이 순서를 따라 왼편에서 오른편으로 한 줄을 채우고, 연달아 그 아래 줄로 내려가 다시 왼편에서 오른편으로 채운 것이 주기율표이다.

한 원소의 여러 동위원소는 핵 속의 양성자 수가 같은 것으로서 화학적 성질도 같다. 하지만 원자질량은 다르다. 그 이유는 핵 속의 중성자 수가 다르기 때문이다. 중성자는 전기적으로 중성이다. 비교적 가벼운 원소의 경우, 중성자 수와 양성자 수가 얼추 같다. 정확히 같지는 않다. 예컨대, 탄소의 동위원소 중 가장 흔한 탄소12, 곧 ^{12}C의 경우, 중성자와 양성자가 각각 6개씩 있다. 반면 방사성 탄소 연대측정법에 사용되는 탄소14, 곧 ^{14}C의 경우, 중성자가 8개 있다. 그래서 양성자와 중성자의 총합인 원자질량이 14가 된다. 그런데 이 탄소14의 핵은 불안정해서 베타입자를 방출하는 방사성 붕괴를 진행한다. 반감기는 대략 5,730년이다. 이 때문에 탄소14를 방사성 탄소라고 부르기도 한다. 방사성 탄소 연대측정법이란 유기물질, 즉 생물체에서 유도된 탄소계 물질을 대상으로 사물의 나이를 추산하는 기법이다. 유기물질에 포함된 탄소14가 얼마나 붕괴했는지를 측정하는 것이다. 탄소14는 대기 중에서 끊임없이 생성되고 있다. 우주광선이 공기 중의 분자들과 충돌하면서 이를 형성하기 때문이다. 따라서 살아 있는 유기체는 항상 신선한 방사성 탄소를 들이쉬고 있다. 그러다 유기체가 사망하면 방사성 탄소 유입이 중단됨과 동시에 방사성 붕괴 시계가 작동한다.

따라서 방사성 붕괴를 거치기 쉬운 원소가 꼭 무거운 원소라고 할 수는 없다. 가벼운 원자의 동위원소 중에도, 중성자가 너무 많거나 너무 적은 것들은 방사성 붕괴를 거친다. 탄소 동위원소 중 방사성 탄소 외에 방사성 원소가 더 있다. ^{11}C과 그다음으로 불안정한 ^{13}C이다. 이들은 세계 총 탄소량의 1%를 차지하고 있다.

테크네튬의 성질 중 신기한 점은 방사성이 없는 동위원소가 없다는 점 그리고 하나같이 반감기가 매우 길다는 점이다. 가장 긴 동위원소는 400만 년이나 된다. 아득하게 길다. 하지만 그럼에도 지구에 남겨질 만한 양이 보존되기에는 터무니없이 짧았다. 지구는 장장 45억 년이 걸려 만들어진 행성이다. 자연히 우리 주변에 천연 상태로 존재하는 테크네튬이 있을 리 없다.[*] 그럼에도 과학자들은 그런 원소가 존재함을 의심하지 않았다. 주기율표에 빈자리가 있을 리가 없기 때문이다. 42번인 몰리브

---

[*] 이 원소가 미량 생성되고 있기는 하다, 다른 원소가 붕괴하면서, 또는 우주광선이 다른 원소와 충돌하는 과정에서 항상 생성되기 때문이다.

데넘이 있고, 44번인 루테늄이 있으니 43번이 어딘가 있을 것이다. 화학자들은 수십 년을 찾고 또 찾았다. 멋진 이름과 함께 43번을 발견했다는 주장이 몇 차례 제기되었지만 모두 엉터리로 밝혀졌다. 그런데 1937년에 비로소 43번 원소임을 뒷받침하는 유력한 증거가 보고되었다.

안정한 원자일지라도 그 원자에 알파입자를 발사할 경우 방사성 붕괴반응을 유도할 수 있으며, 이로써 이를 다른 원소로 변환시킬 수 있다는 사실이 어니스트 러더퍼드에 의해 밝혀진 바 있다. 1919년, 러더퍼드는 이 방법으로 질소를 변환시키는 데 성공했다. 이것이 바로 '원자를 쪼갠' 실험이다. 이러한 현대판 연금술에 고무된 과학자들은 입자가속기를 발명하기 위해 열을 올렸다.

1929년 미국 캘리포니아 버클리 대학의 물리학자 어니스트 로렌스(Ernest Lawrence)는 노르웨이의 공학자인 롤프 비더뢰(Rolf Wideröe)가 발표한 한 논문에서 해결의 실마리를 찾게 된다. 비더뢰는 전기를 충전시킨 판을 활용해 알파입자 같은 양이온을 고에너지 상태로 가속시키는 방법에 대해 설명하고 있었다. 로렌스도 마침 입자의 에너지를 높여줄 방법을 연구 중이었다. 입자의 에너지를 높여주면 원자핵을 더 잘 뚫고 들어갈 것이며, 결과적으로 원자 변환을 쉽게 일으킬 수 있으리라고 생각한 것이다. 케임브리지 대학의 캐번디시 연구소에서 근무하던 존 코크로프트(John Cockroft)와 어니스트 월턴(Ernest Walton)도 비슷한 생각을 품고 있었다. 코크로프트와 월턴은 직선형 가속기를 제작했다. 일직선 궤적을 따라 입자를 가속하는 장치이다. 그런데 로렌스는 궤적이 길수록 가속에 유리하다는 데 착안해 소용돌이 궤적을 따르는 장치를 개발했다. 이것이 바로 사이클로트론(cyclotron)이다.

1937년 버클리 연구진은 로렌스가 개발한 사이클로트론을 가동해 몰리브데넘 박막에 소립자를 폭격하는 실험을 한다. 이 소립자는 알파입자가 아니라 무거운 수소, 곧 수소-2의 동위원소인 중수소(heavy hydrogen)의 핵이었다. 중수소의 핵, 곧 중양성자는 양성자 1개와 중성자 1개로 이루어진 입자이다. 로렌스 팀은 소립자가 조사된 박막을 그대로 보존해 대서양 건너 시실리의 팔레르모 대학에 보낸다. 그곳에는 이것을 분석할 두 화학자 카를로 페리에(Carlo Perrier)와 에밀리오 세그레(Emilio Segre)가 기다리고 있었다. 이들은 박막을 분석하여 지금껏 알려진 적이 없는 두 방사성 원소를 발견한다. 반감기가 각각 62일, 90일인 원소였다. 이 원소는 주기율표에서 빈칸으로 남아 있던 43번의 두 동위원소로 확인되었다. 그로부터 10년 후 이탈리아 과학자들은 이를 테크네튬이라고 명명한다. '인공적'이라는 뜻의 그리스어 '테크네토스(technetos)'에서 따온 이름이다. 프랜시스 베이컨이 살아 있었더라면 '기예'의 산물이라고 불렀을 것이다.

세그레는 화학분석에 관한 한 독보적인 기술을 보유한 덕에 방사성 화학의 석학으로 발돋움한다. 그는 주기율표에서 두 번째로 비어 있던 원자번호 85번을 발견하는 데 기여하기도 했다. 이 원소가 발견된 곳은 버클리 대학의 로렌스 연구소이다. 1940년 세그레는 미국 학자 데일 코슨(Dale Corson)과 케네스 매켄지(Kenneth Mackenzie)와 공동연구 끝에 85번 원소를 발견하고, '불안정한'을 뜻하는 그리스어를 따서 아스타틴(At, astatine)이라고 명명한다. 이들은 가속기를 가동해 알파입자를 83번 원소 비스무트에 발사하는 실험에서 85번 원소 아스타틴을 얻는 성과를 올린다. 이는 비스무트 핵 2개의 양성자가 융합하여 생성한 원자이다. 당시 세그레는 무솔리니의 통치를 받게 된 조국 이탈리아를 등지고 미국에 망명한 처지였다. 다행히도 버클리의 로렌스 연구소에서 일하게 되었고 그곳은 그에게 더없이 소중한 피난처였다.

버클리 연구팀은 이어서 아스타틴211의 동위원소로, 반감기가 7시간이 넘는 동위원소를 만드는 데 성공한다. 이는 화학자들이 인공원소를 발견하는 간격이 크게 짧아졌음을 시사한다.

　그런데 세그레는 주기율표의 남아 있는 빈칸을 채우는 데 만족하지 않고 주기율표 자체를 늘릴 수는 없는지 의문을 품기 시작했다. 때는 1930년대여서 주기율표는 92번인 우라늄을 끝으로 완결되어 있었다. 이 육중한 금속에 아원자입자를 융단폭격하면 혹시라도 별종이 만들어지지 않을까? 그렇다면 우라늄보다 무거운 원소를 얻을 수 있지 않을까? 세그레는 이 생각을 직접 실험해보기로 한다. 그때가 1934년이었으며, 그는 핵물리학의 거장인 엔리코 페르미(Enrico Fermi)와 함께 로마에서 공동연구를 진행하고 있었다. 마침 두 해 전에 영국의 제임스 채드윅(James Chadwick)에 의해 중성자가 발견되었다. 세그레를 위시한 이탈리아의 과학자들은 중성자를 우라늄에 발사하여 새로운 원소가 만들어지기를 기대했으며. 이와 더불어 새 원소의 방사능 붕괴 성질에 관한 증거까지 확보할 수 있기를 기대하면서 실험에 착수했다. 그해 1934년, 페르미는 오스카 디아고스티노(Oscar D'Agostino)와 함께 공동연구결과를 발표한다. 우라늄보다 무거운 '초우라늄 원소'가 2개 존재하는데 이는 93번과 94번 원소라는 것이다. 하지만 훗날 이 주장은 틀린 것으로 밝혀졌다.

　그로부터 5년 후, 세그레는 버클리 연구소에서 물리학자 에드윈 맥밀런(Edwin McMillan)과 함께 중성자를 우라늄에 발사하는 실험에서, 새로운 원소로 보이는 물질을 발견한다. 이것을 잠정적으로 에카레늄(ekarhenium)이라고 불렀다. 산스크리트어 접두어인 '에카'는 멘델레예프가 '미발견' 원소를 지칭할 때 화학적 성질이 비슷할 것으로 예견되는 기존 원소와 조합해 쓰던 용어였다. 즉 에카레늄은 레늄을 닮은 원소라는 뜻이다. 하지만 연구 끝에 세그레와 맥밀런은 에카레늄이 이미 발견된 란타넘(La, lanthanum) 족 금속의 일종이라고 최종 결론을 내린다.

그런데 이 결론 역시 틀린 것이었다. 1940년 맥밀런은 화학자 필립 아벨슨(Philip Abelson)과 함께 에카레늄이 93번 원소임을 입증한다. 이 새 원소의 이름은 넵투늄(Np, neptunium)으로 지어졌다. 우라늄의 다음 원소에 걸맞게 천왕성(Uranus) 다음에 위치한 해왕성(Neptune)을 연관시킨 것이다.

🧪 공공연한 비밀

전쟁은 모든 것을 바꾸어놓았다. 핵물리학자와 화학자들은 이제 우라늄보다 무거운 원소가 핵분열 반응을 일으킬 경우 무진장한 에너지원이 될 수 있음을 분명히 알게 되었다. 문제는 이를 구현할 방법이 없다는 점이었다. 러더퍼드가 입증한 대로 방사성 붕괴반응은 유도될 수도 있다. 1934년에 헝가리 물리학자리오 지라드(Leo Szilard)는 원자 한 개가 분열해 중성자와 같은 입자를 방출한다면 이는 곧바로 다른 원자의 분열을 유도한다는 사실을 발견했다. 이는 이와 같은 연쇄반응을 통해 모든 원자가 거의 동시다발적으로 핵에너지를 방출하도록 만들 수 있다는 뜻이다. 연쇄반응이 멈추지 않고 일어나게 할 충분한 연료가 준비되면 모든 문제가 해결되는 셈이었다. 즉 임계질량의 원소가 필요했다.

이러한 핵분열 이론은 1940년에 구소련의 물리학자 콘스탄틴 페트르자크(Konstantin Petrzhak)와 조지 플레로프(George Flerov)가 우라늄의 동위원소로, 저절로 분열하는 ^{235}U를 발견하면서 구체화되기 시작했다. 이 우라늄 동위원소는 분열하면서 중성자를 방출하며, 이 중성자가 다른 우라늄 원자의 분열을 유도하여 연쇄반응을 일으킬 확률을 높였다. 문제는 ^{235}U가 매우 희귀하다는 데 있었다. 고작 천연우라늄의 1%를 차지했다. ^{235}U보다는 풍부하면서 화학적 성질이 동일한 또 다른 동위원소 ^{238}U와 분리해야 하는 문제도 남아 있었다. 사실 분리 문제는 미국의 원자폭탄 제조 프로젝트인 1942년 맨해튼 프로젝트에서 가장 까다로운 도전이었다.

핵물리 분야는 1941년에 벌써 군사적 활용도가 매우 높은 영역임이 분명해졌다. 이 때문에 그해 발견된 넵투늄의 다음 원소인 인공원소가 발견된 사실이 1946년까지 발표되지 않았던 것이다. 이 인공원소는 전도유망한 화학자 글렌 시보그(Glenn Seaborg)가 이끄는 버클리 연구팀이 우라늄에 중수소를 폭격하여 제조했다. 우라늄에 중수소를 폭격하는 실험에서 맨 처음 발견된 것은 넵투늄의 새 동위원소인 ^{238}Np였다. 이 물질이 베타선을 방사하며 붕괴하여 원자번호 94번인 새로운 원소로 변한 것이다. 천왕성과 해왕성에 이어 태양계의 맨 마지막 행성이었던 명왕성을 기려 플루토늄(Pu, plutonium)이라고 불렀다. 여담이지만 학부생다운 낙천성이 담긴 작명법이 아닐 수 없다. 세그레의 합류에 탄력을 받은 버클리 연구팀은 연달아 플루토늄의 동위원소인 ^{238}Pu 제조에 성공한다. 이 동위원소가 바로 ^{235}U와 같은 방식으로 분열하는 원소로, 4년 후 나가사키에 떨어진 원자폭탄의 재료가 되는 물질이다.

플루토늄은 그다음 두 인공원소인 95번과 96번 원소의 주재료가 되었다. 이 두 원소는 1944년에 시보그와 버클리 연구진이 탄생시켰다. 플루토늄239에 알파입자를 조사한 결과 96번이 만들어졌다. 이는 마리와 피에르 퀴리를 기려 퀴륨(Cm, curium)이라고 명명했다. 그해에 핵 반응기에서 플루토늄을 중성자로 폭격한 결과 95번인 아메리슘(Am, americium)이 탄생했다. 이 두 인공원소는 실용적인 면에서 가치가 있었다. 아메리슘241은

_그림6. 글렌 시보그. 인공원소 연구의 선구자. 생전에 자신의 이름이 붙은 원소를 보유한 유일한 학자이다. 주기율표의 시보귬을 가리키고 있다. (©CORBIS)

화재발생 탐지기에 쓰인다. 이 원소가 붕괴할 경우, 알파입자가 방사되며 이는 공기를 이온화시키고 이온화된 입자들에 의해 전류를 흐르게 한다. 가이거 계수기와 같은 원리이다. 연기 입자들은 이온화된 공기분자를 흡입하여 전류를 떨어뜨리는 효과를 낸다. 퀴륨은 소형 발전장비의 전력원으로 쓰인다. 예컨대, 맥박 조정기기나 항해부표와 같은 전류공급이 용이하지 않은 장비를 자체 발전시킬 때 유용하다.

이 새로운 원소의 화학적 성질에 대해 살펴보자. 주기율표의 두드러진 특징은 원소가 화학적 성질이 같은 족으로 묶이며, 각 족은 다른 족과 분명히 구별된다는 점이다. 이 화학적 성질이 1번 수소에서 92번 우라늄으로 나아가면서 일정 단위로 반복되기 때문에 이를 '주기율'표라고 부르는 것이다. 예컨대, 리튬(Li, lithium)은 나트륨(Na, sodium)과 칼륨(K, potassium)과 성질이 비슷하고, 플루오린(F, fluorine)은 염소와 브로민(Br, bromine)이 생성하는 화합물과 같은 유형의 화합물을 생성한다. 이러한 '화학적 가계'의 특징은 19세기 초에 벌써 발견되기는 했지만, 1869년에 이르러서야 멘델레예프가 원소를 화학적 거동에 맞춰 표로 배열하면서 확연히 드러났다. 물론 그 몇 해 전에도 주기율표 비슷한 것을 시도한 화학자들이 있었다.

원소는 원자번호에 따라 오름순으로 왼편에서 오른편으로 나열되다가 세로로 화학적 가계에 속하도록 줄이 바뀌어 배치된다. 맨 왼편 세로줄은 1족 원소가 자리한다. 즉 리튬, 나트륨, 칼륨 같은 알칼리금속들이 들어서 있다. 같은 족 원소의 화학 거동은 예측가능하다. 예컨대, 화학결합 수가 몇 개인 화합물을 형성할지, 어떤 족의 원소와 결합할지를 내다볼 수 있다. 이러한 특징을 바탕으로 1940년대부터 이미 토륨과 우라늄의 뒤를 잇는 새로운 원소의 위치가 정해져 있었다. 즉 플루토늄은 오스뮴

(Os, osmium)과, 아메리슘은 이리듐(Ir, iridium)과, 퀴륨은 백금(Pt, platinum)과 같은 족으로 배치되었다.(그림7-a 참조)

현대에 들어서 연구가 거듭되면서 플루토늄은 오스뮴과 비슷하며, 우라늄은 텅스텐(W, tungsten) 화합물과 유사한 화합물을 형성함이 밝혀졌다. 그런데 아메리슘과 퀴륨의 경우 그러한 유사성이 단절되는 듯했다. 예컨대, 산화백금의 화학식 PtO_2는 퀴륨 산화물인 Cm_2O_3와 그 꼴이 달랐다. 95번과 96번 원소는 이른바 란타넘 금속과 성질이 더욱 비슷하다. 란타넘 금속은 58번 세륨(Ce, cerium)에서 71번 루테늄까지의 14개 원소이지만 란타넘과 하프늄(Hf, hafnium) 사이에 위치한다(주기율표에서는 빈칸에 별모양으로 표시하고 란타넘을 시작으로 루테늄까지 별도로 하단 한 줄에 나열한다).

이 예기치 못한 화학적 거동 때문에 화학자들은 새로운 두 원소의 정체를 밝히는 데 무척 애를 먹었다. 학자들은 이 원소들을 분리하려고 했지만 애초부터 분리의 방향이 빗나갔던 것이다. 결국 글렌 시보그가 제시한 결정적 추론, 즉 이들도 란타넘 금속과 마찬가지로 별도의 무리일지 모른다는 통찰력을 통해 이들을 분리할 수 있었다. 즉 악티늄 다음 원소인 토륨을 시작으로 새로운 별도의 한 줄로 나열한 것이다. 아메리슘과 퀴륨에서 주기율표의 규칙이 깨지는 현상에 주목한 시보그의 통찰이 옳았

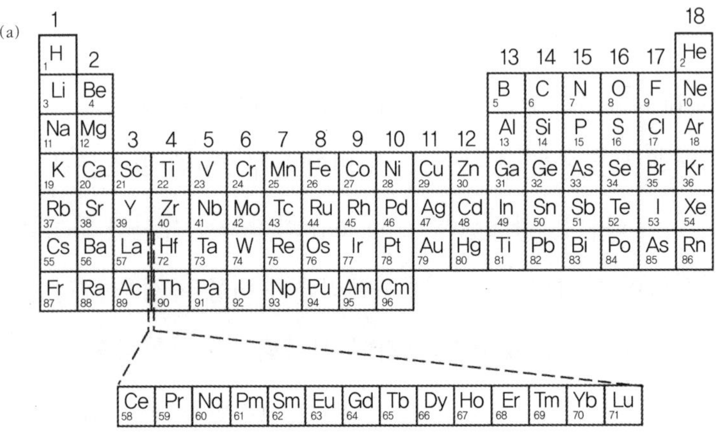

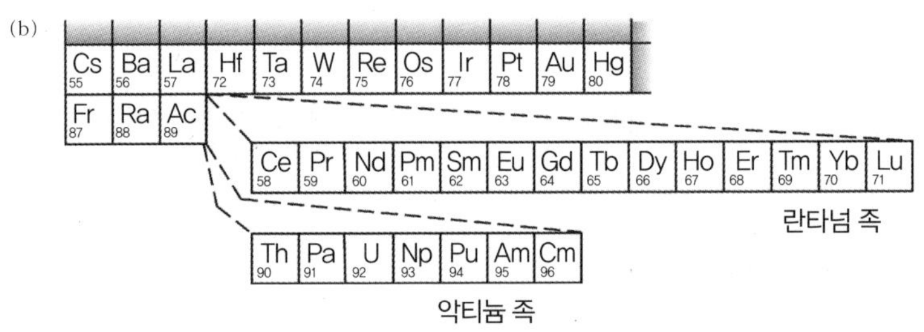

_그림7. (a) 95번 아메리슘과 96번 퀴륨이 발견된 후 주기율표는 멈춰선 듯했다. 주기율 표상으로 보면 두 원소가 각각 이리듐과 백금과 같은 족에 위치하고 있어야 한다. (b) 그런데 이리듐과 백금이 있는 주기에는 란타넘 족에 해당하는 일련의 원소이 한 칸에 끼워져 있다. 글렌 시보그는 악티늄을 시작으로 뒤이은 일련의 원소도 란타넘 족과 유사하리라고 추정한다. 이를 악티늄 족이라고 명명한다. 란타넘 족과 악티늄 족은 아래 별도의 상자에 원자 번호 순으로 원소를 나열했다.

음이 증명된 것이다. 이에 시보그는 이 새로운 족을 악티늄 족(actinides)이라고 부르기로 제안한다.(그림7-b 참조)

이후 버클리 연구팀은 시보그의 직관적인 통찰에 힘입어 계속해서 주기율표를 확장해나갔다. 새로운 원소는 다음 새로운 원소의 원료로 쓰였다. 1949년에는 아메리슘241에 알파입자를 쏘아 97번 원소 버클륨(Bk, berkelium)을, 1950년에는 퀴륨242에 알파입자를 쏘아 98번 캘리포늄(Cf, californium)을 만들었다. 반감기가 162일인 퀴륨242을 마지막으로 새로운 원소 만들기 대장정이 막을 내렸다. 버클리 연구팀은 1944년에 시작해서 5년에 걸쳐 끈기 있게 한 원소를 생성하고 다음 원소를 위해 충분한 양을 정제하기를 거듭한 것이다.

버클륨과 캘리포늄은 포착하기가 유달리 까다로웠다. 버클리 연구팀은 먼저 반감기가 4시간 30분인 것과 4시간 44분인 두 동위원소를 제조했다. 그런데 앞에서도 언급했지만 그 뒤 원소인 99번 아인슈타이늄과 100번인 페르뮴(Fm, fermium)은 분리하는 데 별다른 어려움이 없었다. 99번과 100번은 태평양 마샬 군도 에니위톡(Eniwetok, 서태평양 마샬 제도 북서단에 있는 환초, 미국의 핵폭탄 실험장 – 옮긴이) 인근에서 채취한 핵폭탄실험 잔해물질에서 발견되었다. 이 잔해물질은 원자폭탄의 원형인 '마이크(Mike)'라는 폭탄이 중수소와 삼중수소의 핵융합 유도반응으로 태양에 버금가는 괴력을 쏟아내며 폭발한 후에 남은 것이다. 무거운 원자가 분열하면서 핵에너지를 발생하듯 가벼운 원소는 융합하면서 에너지를 발생시킨다. 핵융합을 거쳐 별이 폭발하며 수소와 헬륨이 생기고 이로부터 연속적으로 무거운 원소가 태어나는 것이다. 하지만 마이크의 핵인 수소들의 융합반응을 유도하기 위해서는 특별한 반응 조건을 조성해주어야 한다. 이때 우라늄으로 제조한 분열 폭탄을 도화선으로 사용한다. 이 유도 과정에서 일부 우라늄이 초우라늄 원소인 아인슈타이늄과 페르뮴으로 변환한다.

곧이어 버클리 연구소의 과학자들은 핵 반응기에서 플루토늄에 중성자를 조사하는 방법으로 아인슈타이늄을 제조할 수 있다는 사실을 발견했다. 이 획기적인 발견 덕에 1955년에는 인공원소를 충분한 양, 즉 약 1조 개의 원자를 축적할 수 있게 되었다. 이는 또 다른 알파입자의 폭격대상으로 쓰였다. 이로써 다음 원소인 101번 멘델레븀(Md, mendelevium)이 탄생한 것이다. 버클리 연구팀은 1조 개의 아인슈타이늄 원자에서 정확하게 1개의 101번 원소가 생성됨을 추산해냈다.

1조 개의 원자 가운데 어떻게 한 개의 다른 원자를 집어낼 수 있을까? 사실 금속원소를 분리할 때 적용하는 화학기법의 원리들은 제법 체계가 잡혀 있다. 그 가운데 이온교환 크로마토그래피 기법이 가장 요긴하다. 방법은 수지가공 구슬을 칼럼, 곧 기다란 통에 충전한 후 다양한 원소의 이온이 든 용액을 이 칼럼에 통과시키는 것이다. 이때 금속을 분리해내려면 음전하를 띠는 화학작용기를 함유한 고분자로 칼럼 충전재를 코팅하면 된다. 이 충전재는 양전하를 띠는 금속 이온과 결합할 것이다. 이때 이온마다 충전재와 결합하는 세기, 곧 점착도가 다르다. 대개 이온 크기나 전하량에 따라 달라진다. 시료를 충전재에 결합시킨 다음에는, 분리하고자 하는 이온을 용해하는 성질이 있는 제3의 용액을 흘려주어 칼럼 밖으로 씻어내야 한다. 이때 살짝 결합한 것들부터 용리액으로 씻겨 나오면서 점착도 순으로 독립적인 펄스가 형성된다.(그림8-a 참조) 이온교환 크로마토그래피는 화학적 성질이 매우 비슷한 란타넘 족 금속원소를 분리하는 데 특히 유용하다.(그림8-b 참조)

다 좋다. 하지만 용리액에서 원자 1개를 무슨 수로 찾아낼까? 한 가지 방법은 반감기가 매우 짧은 방사성 물질일 경우 방사성 검출기로 입자를 꼭 집어내는 것이다. 고성능 감지기라면 입자들을 낱낱이 집어낼 것이다. 1955년 2월, 버클리 연구팀은 이러한 분리기법으로 수 조 개의 아인슈타이늄을 알파입자로 조사한 후 생성된 물질을 찾아냈다. 즉 이온교환 칼럼을 빠져나오는 용리액에서 방사성 붕괴신호가 감지되는 17개의 원자를 탐지해냈다. 이것이 바로 저절로 핵분열 반응을 개시하는 원소기호 101번 멘델레븀이었다.(그림8-c 참조) 이 과정에서 생성된 멘델레븀 동위원소의 반감기는 1시간을 약간 웃돌았다. 이 실험을

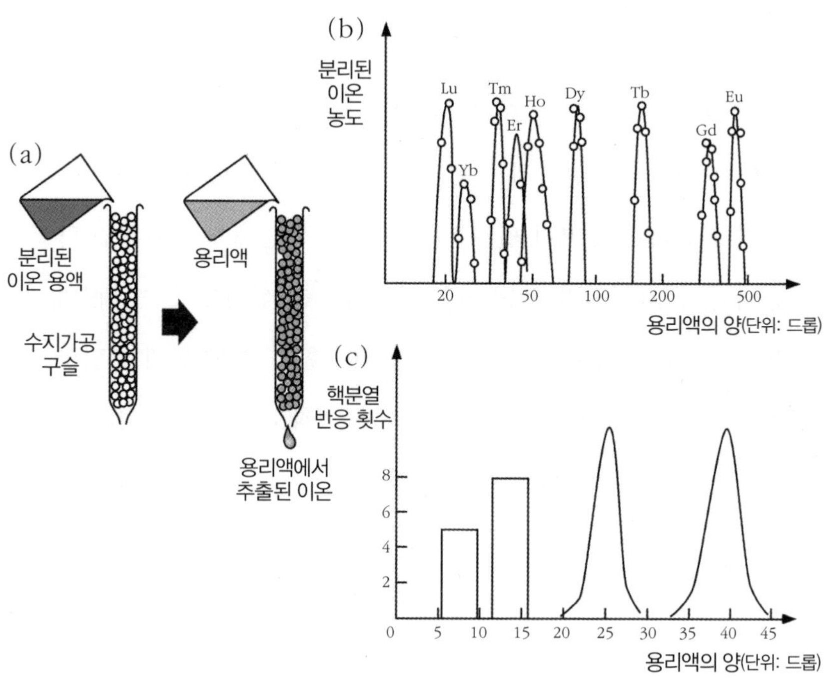

그림8. (a) 이온교환 크로마토그래피에서, 화학적 성질이 유사한 원소는 수지가공 구슬을 충전한 칼럼을 통과한 다음 시간차를 두고 용리되어 배출된다. (b) 이 방법으로 란타넘 족 원소를 분리했으며, 칼럼을 빠져나온 원소는 각각 고유한 펄스를 그린다. (c) 이 기법으로 새로 만들어진 원소 101번 멘델레븀의 극소수 원자들을 다른 악티늄 족 원소로부터 분리해 냈다.

성공리에 마친 후 시보그는 공동연구자인 오리건 주립대학의 월터 러브랜드(Walter Loveland)와 함께 "새로운 원소를 만들고, 한 번에 원자 1개씩을 규명한 최초의 사례"라며 자랑스러워했다고 한다.

🧪 더욱 무거운 원소를 찾아

지금쯤 독자들은 새로운 원소를 좇는 원소사냥꾼들이 무엇을 목표로 했는지 눈치를 챘으리라. 새로운 인공원소의 원자질량과 반감기 사이의 관계는 말처럼 단순하지는 않지만 일반적으로 무거울수록 더 빨리 붕괴한다고 해도 무리가 없다. 그보다는 무거울수록 만들기도 그만큼 어려워지는 게 문제이다. 1941년에서 1944년 사이에 초우라늄 원소 4종이 탄생했다. 그런데 그 다음 5종을 만드는 데는 11년이 걸렸다. 이어서 1958년에 원자번호 102번이 탄생했다. 이 원소는 엉터리 주장으로 밝혀진 적이 있어 일찍이 노벨륨(No, nobelium)이라는 이름이 지어진 상태였다. 1961년에는 원자번호 103번 로렌슘(Lr, lawrencium)이 세상에 선을 보였다.

냉전시대를 맞이하여 핵물질 사업은 정점에 달했다. 세계열강이 국가적 자존심을 걸고 새로운 원소개발에 나선 것이다. 새로운 원소개발은 기술적 우월성을 검증받는 시험대나 다름없었다. 버클리 연구팀도 구소련 연구팀과 치열한 경쟁을 벌이지 않을 수 없었다. 두브나에 합동원자핵연구소를 설립하고 개발에 매진한 소련 연구팀이 1956년에 원자번호 102번 생성에 성공했다고 발표했던 것이다. 소련 팀은 1964년에는 반감기가 0.3초인 104번 원소의 동위원소를 검출하는 데 성공했다고 주장했다. 버클리 연구팀은 동위원소의 존재 자체를 부인했다. 그 후 1969년에 자체적으로 104번 원소를 탄생시켰다고 발표했으며, 이를 원자를 쪼갠 학자 러더퍼드를 기려 러더포듐(Rf, rutherfordium)이라고 명명했다.

원소 105번도 104번과 비슷한 운명을 맞았다. 1967년 두브나 팀이 105번을 성공리에 탄생시켰다며 닐스보륨(nielsbohrium)이라는 촌스러운 이름까지 지어 발표했다. 하지만 1970년 버클리 팀은 소련 팀의 주장을 뒤집었다. 이 새 원소의 이름도 오토 한(Otto Hahn)을 기려 하늄(hahnium)이라고 부르자고 제안했다. 오토 한은 프리츠 슈트라스만(Fritz Strassman)과 리제 마이트너(Lise Meitner)와 함께 핵분열 현상을 발견한 독일 과학자이다. 이러한 사소한 말다툼이 갈수록 큰 언쟁으로 번졌으며, 새로운 원소를 무엇으로 불러야 할지 혼란을 가중시켰다. 마침내 1997년 화학명명체계 인증기관인 국제순수응용화학연합(International Union of Pure and Applied Chemistry, IUPAC)에서 중재에 나섰다. 그에 따라 104번은 러더포듐으로, 105번은 두브나 팀의 발견을 인정해 더브늄(Db, dubnium)이라고 규정했다.

국제순수응용화학연합에서는 이후 106번과 107번의 경우에도 서로 먼저 발견했다는 주장에 대해 판결을 내려야 했다. 유리

오게니시안(Yuri Oganessian)이 이끄는 두브나 팀이 106번 원소는 1974년에, 107번 원소는 1976년에 먼저 발견했다고 주장했다. 106번의 경우 미국 버클리 팀과 로렌스 리버모어 국립연구소가 두브나 팀과 다투었다. 당시 버클리 연구소장은 1944년 퀴륨 합성에 참여한 후부터 줄곧 시보그와 공동연구를 수행한 앨버트 기오르소(Albert Ghiorso)였다. 107번의 경우, 인공원소 발견 대열에 뒤늦게 합류한 독일의 중이온연구소(Gesellschaft für Schwerionenforschung, GSI)에서도 제동을 걸어왔다. 다름슈타트 팀은 1981년 더욱 신빙성 있는 연구결과를 제시했다.

이전까지는 무거운 원자를 가볍고 작은 중수소나 헬륨의 핵인 알파입자로 폭격해 새로운 원소를 만들어냈다. 그러나 GSI 팀은 전혀 새로운 기법을 도입해 성공을 거두면서, 이를 바탕으로 1980년대와 1990년대를 통틀어 이 분야의 선두를 장악하게 된다. GSI 팀의 새로운 기법이란 중간 크기의 핵에 금속이온을 발사해 융합시키는 방법이었다. 이때 금속이온으로는 아연, 니켈, 크로뮴(Cr, chromium)이, 과녁으로는 납과 비스무트 같은 밀도가 비교적 높은 금속이 사용되었다. 그런데 아이러니하게도 이 기법은 1970년대 두브나 팀이 개발했다. 두브나 팀은 이 기법으로 페르뮴과 러더포듐을 만들었으며, 106번과 107번 원소도 합성에 성공했다고 주장한 것이다. 이 기법을 손에 넣은 GSI

팀은 107번에서 112번에 이르는 원소를 모두 합성해낸다. 마지막 112번 원소는 1996년에 만들어졌다. GSI 팀이 탄생시킨 원자량이 277인 112번의 동위원소는 아연70 이온을 납 과녁에 발사해 성공한 것으로, 반감기는 약 0.001초의 4분의 1이었다.

1993년 국제순수응용화학연합는 106번 원소 발견자를 둘러싼 주장에서, 두브나 팀보다 미국 연구팀의 주장이 신빙성이 높다며 미국 편을 들어주었다. 이에 따라 원소 이름을 선택할 권리를 얻은 미국 팀은 핵화학 분야의 권위자이자 대선배인 글렌 시보그의 업적에 경의를 표하며 시보귬(Sg, seaborgum)이라고 명명한다.

하지만 국제순수응용화학연합은 시보귬이라는 이름이 매우 못마땅했다. 시보그가 생존인물이었기 때문이다. 그는 1999년에 사망했다. 그전까지는 생존인물의 이름을 딴 원소명이 없었다. 국제순수응용화학연합이 시보귬 이름을 반려하자 미국화학학회는 이에 반발하여 1995년, 협회에서 간행하는 저널에서 106번을 모두 시보귬으로 표기하기로 결정한다. 뜻밖의 강경 대응에 국제순수응용화학연합은 한 발 물러날 수밖에 없었다. 107번에 대해서는 GSI 팀과 두브나 팀의 공동발견을 인정했다. 두 팀은 협의를 거쳐 닐스보륨이라고 이름하고, 이를 줄여 보륨(Bh, bohrium)이라고 명명했다.

108번과 109번은 각각 하슘(Ha, hassium)과 마이트너륨(Mt, meitnerium)이라는 이름을 갖게 되었다. 전자는 GSI가 위치한 독일의 지명 헤세(Hesse)를 딴 것이고, 후자는 대과학자 마이트너를 기린 것이다. 다행히도 원소개발과 이름 경쟁은 국제적 공동연구가 활성화됨에 따라 수그러들었다. 대표적으로 두브나 팀과 로렌스 리버모어 팀이 공동연구하여 114번과 116번을 1999년과 2000년에 각각 탄생시켰다. 이 공동 팀은 2004년 초에 115번을 합성하는 데 성공했으며, 115번이 붕괴하여 113번으로 변화한다는 사실을 밝혔다. 그해 말에 코스케 모리타(Kosuke Morita)가 지휘하는 일본 연구팀이 113번 합성에 성공한다. 이 연구팀은 일본학술연구기관인 RIKEN의 가속 연구 설비(Accelerator Research Facility)를 활용했다. 이렇게 더욱 무거운 원소를 향한 탐험은 그칠 줄 몰랐으며 탐험대들은 다음 원소인 118번[*]을 향해 나아갔다.

핵 과학자들은 114번 근방의 매우 무거운 원소 가운데서 동위원소가 발견되었다는 소식에 특히 흥분했다. 생성되자마자

---

[*] 118번의 경우 버클리 연구팀이 1999년 합성에 성공했다고 주장했으나 곧 철회했다. 2002년에는 두브나 팀이 118번으로 보이는 원소의 핵붕괴 현상을 두 가지 목격했다고 주장했으나 아직 이를 확인한 다른 팀이 없다.

붕괴해버리는 다른 무거운 원소들과 달리 이 동위원소는 매우 안정적이었다.

원자핵의 양성자와 중성자는 아무렇게나 한데 뭉쳐 있는 것이 아니라 핵 주위의 전자들과 마찬가지로 용량이 이미 정해져 있는 '껍질'에 배열되어 있다. 껍질이 양성자나 중성자로 완전히 채워질 경우, 핵의 결합 에너지가 평균보다 더 세지고 그에 따라 붕괴에 덜 취약하게 된다. 껍질을 완전히 채우는 양성자와 중성자 수는 2, 8, 20, 28, 50, 82이다. 양성자의 경우, 114번 원소는 1970년대 초기에 '마법'의 수로 예측되었는데 중성자 수가 184로 계산되기 때문이었다. 따라서 동위원소 [298]114는 '두 배로 강함'이 틀림없고 더구나 안정적일 것이었다. 일부 학자들은 초기에 이 동위원소의 반감기를 7년으로 추산하기도 했다. 일단 만들어지기만 한다면 이 물질이 대량 축적될 수 있음을 암시하는 추산이었다. 아직 원소 제조자들은 114번 원소의 동위원소 주위에 있다고 하는 '안정성의 섬'에 도착하지 못한 상태였다. 그러한 원소가 존재한다 하더라도 추산만큼 극적인 반감기는 아닌 듯했다. 심지어 114는 마법의 수가 아닐지도 모르며, 126 앞으로는 완전히 채워진 양성자 껍질 수가 없다는 주장이 제기되기도 했다. 때마침 1999년에 만들어진 114번 원소의 동위원소는 반감기가 약 30초인 것으로 나타났다. 그럼에도

107번에서 112번에 이르는 원소들의 전광석화 같은 반감기보다는 훨씬 긴 반감기였다.[*]

가속이 붙은 원소 제조

새롭게 등장한 초중량급 원소들의 화학에 대해 우리는 무엇을 밝힐 수 있을까? 1955년의 멘델레븀 분리실험은, 화학적 분리공정과 더불어 원소들의 화학적 거동을 밝혀준 화학사의 역작이었다. 그런데 멘델레븀(101번)에서 노벨륨(102번)으로 나가는 순간 반감기는 수십 분에서 수 초로 떨어져버린다. 노벨륨, 로렌슘, 러더포듐에 이르는 후속 연구에서 반감기가 1분을 넘는 동위원소들이 발견되었고, 그 하나인 ^{262}Lr의 반감기는 3시간이 넘는다. 그럼에도 초기 원소제조자들은 순식간에 사라져버리는 물질들과 씨름해야 했다. 러더포듐의 동위원소로 지금까지 알려진 최장수 동위원소인 ^{251}Rf의 반감기도 겨우 78초이다. 이처럼 짧은 시간 안에 제대로 화학실험이 수행될 수 있을지 의문이었다.

---

[*] 112번 원소의 반감기는 아직도 논의 중이다. 가장 최근의 연구 자료에 따르면 112번 원소의 최장수 세 동위원소 세 가지의 반감기는 4초에서 11분 사이이다.

설상가상으로 고에너지 이온빔과 원소제조에 사용되는 과녁 물질과의 융합반응은 아주 드물게 일어난다. 다시 말해 대다수 이온들이 우르르 핵을 비껴나간다. 어쩌다 융합이 성사된 때에도 생성된 핵이 너무도 뜨거워 핵분열에 의해 붕괴되기 일쑤다. 다시 말해 충돌사건의 극히 일부만 냉각 공정에서 살아남는다. 이는 새로운 원소의 원자 한 개를 만드는 데도 엄청난 폭격이 필요함을 뜻한다.

GSI 설비로 러더포듐과 더브늄을 생산할 경우, 대개 분당 서너 개가 만들어진다. 한편 시보귬의 경우 하루에 서너 개로 속도가 떨어진다. 이 귀한 원자들은 다른 여러 핵반응에 의한 한 무더기의 잡동사니와 함께 형성된다. 따라서 인공원소에 대한 화학적 분석실험을 수행하기 위해서는 먼저 이들 잡동사니에서 원소를 분리해내야 한다.

이 모든 과정의 속도를 높이는 최상의 방법은 자동화이다. 1960년대 말, 미국과 구소련 실험실에서 이러한 신속 방사 화학 접근법이 시도되었다. 이러한 유형의 공정은 4가지 기본단계를 따른다.

1. 이온빔 충돌실험으로 원소를 합성한다.
2. 생성된 원소 또는 이의 합성물을 신속히 분석화학 실험

장비로 이송한다.

3. 최대한 재빨리 원소를 분리하고 정제한다.

4. 방사활성 붕괴현상을 관찰해 원소를 검출한다.

단명 원소들의 기체상 화합물을 분리하는 크로마토그래피 분석장치를 개발한 두브나 팀의 이보 즈바라(Ivo Zvara)와 그의 연구진은 이를 활용해 러더포듐의 화학적 성질을 연구했다. 분리의 모든 과정이 기다란 관, 즉 칼럼에서 진행되며, 질소 불활성 운반체에 의해 러더포듐 원자가 하단으로 이동된다. 관의 한쪽 끝에는 이온빔 과녁, 즉 플루토늄이 알루미늄 박에 담겨 있으며, 이것이 네온 이온의 충돌에 의해 러더포듐으로 변환한다. 과녁 실에 염소 원으로 염화나이오븀과 염화지르코늄의 두 기체상 염소화합물을 공급하면 이들이 러더포듐과 화학반응을 일으켜 휘발성 화합물을 생성하고, 운반기체 흐름에 실려 관의 하단으로 운송된다. 이어서 필터를 통과하고, 운모판이 놓인 실로 유입된다. 알파 방출 과정을 거치며 러더포듐이 붕괴됨에 따라 에너지 함량이 높은 입자들이 운모판으로 돌진하는 데 이때 작은 채널이 형성된다. 이 채널은 에칭 효과에 의해 나중에 현미경으로 관찰할 수 있을 만큼 커진다. 융합반응에 의해 생성된 러더포듐 동위원소의 반감기는 고작 2초 안팎이다.* 하지만 이 원소들은 그 시간보다 더 빠르게 과녁에서 검출실로 운송될 수 있다.

1970년에 기오르소와 연구진은 러더포듐의 동위원소로 반감기가 약 70초인 ^{261}Rf를 발견한다. 반감기가 이만큼 길었기 때문에 이온교환 크로마토그래피를 통해 분리해낼 수 있었다. 기오르소는 버클리의 로렌스 방사연구소(후에 로렌스버클리 연구소로 개명됨)에서 로버트 실바(Robert Silva)와 공동연구를 수행하여 ^{261}Rf의 원자 100여 개를 이온교환 크로마토그래피로 분리해내는 데 성공한다. 러더포듐 원자를 얻으려면 이온빔 실에서 칼럼까지 순식간에 이동시켜야 한다. 이 문제를 해결하기 위해 과녁을 실린더에 부착시키고 파이프를 따라 유압으로 이동하도록 장치했다. 토끼가 이동할 땅굴을 미리 파논 셈이다. 파이프의 한쪽 끝에서 크로마토그래피 용액을 '토끼'에게 흘려주었다. 이렇게 해서 러더포듐을 녹여내어 칼럼에 옮겼다. 칼럼을 통과하는 동안 충전된 수지가 원자가가 +4 이상인 금속이온들을 더욱 단단히 붙잡아주었다. 칼럼이 러더포듐을 붙들고 있는 동안, 다른 원소, 즉 캘리포늄과 퀴륨은 핵폭격을 거쳐 생성되어 용리액과 함께 흘러나갔다. 이 과정에서 연구진이 예측한 대

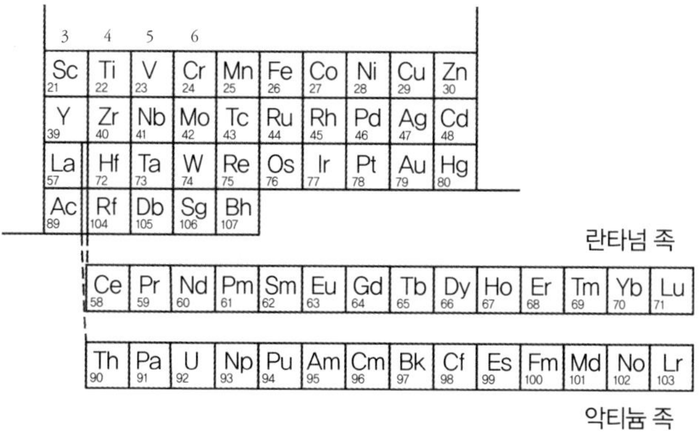

_그림9. 러더포듐은 악티늄 족이 끝나고 맨 처음 등장하는 원소이다. 주기율표에서는 4족에 자리하며, 특히 하프늄과 비슷하다. 마찬가지로 더브늄은 5족의 탄탈럼과 비슷할 것으로 예견되었다. 이러한 예견이 화학분석으로 빠르게 확인되기도 하지만 그렇지 않은 경우도 있다. 더브늄의 경우 주기율표의 화학적 거동에서 벗어나는 것으로 관찰되었다. 더브늄은 니오븀과 비슷한 점도 있었고 악티늄 족의 프로트악티늄(Pa, protactinum)과 비슷한 점도 있었다. 이 경우, 더브늄은 어디에 위치해야 할까? 아예 주기율표의 구조를 파괴하고 별도로 표기해야 할까? 시보귬에서 결정적으로 이 문제에 봉착한다. 따라서 이의 화학적 성질을 매우 정밀하게 조사할 필요가 있었다. 족의 거동을 살짝 벗어난 것에 불과한지, 6족의 몰리브데넘과 텅스텐의 거동을 그대로 따르고 있는지 분명히 가려야 했기 때문이다.

로 러더포듐은 악티늄 족과 다른 거동을 보였다. 악티늄 족은 +2나 +3 이온을 형성한다. 이에 따라 러더포듐은 악티늄 족을 벗어난(transactinide elements) 첫 번째 원소로 확인되었다. 러더포듐은 화학적 성질 또한 주기율표에서 4족에 있는 타이타늄(Ti, titanium), 지르코늄(Zr, zirconium), 하프늄 같은 원자가가 +4인 원소와 훨씬 비슷했다.(그림9 참조)

1987년 켄 그레고리히(Ken Gregorich)가 이끄는 로렌스버클리 연구팀은 반감기가 34초인 더브늄262가 5족인 탄탈럼(Ta, tantalum)과 나이오븀(Nb, niobium)과 거동이 비슷하다는 연구결과를 발표했다. 최신장비가 아닌 수동으로 수행한 실험임에도 이 팀이 과녁에 축적된 더브늄과 이것의 알파붕괴를 감지하는 데는 1분이 채 걸리지 않았다.

🧪 주기율표의 배치기준을 거스르는 원소

악티늄 족을 벗어나는 원소는 주기율표에서 자리를 잡아주기가 매우 까다로웠다. 유럽의 핵물질 학자들은 그레고리히 연구팀과 공동으로 더브늄의 화학적 거동을 세밀한 부분까지 비교 검증하는 실험을 수행했다. 탄탈럼과 나이오븀을 비교하는 데서 그치지 않고 악티늄 족의 프로트악티늄과도 비교하는 실험이었다. 더브늄은 탄탈럼 바로 밑에 위치하기 때문에 화학적 거동이 나이오븀보다는 탄탈럼에 더 가까울 것으로 예상했다. 그런데 한편으로 더브늄은 악티늄 족의 프로트악티늄과도 겹치는 면이 있었다.(그림9 참조)

과연 더브늄의 정체는 무엇인가. 악티늄 족을 벗어나는 원소이면서 5족에 속한 원소처럼 거동할 뿐인지, 아니면 악티늄 족의 흔적을 지닌 원소인지 불분명하다. 플루오린과 결합한 이 금

속들의 복합이온의 화학 거동을 조사해보면, 더브늄은 탄탈럼
보다는 나이오븀에 가깝다. 그런데 또 다른 조건에서는 화학적
으로 프로트악티늄과 한 족속 같았다. 이 경우 더브늄은 5족 원
소가 아니라 오히려 악티늄 족 원소처럼 거동했다.

이것은 매우 기이한 현상이었다. 주기율표는 기본적으로 화
학적 거동을 기준으로 원소를 배열한 표라고 하지 않았던가. 그
런데 더브늄이 그 원칙을 거부하는 듯했다. 어느 자리에 배치해
야 할지 모호하기 짝이 없는 원소였다.

무엇이 그처럼 이례적인 거동을 일으키는 것일까. 제8장에서
자세히 살펴보겠지만 원자의 화학적 성질은 최외각 전자의 에
너지와 배열 상태에 좌우된다. 최외각 전자가 화학결합이나 이
온 형성에 관여하기 때문이다. 1족인 알칼리금속의 화학반응
성 규칙을 살펴보자. 알칼리금속 족에 속하는 원소는 족의 아래
로 내려갈수록 반응성이 커진다. 이 경우, 아래로 내려갈수록 최
외각 전자가 핵에서 멀리 있으며 핵과 약하게 묶여 있다. 따라서
쉽게 떨어져나가 1가 양이온이 되므로 반응성이 커진다고 설명
할 수 있다.

그런데 매우 무거운 원소의 경우, 이러한 규칙만으로는 설명
이 부족하다. 최외각 전자 외에 다른 새로운 인자가 끼어들기 때
문이다. 무거운 원소일수록 이들의 핵은 엄청난 양전하를 띤다.

예컨대 더브늄의 핵은 양전자가 무려 105개이다. 양전자가 서너 개인 탄소나 질소와는 비할 바 없이 많다. 양전하가 이처럼 큰 경우, 맨 안쪽 전자궤도에 있는 전자를 묶어두는 정전기력이 무척 세다. 따라서 핵에 매우 단단히 붙들려 있게 된다. 피겨스케이팅 선수가 빙상 위에서 빠르게 회전할수록 신체가 안으로 수축하는 현상에 비유할 수 있다. 이때 이 꽤 무거운 원소의 맨 안쪽 전자가 궤도를 타고 핵을 도는 속도 또한 매우 빠르다. 이 속도가 바로 새로운 인자로 작용한다. 즉 속도가 너무나 빠르기 때문에 전자들의 체감속도에 상대성 효과(relativistic effects)를 일으키는 것이다.

아인슈타인의 특수상대성 이론에 따르면, 빛의 속도에 거의 맞먹는 속도로 움직이는 물체는 질량이 늘어나기 시작한다. 매우 무거운 원소의 안쪽 궤도 전자들도 굉장히 빠르게 움직이고 있기 때문에 그와 비슷한 효과를 체감하게 된다. 우라늄 원자의 맨 안쪽 궤도를 달리는 전자의 평균 속도는 광속의 약 3분의 2에 달한다. 이에 따라 질량이 늘어난 전자는 핵에 더욱 가깝게 당겨진다. 즉 상대성 효과로 인해 안쪽 궤도가 수축되는 것이다.

그런데 이 효과는 바깥궤도 전자에는 반대로 영향을 미친다. 바깥을 도는 전자는 양전하로 중무장한 핵의 끌어당기는 정전기력을 제대로 느끼지 못하는데, 이는 똘똘 뭉친 안쪽 전자들이 바깥 전자에 닿아야 할 인력을 부분적으로 상쇄하기 때문이다. 달리 말하면 안쪽 전자가 바깥 전자에게 '차단막'으로 작용하는 것이다. 안쪽 궤도가 상대성 효과로 수축함으로써 전자들이 핵을 더욱 촘촘히 감싸게 되는데 이 또한 바깥 전자에 미치는 핵의 영향력을 약화시키게 된다. 이에 따라 바깥 궤도는 살짝 뒤로 밀려나고 바깥 전자들은 핵의 영향력에서 더욱 멀어진다. 결론적으로 원소의 화학적 거동이 달라진다.[*] 이것이 바로 주기율표에서 하단으로 내려갈수록 원소가 주기율표의 배치 규칙에서 벗어나는 이유이다.

더브늄도 상대성 효과의 영향을 받는 원소였던 것 같다. 러더포듐도 예상과는 다른 성질이 확인되기도 했다. 대표적으로 러더포듐 염화물 $RfCl_4$가 하프늄 염화물보다 휘발성이 더 강하다. 즉 더 낮은 온도에서 증발한다. 주기율표상의 위치로 따지면 러더포듐 염화물의 휘발성이 더 약해야 한다. 이처럼 이례적인 성질을 보이기 때문에 초우라늄 원소의 경우처럼 별도로 표기해야 할지도 모른다. 어쨌든 러더포듐와 더브늄의 경우, 화학적 성질만으로는 주기율표의 어느 자리에 배치해야 옳은지 결론이 나지 않았다. 이러한 추세라면 무거운 원소일수록 주기율표에

---

[*] 원소의 물리적 성질을 변형시키기도 한다. 원자번호 79번인 금이 노란 빛을 띠는 것은 상대성 효과 때문이다. 이 효과가 없다면 금도 은처럼 하얗다.

서 자리를 정해주기가 더욱 어려워질 것이다. 그 현상은 계속될 것인가. 또 초우량 인공원소가 탄생한다면 어떻게 위치를 결정해야 할 것인가.

시보귬을 찾아

지금까지 인공원소에 대해 이처럼 길게 이야기한 이유가 있다. 시보귬을 둘러싼 숨 막히는 실험을 설명하기 위해서이다. 분석해야 할 시료가 믿기지 않을 만큼 극미량 존재한다면 어떻게 분석할 것인가. 시보귬을 분석한 실험은 화학분석 기법의 발전에서 뜻 깊은 진보를 이뤄낸 발군의 실험이라고 장담한다. 그렇다고 분석화학의 한 획을 그은 획기적인 실험은 아니다. 그럼에도 시보귬을 분석한 기법을 살펴보고 있노라면 탄성이 절로 나온다. 시보귬 동위원소는 반감기가 수 초에 불과하다. 수 초 동안에 화학적 정보를 입수해야 한다. 과학자들은 단 7개의 원자로 시보귬의 정체를 밝혔다. 이 실험의 또 다른 중대한 의의는 화학이라는 학문의 근간을 이루는 주기율표의 온전성을 검증했다는 데 있다.

시보귬이 발견된 지 20년이 넘도록 가장 오래 사는 시보귬의

_그림10. 다름슈타트의 GSI 연구진이 초우량 인공원소의 화학적 특성을 분석하기 위해 사용한 장비 옆에서 포즈를 취하고 있다. 이온빔 장치로는 퀴륨 시료를 조사하여 시보귬을 생성한다. 상단 우편의 기체 유속계는 시보귬이 든 에어로졸 입자를 기체 크로마토그래피 장치까지 운반한다. 기체 크로마토그래피 장치는 위 사진에서 가운데 흰색 패널 뒤에 있다.

동위원소는 반감기가 0.9초인 ^{263}Sg였다. 순식간에 사라져버리는 이 원소의 성질을 어떤 실험으로 밝혀낼 수 있을까. 화학자들 또한 애당초 시도할 마음조차 먹지 않았다. 그런데 1994년 두브나 연구팀과 로렌스 리버모어 국립연구팀이 ^{265}Sg와 ^{266}Sg를 만들어낸 후부터 사정이 달라졌다. 이 두 동위원소의 반감기는 각각 7.4초, 10~30초였다. 이전에 비해 훨씬 오래 사는 원소였던 것이다. GSI에서는 1995년 말부터 시보귬 동위원소를 만드는 실험에 뛰어들었다. GSI 화학실험 팀은 네온22 이온을 퀴륨248

과녁에 발사해 시보귬 동위원소를 생성해냈다. GSI의 프로젝트는 마티아스 섀델을 총지휘자로 하여 GSI는 물론 두브나 연구소, 버클리 연구소, 독일과 스위스 학자들까지 관여한 초대형 연구였다.(그림10 참조)

앞에서도 살펴보았지만 순식간에 사라지는 원소에 대해서는 다른 원소, 즉 더 가볍고 안정한 원소의 성질과 비교하는 실험을 통해 그 화학적 성질을 유추한다. 주기율표가 아직도 유효한 지침이라면, 그러니까 상대성 효과가 장난을 치지 않는 한, 시보귬은 악티늄 족보다는 몰리브데넘이나 텅스텐과 더 비슷해야 한다.(그림9 참조) 몰리브데넘과 텅스텐이 2와 3가 양이온을 쉽게 형성하므로, 시보귬의 원자가는 6이어야 한다. 몰리브데넘과 텅스텐은 염소와 산소와 반응하면 각각 MoO_2Cl_2와 WO_2Cl_2를 생성한다. 이 화합물들은 휘발성이 높아, 150~200℃에서도 기체 상태가 된다. 시보귬이 이들처럼 거동할 경우 휘발성 화합물을 생성할 것이다.

인공원소의 기체상태 분석화학 분야에서 당시 최고 권위자는 스위스 빌리겐에 소재한 폴 쉐러 연구소(Paul Scherrer Institute, PSI)의 하인즈 개겔러(Heinz Gäggeler)였다. 개겔러는 '온라인 기체 크로마토그래피 장비(OLGA)'라는 자동화 분석계기를 개발해낸 학자이기도 하다. 개겔러는 1990년대에 GSI 연구진과 협력하여 러더포듐과 더브늄의 화학적 성질을 연구하면서 다양한 버전의 OLGA를 개발하고 실제로 활용했다. 시보굼 분석에 사용된 장비는 OLGA Mark III였다.

이온교환 액체 크로마토그래피와 마찬가지로 기체 크로마토그래피도 원소가 칼럼을 통과하는 시간차를 이용해 성분을 분석한다. 이때 각 원소가 충전재와 결합하는 세기에 따라 칼럼에 머무는 시간이 달라진다. 칼럼에 머무는 시간, 곧 보유시간은 화합물마다 일정하기 때문에 원소의 고유한 화학적 특성이 된다. 이온빔과 충돌해서 생성된 화합물은 시보굼 화합물과 보유시간이 다를 것이므로, 시보굼이 화합물을 형성한다면 시간차를 두고 칼럼을 빠져나올 것이다. 반면 시보굼이 화합물, 여기서는 휘발성 옥시염화물을 형성하지 않는다면 용리액이 칼럼을 다 통과할 때까지 시보굼을 발견할 수 없을 것이다. 이 경우 몰리브데넘이나 텅스텐과 다른 족임이 입증될 것이다. OLGA III에는 시보굼임을 확인하기 위한 검출기를 장착했다. 이 검출기로는 시보굼 동위원소 ^{265}Sg와 ^{266}Sg의 방사성 붕괴에 따른 알파입자의 고유에너지를 관찰하게 된다.

GSI 연구진의 계산에 따르면, 이온빔은 ^{265}Sg 또는 ^{266}Sg 원자를 시간당 하나씩 생산한다. 이는 한 번에 원자 1개씩을 검출해야 한다는 뜻이었다. 몇 개 안 되는 소중한 원자를 어떻게 다룰

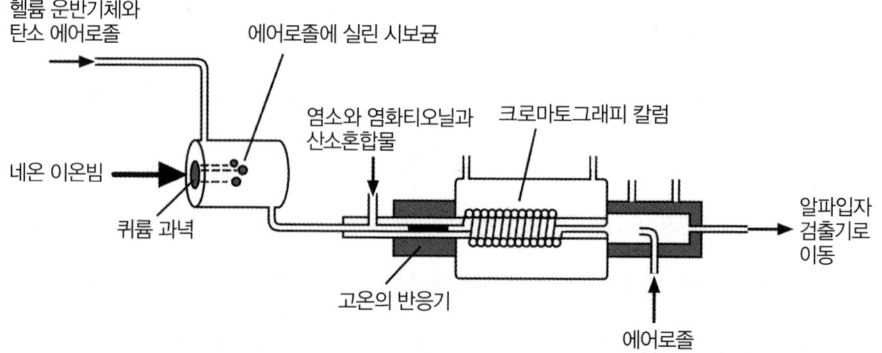

_그림11. 시보귬의 화학적 성질을 분석하는 데 사용된 기체 크로마토그래피 OLGA III.

것인가. 이온빔을 금속 박막 과녁에 쏘아 원자들을 떨어지게 한다음, 이를 헬륨기체를 운반자로 하는 탄소에어로졸에 싣는다. 이 에어로졸은 관을 타고 이동하여 염소, 염화티오닐, 산소 혼합물과 섞인다. 연구진은 이 혼합물이 에어로졸에 실린 시보귬 원자와 반응하여 옥시염화물을 형성할 것이라고 예상했다. 이를 다시 헬륨기체를 운반자로 하여 1,000℃인 시험관으로 운반한다. 이 시험관에서 옥시염화물은 증발하여 에어로졸과 분리될 것이다. 증발된 옥시염화물은 크로마토그래피 칼럼을 통과한다.(그림11 참조) 이러한 전체 과정, 즉 금속 박막에서 시보귬 원자가 형성된 순간부터 칼럼 입구에 당도하기까지 걸리는 시간은 3초 안팎이다.

그다음 수 초가 지나면 옥시염화물로 추정되는 물질이 칼럼을 빠져나와, 다시 에어로졸에 실려, 알파입자 검출기의 시료대에 놓인다. 회전하는 시료대는 플라스틱 필름으로 제작한 것으로, 검출기에 장착되어 있다. 며칠에 걸쳐 OLGA III를 반복 가동하고 시험한 GSI 연구진은 네 차례 검출에 성공한다. 즉 과녁에서 무사히 검출기에 당도한 시보귬 원자 4개를 확인한 것이다. 이 가운데 3개에서 ^{265}Sg의 붕괴에 따른 알파입자를 확인했으며, 마지막은 ^{266}Sg의 붕괴 신호인 알파입자를 확인했다. 이 결과를 바탕으로 시보귬은 몰리브데넘과 텅스텐처럼 휘발성 옥시염화물을 생성함을 밝혔다. 연구진은, 입증은 못했지만, 이 시보귬의 옥시염화물을 SgO_2Cl_2로 추정했다.

OLGA 외에도 시보귬의 화학적 성질을 분석해낸 장비가 있었다. 1980년대 말에 섀델과 동료 연구진은 자동화 분석계기(Automated Rapid Chemistry Appratus, ARCA)라는 장비를 개발해, 반감기가 매우 짧은 원소의 화학적 성질을 용액 상태에서 조사하는 데 응용했다. 1970년대에 로렌스버클리의 실바(Silva)가 개발한 계기처럼, ARCA도 기본적으로 이온빔 충돌로 생성시킨 인공 원자를 재빨리 용액에 담아 크로마토그래피 칼럼으로 이동시키는 장치였다. 이후 이온교환 칼럼을 통과해 나오는 물질에 대해 알파입자검출기로 방사성 붕괴 여부를 확인했다. 시보귬 분석 실험에서는 전산 자동화 ARCA II 장비, 8밀리미터 길이의 이온교환 칼럼을 사용했으며, 이때 시보귬은 생성된 후 45~90초 만에 검출기에 도착했다. 하지만 이 소요시간은 시보귬 원자가 무사히 검출기에 도착할 수 있을지 장담하기 어려운 긴 시간이었다. 따라서 시보귬의 초기 존재 여부를 증명하기 위해, 시보귬의 1차 붕괴산물인 ^{265}Sg: ^{261}Rf와 뒤 이은 ^{257}No의 특성 알파입자를 검출해 유추하는 수밖에 없었다. 이러한 원자의 붕괴가 감지된다면 ^{265}Sg가 존재했으므로 이들이 칼럼을 통과한 것이라고 주장할 수 있다.

새델과 동료 연구진은 핵반응의 생성물을 묽은 질산과 불화수소산에 녹여 용액 상태로 이온교환 크로마토그래피 분석기에 주입했다. ARCA 칼럼에는 양이온은 붙들고 음이온이나 중성화합물은 흘려보내는 충전재를 넣었다. 따라서 이 칼럼은 악티늄족 원소의 2, 3가 양이온만 붙들 것이다. 시보귬이 악티늄 족 원소처럼 거동한다면 칼럼에 붙잡힐 것이다. 우라늄을 시험했을 때도 그러한 결과가 나와야 한다. 즉 위 용매에 녹여 주입했을 때 양이온 UO_2^{2+}를 생성할 것이기 때문이다. 이 현상은 대단히 중요하다. 더브늄이 악티늄 족, 특히 프로트악티늄과 비슷한 거동을 보인 적이 있기 때문이다. 따라서 시보귬도 우라늄과 마찬가지로(그림9 참조) 얼마든지 SgO_2^{2+}를 생성할 가능성이 있는 것이다. 그런데 만약 시보귬이 몰리브데넘과 텅스텐과 비슷하다면, 이 산 용액은 음이온 복합체인 SgO_4^{2-} 또는 SgO_3F, $SgO_2F_3^-$ 와 같은 옥시염화이온을 생성할 것이고, 이들은 이온교환 칼럼을 곧장 빠져나올 것이다.

5,000번도 넘게 ARCA를 가동한 끝에 연구진은 ARCA II 컬럼을 통과한 용액에서 ^{261}Rf와 ^{257}No로 이어지는 방사성 붕괴 현상을 3건 검출하는 데 성공한다. 3개의 시보귬 원자가 칼럼을 통과해 검출기에 도달하기 직전에 붕괴한 것이다.

이렇게 해서 OLGA III와 ARCA II에서 총 7개의 Sg 원자를 확인했다. 이로부터 학자들은 시보귬이 원자번호 106번이며, 화학적 거동으로로부터 몰리브데넘 그리고 텅스텐과 함께 6족 원소라는 결론을 내렸다. 놀랍게도 시보귬의 경우 상대성 효과에 따른 증거가 잡히지 않았다. 더브늄은 상대성 효과의 영향을 받아 화학적 성질이 5족에서 벗어났었다. 원자 크기로 미루어 시보귬도 그러한 영향을 받으리라고 예상했던 것이다. 이렇게 해서 시보귬에서부터 주기율표는 원래대로 돌아갔다. 새델이 말한 대로 주기율표는 더는 훼손되지 않고 원래 구조를 유지하게 된 것이다.

과연 주기율표는 원래 구조를 끝까지 유지할까? 시보귬 이후에 발견되는 원소는 어떨까? 2000년에 GSI, 버클리, 빌리겐, 두브나 팀이 힘을 합쳐 다음 원소인 107번 보륨에 도전장을 던졌다. 보륨은 7족 원소인 테크네튬과 레늄과 화학적 성질이 비슷할까. 그해까지 발견된 보륨의 동위원소 중 ^{264}Bh가 가장 오래 사는 원소였다. 이 원소의 반감기는 0.5초보다 짧았다. 당시에는 그 시간 안에 원소를 분석할 장비가 없었다. 그런데 ^{267}Bh가 발견된 후 사정이 달라졌다. 이 동위원소는 로렌스버클리 연구소에서 버클륨249를 다량 함유한 과녁에 네온22 이온을 발사해 형성시킨 것이다. 이 원소의 반감기는 17초였다. 개겔러와 동료 연구진은 동위원소가 발견된 즉시 화학분석 실험에 도전했다. OLGA를 가동해 보륨이 7족 원소와 같은 거동을 보이는지, 염화수소와 산소와 반응하여 휘발성 옥시염화물인 BhO_3Cl을 생성하는지 조사에 착수한 것이다. 이 분석실험에서는 ^{267}Bh가 생성되는 속도가 매우 느려 한 달이 소요되었다. 그리고 한 달 동안 6개 원자가 검출되었다. 이 6개 원자로 원소의 화학적 성질을 결정지어야 했다.

합동연구팀은 다시 한 번 주기율표의 온전성을 입증했다. 2년 후 원자번호 108번, 하슘의 화학적 성질을 얼핏 감지한 것이다. 반감기가 각각 10초, 4초인 하슘의 두 동위원소 ^{269}Hs와 ^{270}Hs 가 실험대상이었다. 이들은 하슘이 오스뮴과 마찬가지로 휘발성 화합물인 HsO_4를 생성함을 7차례 확인했다.

이후로도 주기율표에 추가될 인공원소는 끝없이 발견될 태세였다. 최초로 인공원소가 발견되었을 때 얼마나 순식간에 사라졌는지 학자들은 입을 다물지 못했다. 하지만 이후 발견된 원소에 비하면 그것들은 꽤나 오랫동안 모습을 비춘 셈이었다. 그런데 104번에서 108번까지 원소의 경우, 이론상으로는 중성자가 다수인 동위원소가 예측되기도 했다. 그러한 동위원소는 반감기가 수일에서 수년일 터였다. 그러한 원자가 발견된다면, 물론 실험을 포기하게 만들 만큼 느리게 생성되지만 않는다면, 그들의 화학적 거동을 한결 여유롭게 헤아릴 수 있을 것이다. 만약 114번을 전후로 안정된 원소가 발견된다면 아직도 한참 무겁긴 해도 화학적 성질을 파악하기가 훨씬 쉬워질 것이다. 운 좋게 반감기가 수 초만 되어도 OLGA나 ARCA로 이들의 화학적 성질에 대해 많은 것을 파악할 수 있을 것이다. 현재 GSI에서 진행 중인 112번 원소에 대한 실험이 마무리되면, 수은과 같은 족인지 아닌지 판가름날 것이다[1996년 9월에 독일의 GSI에서 112번 원소를 발견했으며 임시 이름으로 112를 뜻하는 라틴어 'ununbi'에서 따옴 '우눈븀'을 사용했었다. 2010년 2월 19일 국제순수응용화학연합은 112번 원소의 이름을 천문학자 코페르니쿠스의 이름을 따 코페르니슘(Cn, Copernicium)으로 공식 명명했다. - 옮긴이].

인공원소에 대한 화학 역시 한편으로는 지금까지의 화학과 별반 다르지 않다. 원자들이 어떻게 결합하는가를 조사하는 대목이 특히 그렇다. 그런데 가만히 보면 매우 색다른 면이 있다. 무엇보다 인공원소는 자연이 만들 수 없는 원자이다. 이 소식을 라부아지에가 듣는다면 얼마나 황망할까? 라부아지에는 원소에 대한 개념을 창안하는 데 일조했다. 미래의 과학자들이 자기만의 원소를 만들어 쓰리라고 상상이나 했겠는가. 그와 비슷한 연대의 과학자 돌턴이 오늘날 원자를 한 번에 하나씩 관찰한다는 소식을 들으면 무척 당황할 것이다. 그런데 이러한 가공할 솜씨가 원소를 변환시키는 연금술을 바탕으로 펼쳐진다는 소식에는 이들도 칭찬의 박수를 보낼 것만 같다.

원소를 관찰하는 기술이 이처럼 눈부시게 발전했음에도 한 가지 신기한 점이 있다. 시보귬이나 보륨 같은 인공원소를 조사하는 데 인공적인 성질에는 조금도 의존하지 않는다는 사실이다. 인공원소를 탐사하기 위해 발달시킨 대단한 실험기법들은 오늘날 극미 세계를 탐사하는 최첨단 과학기술을 대표하는 것이라 해도 틀리지 않다. 오늘날 과학자들은 첨단장비로 분자나 원자를 낱개로 관찰하고 이동시키면서 화학적 거동을 조사할 수 있다. 말 그대로 영화를 관람하듯 두 분자가 서로 합쳐지고 반응하는 모습을 지켜볼 수 있다. 심지어 분자 1개를 대상으로 화학적 수술을 집도할 수도 있다. 화학적 결합을 잘라 떼어내거나 새로운 화학 작용기를 붙이는 식이다. 분자 1개가 광자를 흡수하고 방출하면서 형광 빛을 깜박이는 모습을 관찰할 수 있다. 화학결합이 형성되고 분리되는 동안 이들을 측정하며 끈 조각이 얼마나 질긴지를 측정하듯 이들의 결합세기를 측정할 수 있다. 이들 분자가 움직이는 과정을 초정밀 시간 단위로 탐구할 수 있다. 즉 화학결합 단위로 이들이 1초에 수백만 번 안팎으로 진동하는 모습을 관찰하는 것이다.

이러한 기예는 19세기 화학자들은 꿈에도 생각하지 못할 수준이다. 심지어 그들은 원자나 분자를 실재하는 존재로 인정하기조차 꺼려했다. 오늘날은 원자와 분자를 나무로 만든 공이나 막대기로 편리하게 표현하는 데 아무런 거리낌이 없다. 최초의 인공원소가 출현할 무렵에도 과학자들은 원소 같은 물질에 대해서는 무수히 많은 입자들이 일시에 거동하는 현상을 관찰하여 통계 결과로만 이들의 화학적 규칙성을 발견할 수 있다는 입장을 고집했다. 그런데 6개의 방사성 원자를 다루는 실험에서도 그러한 입장은 여전히 유효하다. 예컨대, GSI의 실험에서 시보귬 원자 7개는 반감기가 서로 크게 달랐다. 어떤 것은 0.6초였는가 하면 어떤 것은 27초였다. 따라서 물질의 반감기는 개별 원자의 붕괴를 정확하게 설명해주는 특성이 못 된다. 오로지 평균적으로 예측할 뿐이다.

그럼에도 원자나 분자를 한 번에 한 개씩 탐구하는 오늘날 과학자들은 이전과는 차원이 다른 새로운 화학실험을 수행하고 있음에는 틀림없다. 오늘날 사회과학자들은 여론조사에 의존하던 통상적인 학문방법을 탈피해 개별적으로 만나 얼굴을 맞대고 면담하는 방식으로 돌아서고 있다. 한 개인의 행동이란 단체의 성향이나 평균적인 행동양식으로는 예측할 수 없는 것임을 깨달았기 때문이다.

내가 화학은 드라마틱한 것임을 깨닫게 된 것은 학창시절 어느 점심시간의 일이었다. 나는 나트륨 한 덩어리를 녹색 염소 기체가 담긴 유리병에 집어넣었다. 순간 유리에 금이 가는 소리가 천둥소리처럼 크게 들렸다. 유리병이 놓인 선반이 덜거덕거렸다. 화학 실험 시 유리병을 선반에 올려두어야 하는 것쯤은 배워서 알고 있었다. 유리병 바닥이 도구로 베어낸 듯 통째로 빠져 있었다.

그만해서 천만다행이었다. 1810년에 염소라는 원소를 발견한 험프리 데이비는 친구 앙드레-마리 앙페르(Andre-Marie Ampere)로부터 질소가 염소와 반응하여 폭발성 화합물을 생성한다는 소리에 귀가 솔깃했다. 이 반응을 발견한 피에르 루이 뒬롱(Pierre Louis Dulong)은 그 과정에서 눈을 잃고 손가락을 잃었다. 데이비는 끔찍한 사고의 위험을 무릅쓰고 새로 고용한 조수 마이클 패러데이(Michael Faraday)와 함께 실험에 착수한다. 패러데이 전기를 집필한 제임스 해밀턴(James Hamilton)이 말한 대로, 데이비는 젊은 조수에게 폭발성 물질인 삼염화질소를 암모니아와 섞는 실험을 시킨다.

이 두 물질을 섞자마자 매콤한 연기가 자욱하게 피어올랐다. 이 염화암모늄 연기는 곧 실험실을 가득 채웠다. 두 사람은 숨이 막히고 목이 아파 콜록거리기 시작했다. 실험실에서 연기가 모두 빠지자 이번에는 유리시험관과 사발을 더 많이 준비해 다시 암모니아를 삼염화질소에 부었다. 시험관이 작을수록, 반응이 더디기는 했지만, 어느 한순간 여지없이 실험실은 폭발음과 함께 아수라장이 되었다. 그럼에도 이들은 다음 날 다시 실험을 했고 폭발음은 더욱 거세졌다. 실험실 건물을 찌렁찌렁 울리던 굉음이 네 번이나 들렸다. 하마터면 패러데이의 손목이 날아갈 뻔한 실험을 마지막으로 그날의 실험을 종료했다.

그런데 사람들은 화학실험이라 하면 으레 폭발을 연상한다. 화학시범 수업에서도 폭발반응을 한두 번 선보이지 않고서는 수업이 끝나지 않는다. 당연히 연기가 자욱하고 번쩍번쩍 빛이 생기는 반응일수록 효과적이다. 1959년 초판이 출간된 이래 고전이 된 레너드 포드(Leonard Ford)의 『화학 마술사를 위한 안내서(manual for chemical magicians)』에는 폭발물 제조법이 여럿 소개되어 있다. 데이비와 패러데이의 질소와 염소 비법보다 안전한 질소와 아이오딘(I, iodine) 비법도 나온다. 아이오딘 비법은 나도 직접 실험해보았는데 손목을 날릴 뻔하지는 않았지만 아이오딘 때문에 손가락들이

거뭇해지고 따끔거렸다.

　포드의 저서는 그가 직접 과학 순회강연을 하며 체험한 일을 기록한 것이다. 여러 사교클럽이나 청년단체나 교회에서 화학반응으로 마술 쇼를 하면서 관중의 넋을 빼놓았으리라. 1950년대 미국의 어느 남부지방 주민들은 '불을 내뿜는 마법사를 다 보다니, 오래 살았구나!'라는 표정을 지었다고 한다. 포드에게 화학은 극장이었다.

　화학이 극장이라는 데 동의하지는 않더라도, 포드의 화학 순회강연이 학술적 지식을 전달하는 엔터테인먼트라고는 할 수 있을 것이다. 엄밀한 의미에서 엔터테인먼트와 학술적 지식을 전달하는 일이 같지는 않지만 말이다. 그런데 가만 보면 오늘날 극장에는 화학이 정말로 무대에 오르고 있지 않은가. 톰 스토파드(Tom Stoppard)는 양자물리에서 상징을 취해 희극 「햅굿(Hapgood, 1988)」을, 카오스 이론을 모티프로 『아르카디아(Arcadia, 1993)』를 집필했다. 마이클 프레인(Michael Frayn)의 희극 「코펜하겐(Copenhagen, 1998)」은 닐스 보어와 베르너 하이젠베르그(Werner Heisenberg)가 제2차세계대전 중에 극적으로 만나 불확실성에 대해 담론하는 이야기이다. 런던 서쪽의 중간지식인 계층이 모여 사는 웨스트엔드에서는 한때 모든 공연물에 우주론이나 정수이론 같은 복잡성을 다루는 학문에 심취한 캐릭터가 빠지지 않던 시절이 있었다.

　이처럼 과학이 문화예술의 소재로 등장한 시기는 생각보다 오래되었다. 크리스토퍼 말로(Christopher Marlowe)의 『포스터스 박사(Dr. Faustus, 1604)』, 벤 존슨(Ben Jonson)의 『연금술사(The Alchemist, 1610)』는 그 분야의 대표적 초기 저서로 자주 인용된다. 그런데 말로는 전해 내려오는 이야기를 재구성했고, 존슨은 그 자신이 연금술에 정통한 학자임에도 연금술의 대중적 이미지인 허풍을 야단스러운 익살의 전달 장치로 쓰고 있다. 과학적 상징이 극장에 걸리는 전통에 대해, 현대적 의미에서 그러한 현상을 분석한 학자로 찰스 니콜(Charles Nicholl)이 있다. 그는 르네상스 후기의 연금술적 상징이 잘 드러난 책은 바로 셰익스피어의 유명한 저서들이라고 주장했다. 연금술에서 반복되는 주제는 '왕의 변형'이다. 연금술적 변형은 연금술사의 펄펄 끓는 도가니와 증류기에서 진행되는데, 희극에서는 보통 '왕'이 겪는 고통스러운 모멸의 여정으로 묘사된다. 왕 자체가 연금술의 이상인 금을 대변하기도 한다.(그림12 참조) 니콜은 리어 왕이 겪은 일련의 사건은 연금술적 과정과 의도적으로 깊은 연관을 갖도록 배치되어 있다고 지적했다. 셰익스피어는 연금술을 분명 아는 작가였다. 그의 소네트에는 연금술적 장면이 심심찮게 등장한다.

예컨대, 「로미오와 줄리엣」에 로미오에게 약초에서 추출한 독약과 해독제를 제조해주는 약제사는 전형적인 파라셀수스의 후예이다. 셰익스피어의 후원자였던 케리 경(Sir George Carey)은 신비적 연금술 예술을 열렬히 옹호하는 인물이었다. 케리의 친구였던 엘리자베스 여왕시대의 연금술사 사이먼 포먼(Simon Forman)은 벤 존슨의 『연금술사』에 등장하는 엉터리 약장수의 실제 모델이었다는 설이 있다.

니콜의 주장이 유효하다 하더라도, 이를 '무대에 오른 과학'[*]의 선구로 보기에는 지나치게 관대한 감이 없지 않다. 그런데 극작가의 업무와 실험과학의 '극적' 요소 사이에는 얼른 드러나지 않는 연관성이 있다. 극작가의 절대 금과옥조인 "말이 아니라 몸으로 보여주라!"라는 문구는 장황한 설명이나 대사보다는 극중 인물의 행동으로 극의 정서적 심리적 주제가 분출되도록 집필하라는 뜻일 것이다. 우리는 어떤 사건을 본 다음에 무엇을 보았는지 추론할 수 있다. 하지만 그러기에 앞서 직접 경험해보아야 한다. 이와 비슷하게 르네상스 시대의 지성인들에게 연금술 실험은 직접적인 계시의 근원이었다. 이는 17세기 프랑스 파리를 거점으로 풍미한 르네 데카르트(Rene Descartes)의 기계론적 사조와는 대비되는 것이다. 연금술의 기예를 갈고닦은 숙련된 연금술사들은 추론을 밟아가면서 우주의 참된 질서를 얼핏이나마 직접 목도하기도 했다. 이는 영지주

---

[*] 이 용어의 창시자는 화학자 칼 제라시(Carl Djerassi)로, 과학적 주제를 다룬 자신의 여러 희곡에서 사용했다. 그의 대표작 「산소(Oxygen)」는 노벨상 수상자이기도 한 로알드 호프만(Roald Hoffmann)과 제라시가 2001년에 공동 집필한 것이다(노벨상을 수여하기 위해 최초 산소 발견자를 찾아나가는 이야기로, 노벨상 수상자 선정에 관해 풍자함-옮긴이).

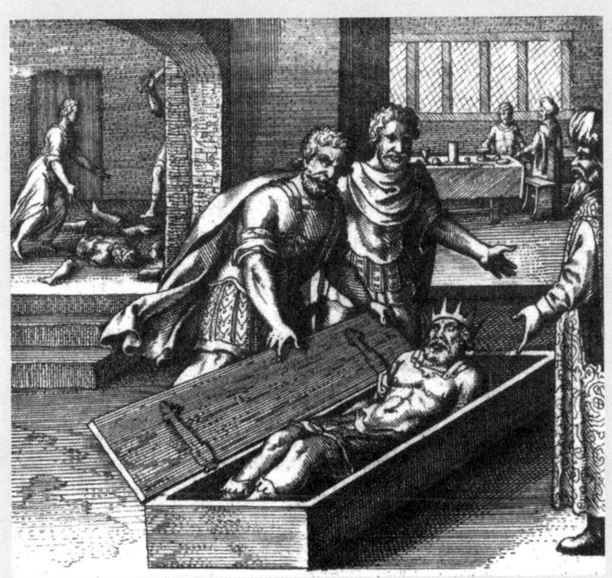

_그림12. 왕의 시련과 고난. 미하엘 마이어(Michael Maier)의 『아탈란타 푸가(Atalanta fugiens, 1618)』에 나오는 연금술의 화학적 변형 과정을 상징하는 판화.

의와 닮은꼴이다. 영지주의란, 인간은 에피퍼니(epiphany), 즉 신의 출현을 통해서만 신성의 지혜와 섭리에 근접할 수 있다고 믿으며 이를 추구하는 신비가적 종교주의이다. 신비가들이 신성을 얼핏 보듯이 연금술사들도 자연의 신비를 섬광처럼 엿보는 것이다. 오늘날 훌륭한 실험도 바로 그러한 통찰적 일견을 선사한다.

그렇다고 우수한 실험과학이란 이성을 뛰어넘어 곧바로 진리를 가리키는 일면을 갖춰야 한다는 주장은 아니다. 그럼에도 목표개념을 중심으로 잘 짜인 실험의 즉시성은 보는 이의 내재적 직관을 곧바로 이해의 경지로 끌어올린다. 보는 것이 믿는 것이 되는 순간이다. 제4장에서 다룬 러더퍼드의 실험에는 영지주의적 요소가 깃들어 있다. 헬륨의 스펙트럼이 빛을 발하는 순간 실험에서 보여주는 진실이 선연해진다. 자동화된 그래프 작성도구가 출력되는 종이 위에서 따분하게 미끄러지고 있을 때, 찾고자 하는 또는 없어야 하는 피크를 좇는 실험자는 계시와 경이를 기다리는 심정일 것이다. 그리고 마침내 그것을 발견하는 순간 어렴풋한 직감이 사실로 확인되는 기쁨에 전율할 것이다. 문자 그대로 그것은 우주가 처녀지를 드러낸 순간이다.

조지프 라이트(Joseph Wright)의 그림에는 그러한 '계시'를 받은 기분이 어떤지 잘 나타나 있다. 신플라톤주의 학자들이 경의를 표했던 '빛', 또는 파라셀수스의 전통을 잇는 최초의 화학자들이 믿었던 '자연의 빛'이 묘사되어 있다. 라이트의 '현자의 돌을 찾는 연금술사(The Alchemist in Search of the Philosopher's Stone), 1771'(그림13 참조)에서 인을 발견한 순간의 헤닝 브란트의 얼굴을 보라. 누구라도 종교적 경외심을 감지하리라. 턱수염이 하얀 브란트가 겉옷을 길게 늘어뜨리고 무릎을 꿇고 있다. 과학적 발견을 눈앞에 둔 학자가 아니라 구약성서에 나오는 불타는 덤불숲을 보는 선지자 같다. 이 그림은 1670년대에 새로운 원소 인이 발견되는 장면을 화폭에 옮긴 것이다. 그럼에도 제목만으로 헤아리면, 이는 신성한 계시적 지식을 찾아 나선 프로메테우스를 그린 그림이다.

　라이트의 또 다른 작품으로, 유사종교적 분위기가 감도는 '공기펌프를 사용한 새에 관한 실험(Experiment on a Bird in the Air Pump), 1768'[*]이라는 그림이 있다. 이 그림의 소재는 비교적 근래 과학사의 한 에피소드이다. 그림 속 과학자는 은발이 찰랑이는 신비로운 대학자의 용모이며, 유리기구 안의 새는 신성한 제의에 바쳐진 희생물 같다. 한 소녀는 죽어가는 새를 차마 눈뜨고 볼 수 없다는 듯 손으로 얼굴을 가리고 있다. 이 그림의 극적인 빛과 어둠의 대비는 예의 브란트의 실험실보다 더 강렬하다. 영지주의적인 분위기

---

[*] http://www.nationalgallery.org.uk/paintings/joseph-wright-of-derby-an-experiment-on-a-bird-in-the-air-pump

를 한껏 살린 그림이다.

극적인 이미지는 빛의 계시처럼 우리의 머릿속에 각인된다. 마리 퀴리의 썰렁하고 허술한 실험실을 환하게 밝힌 라듐의 광휘가 그러했다. 비교적 최근인 1996년의 사례를 살펴보자. 화학자 마틴 폴리아코프(Martyn Poliakoff)와 형제이자 영국의 극작가인 스티븐 폴리아코프(Stephen Poliakoff)는 〈태양에 눈멀다(Blinded by the Sun)〉라는 연극에서 그러한 빛의 계시를 극적으로 활용했다. 그는 햇빛을 사용해 물을 수소로 전환하는 태양전지를 관객에게 선보였다.

배경음악. 바바라의 감독하에 장비를 들여온다. 간소한 목재 테이블. 테이블 위에는 금속 스탠드가 세워져 있고 클램프로 유리시험관을 스탠드에 물려놓았다. 음악 커진다. 무대는 물론 극장 사방에서 울려 퍼진다. 빛의 오케스트라를 연주하는 음악. 그때 한 줄기 빛이 어두운 무대를 가로지른다. 시험관이 거품을 내뿜기 시작한다.

이처럼 화학실험의 빛을 내는 이미지는 계시라는 주제를 표현하는 데 사용된다. 이때 감흥을 더하고자 동원하는 또 다른 극적 요소는 '의식(ritual)'이다. 연극 감독 피터 브룩(Peter Brook)은 "연극 무대란 보이지 않는 존재가 나타나기도 하는 제의적 상징을 함의하지 않고서는 시각예술로 살아남을 수 없다."라는 말을 했다. 연금술은 다분히 제의적이다. 변형을 일으키는 실험은 엄격한 순서가 있다. 제아무리 솜씨가 훌륭해도 이 절차를 거스르고는 성공을 기대할 수 없다. 르네상스 시대만 하더라도 과학은 자연을 다루는 비법들과 뒤섞여 있어서 실험이란 자연을 달래는 의식이라는 의미가 깃들어 있었다. 따라서 바른 실험 순서란 신을 섬기는 사제가 결코 어겨서는 안 되는 예배 의식의 바른 순서와 다름없었다. 초기 과학자들이 이 사제적 역할에 몹시 끌린 점은 프랜시스 베이컨의 『새로운 아틀란티스』에 잘 나타나 있다. 베이컨은 이 책에서 과학자 공동체라는 비전을 제시하는데, 이는 장미십자단(Rosacrucianism) 같은 오컬트 운동의 영향을 받은 것으로 보인다. 베이컨의 '아틀란티스'란 태평양의 섬인 벤살렘(Bensalem)에 구현된 유토피아 사회이다. 그곳은 신학자이자 과학자이자 학자인 지도계층이 살로몬의 집이라는 곳에서 연구도 하고 정치도 하는 사회이다. 특히 이 지도자들은 실험이라는 기예를 발휘해 놀라운 도구와 발명품을 만든다. 또한 그들은 그러한 지식이 악인의 손에 넘어가지 않도록 비밀에 부치며 엄격한 규율로 다스린다. 런던에 설립된 왕립연구소가 일반인을 대상으로 개설한 금요저녁강의에서 제의적 전통을 지켜내고자 분투한 것이 단지 여흥을 더하기 위한 방편은 아니었던 것이다. 이 금요저녁강의에서 유명세를 떨친 학자는 데이비와 패러데이였다. 이들의 과학 강의는 한 편의 멋진 연극 무대를 방불케했다. 정확히 8시에 강의를 알리는 괘종이 울리면 말쑥한 정장차림의 연사가 정중하게 등장한다. 그리고 정확히 한 시간 뒤인 9시 괘종 소리와 함께 연사는 강의를 마쳤다.

　의식은 의식을 수행하는 자를 과거로 이어주는 링크이다. 의식을 수행하는 행위는 역사적 사실을 확인하는 한 양식이기도 하다. 실험과학자들은 유용한 기술을 연마하기 위해 도제 기간을 거치는 것이 보통이다. 이는 전통의 계승과도 연관이 있다. 학사 졸업논문을 준비하며 나는 대부분 이론적인 연구 프로젝트를 수행했지만 그럼에도 가장 먼저 수강해야 했던 과목은 유리공작이었다. 그 시간 덕에 유리공작이 예술적 영역임을 깨달을 수 있었다. 이탈리아의 저술가이자 화학자인 프리모 레비(Primo Levi)는 실험의 의미가 바로 이것임을 깨달았다. 즉 수백 년 전에 화학의 선구자였던 연금술사들이 고안한 실험 절차며 재료조제법을 그대로 따라 하는 것은 실험의 중요성을 환기하고자 거행하는 유서 깊은 의식이다.

　증류 실험은 아름답기 그지없다. 무엇보다 천천히 또 침묵 속에서 진행되므로 철학적으로 사유할 여건이 마련된다. 그러니까 바삐 열중하는 와중에도 생각할 시간이 난다는 이야기이다. 자전거를 타고 달리면서 이것저것 생각하는 것처럼 말이다. 증류실험에서는 액체가 기체로 변형되고, 기체가 다시 액체로 돌아온다. 위로 갔다가 아래로 내려오는 왕복여행을 다녀온 것이다. 그사이에 깨끗해지며, 아직 정체를 모르기 때문에 더욱 매혹적인 상태가 된다. 여기서부

_그림14. 플라스크를 지긋이 바라보는 모습은 화학자들의 일상의 전형을 예시하는 자세나 다름없다. 그런데 그런 자세는 중세 의사들이 진단하는 모습을 그린 삽화에서 유래한다.(상단 왼편) (사진 제공: 상단 왼편-국립의료도서관, 상단 오른편-CORBIS)

터 화학이 시작되며 아주 멀리까지 진행되는 것이다. 증류 실험장치를 조립하고 실시하는 순간, 실험자는 수 세기에 걸쳐 봉헌된 의식을 직접 거행한다는 고양된 의식을 획득하는 것이다.

의식에는 집단기억이 깃들어 있다. 그러한 기억이야말로 화학자들이 일상적으로 하는 일, 이를테면 유체가 담긴 비커를 들어 올려 바라보는 의식은 태곳적 이미지를 생생하게 살아 있게 해주는 요체이다. 비커를 가만히 바라보는 자세는 수도 없이 보아왔다. 그런데 그러한 자세는 진단을 내리기 위해 환자의 소변이 든 플라스크를 조사하던 중세 의사들의 자세에서 유래한다.(그림14, 상단 왼편 참조) 실제로 당시 의사들은 반은 화학자였다. 그들은 의료 화학을 공부하고 실행했다. 계몽시대 초기에도 유럽의 여러 대학에서는 의료 화학을 가르쳤다. 이쯤해서 '계몽'이란 용어는 어디에서 유래했는지 짐작이 갈 것이다. 화학 극장에서는 오래된 것들이 좀처럼 사라지지 않는다.

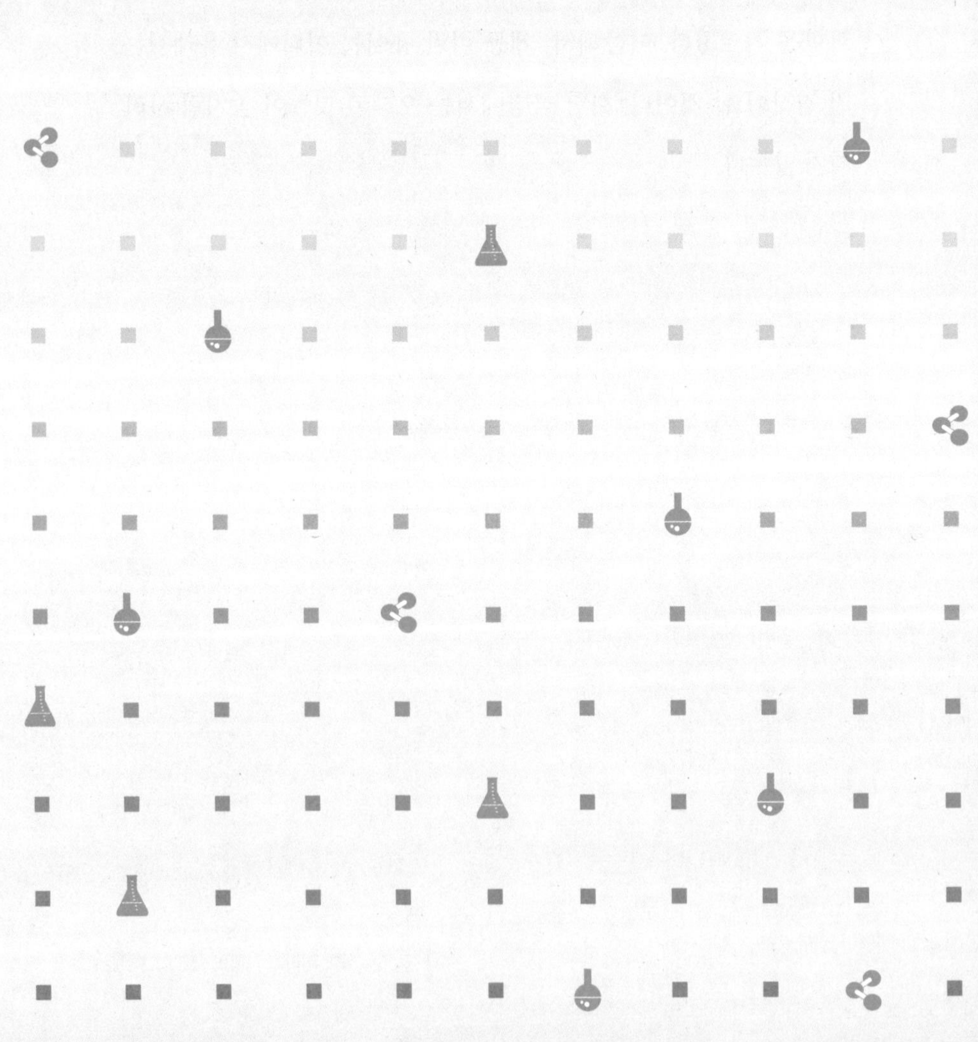

| 제2부 |

새로운 물음을 던지며

Posing New Questions

제6장

분자, 꼴을 취하다

루이 파스퇴르—결정과 간결함의 아름다움

1848년, 파리에서 결정의 형상을 연구하던 젊은
과학자 루이 파스퇴르(Louis Pasteur)는 왜 다른 물질
이 같은 꼴의 결정을 형성하는지, 또 왜 같은 물질이 다른
꼴의 결정을 만드는지에 대해 의문을 품는다. 물질의 그러한
성질이 다원자분자의 형태와 연관이 있다고 추정한 파스퇴르는 포
도주 제조공정의 부산물인 결정질 염을 관찰하는 실험에서 탄소계 분
자의 입체구조를 밝혀줄 중대한 실마리를 발견한다.

서론에서 이야기한 대로 얼마 전에 미국화학학회는 「화학공학뉴스(Chemical and Engineering News, C&EN)」의 구독자와 각 계각층의 화학전문가를 상대로 투표를 실시해 화학사에서 가장 아름다운 실험 10가지를 선정했다. 그중 최다득표를 한 실험은 루이 파스퇴르의 타르타르산(tartaric acid)의 거울상분자(mirror-image molecular forms) 분리실험이었다. 그는 파리고등사범학교에서 박사학위를 취득하고 1년 후에 이 실험을 했다. 이 실험은 무척 단순한 데 반해 고생스럽게 완수한 점과 중대한 화학적 진실을 명쾌하게 밝힌 점에서 가장 아름다운 실험으로 뽑히기에 부족함이 없다.

이 모든 점이 사실이고 파스퇴르의 실험이 1위를 차지한 것도 사실이다. 하지만 「화학공학뉴스」 독자들이 뽑은 1위임을 강조하고 싶다. 물론 이 잡지의 독자들은 파스퇴르에 관한 문헌을 접하고 그로부터 받은 인상이나 정보를 바탕으로 투표에 임했을 것이다.

그런데 그에 관한 후세의 기록에서 마음이 쓰이는 부분이 있다. 천재적 통찰력을 발휘해 유레카에 버금가는 발견을 성취한 위인으로 그를 묘사하고 있는 점이다. 지금도 그렇게 알고 있는 독자들이 내 글을 읽고 상심한다 해도 어쩔 수 없다. 나는 그의 발견이 유레카에 버금갈 만큼은 아니라고 확신하기 때문이다.

사실 그 발견은 여느 실험에서와 마찬가지로 매우 과학적으로 이루어졌다. 무슨 말인가 하면 실험결과란 실험을 수행할 당시에는 별 볼 일 없고 초라해 보이는 법이며 나중에 되돌아보았을 때 진정한 의미가 드러난다는 뜻이다. 그에 관한 위인전이나 역사적 저술이 오도될 수밖에 없는 부분도 있었을 것이다. 파스퇴르 자신이 직접 설명한 것보다 더 신뢰성 있는 자료는 없을 테니 말이다. 그의 사위가 집필한 최초의 전기가 파스퇴르의 인정을 받고 나자, 뒤이어 출간된 몇 권의 전기는 그를 더욱 미화하고 윤색한 나머지 급기야 위인전을 방불케 했다.

이쯤 해서 과학사학자 제럴드 기슨(Gerald Geison)의 조언을 귀담아 듣는 것도 나쁘지 않다. 기슨은 마치 탐정처럼 파스퇴르의 최초 발견의 실상을 파헤쳤다. 그런 다음 "과학적 발견에 대한 발견자 자신의 회고적 진술이 미심쩍은 위대한 발견"이라고 단정했다. 19세기 과학자 가운데 파스퇴르의 발견이 스스로를 신화적 존재로 격상시킨 유일한 사례는 아니지만, 과학적 사실을 사적 목적달성에 유리하게 활용하는 데 파스퇴르보다 능수능란했던 인물은 찾아보기 어렵다.

🧪 결정을 바라보며

위대한 과학자라고 해서 반드시 인품이나 성격도 그에 걸맞게 훌륭해야 한다는 법은 없다. 파스퇴르도 그러한 통념에서 벗어나지 않는다. 유난히 괴팍하거나 간사하지는 않았다. 하지만 냉정하고 오만해서 존경심을 자아내는 초상화는 남길 수 없는 인물이었다. 매우 활동적이어서 대외적으로 자신의 공을 내세우는 데 수완이 남달랐으며, 당연히 계산적으로 인맥을 관리했다. 득이 될 관계는 적극적으로, 그렇지 않은 관계는 소홀히 임했다. 타인의 공은 마지못해 인정했지만 자신의 공을 내세우는 데는 조금도 지체하지 않았다. 자신감이 넘치다 못해 자만심에 사로잡혀 있었으나 비판과 비평에는 쉽게 상처를 받았다.

때로는 비판을 아무렇지도 않게 흘려들었지만 때로는 앙갚음하듯 반박하기도 했다. 한번은 팔순된 노 과학자의 격분을 사 결투를 부르기도 했다. 물론 결투를 벌이지는 않았다. 과학자로서의 명성에 흠이 될 만한 실수는 그것이 역사적 사실일지라도 고쳐 쓰려 했고 자신의 개념을 뒷받침하기에 유리한 증거만 선택하는 데 주저함이 없었다. 이 모든 결함에도 그가 천재임은 부인할 수 없다. 어쨌든 천재 소리를 듣는 자는 자신의 주장을 소신껏 당돌하게 펼치는 사람일 것이다.

_그림15. 루이 파스퇴르. 프랑스 부르주아지 바로 그 모습이다.
(사진제공: 영국왕립화학회 도서관 정보센터)

후세 사람들은 파스퇴르를 언급할 때 무엇보다 그가 이룩한 생물학적 업적을 먼저 떠올린다. 그가 미생물학이라는 학문을 창시했고 면역학과 백신기술 정립에 크게 기여했기 때문이다. 또한 후세의 화학자들로부터도 칭송을 받는다. 그런데 그는 원래 물리를 전공했다. 물리학자로 수년간 활동한 후에 생물학으로 분야를 바꾼 것이다. 라이너스 폴링(Linus Pauling)이나 프랜시스 크릭(Francis Crick)도 비슷한 사례이다. 물리학자 파스퇴르의 초기 연구 분야는 결정학이었다.

파스퇴르가 태어난 곳은 프랑슈콩테 지방의 돌이라는 곳이다. 그는 1844년에 파리고등사범학교에서 박사학위 코스를 밟기 위해 처음 파리로 왔다. 그의 지도교수였던 가브리엘 들라포스(Gabriel Delafosse)는 결정학 분야의 대가인 르네 쥐스트 아위(Abbe Rene Just Haüy) 신부 밑에서 수학했다. 1780년대에 아위는 결정의 형상에 대한 가설을 수립하는데, 후에 이는 결정을 구성하는 입자의 형상이나 배열을 설명해주는 가설로 통하게 된다. 그런데 17세기 초에 눈꽃송이의 6각 대칭성에 대한 요하네스 케플러(Johannes Kepler)의 고찰이 발표된 점으로 미루어, 아위의 가설은 적어도 어느 날 갑자기 등장한 개념은 아닌 것 같다.

아위는 모든 결정은 구성입자들이 한데 모이는 방식을 결정하는 기본 꼴이 있다고 믿었으며, 이를 '요소분자(integrant molecule)'라고 불렀다. 이는 현대과학의 '단위세포' 개념과 상통한다. 아위는 요소분자는 원자나 분자 단위의 가장 기본적인 블록으로, 벽돌이 쌓여 담벼락이 세워지듯 이 요소분자가 반복 배치되면서 결정이 형성된다고 설명했다.

요점을 말하면 아위의 개념은 결정의 형태는 결정을 이루는 분자가 정한다는 뜻이다. 19세기 초 화학자들은 분자에 대한 개념이 불분명했다. 그나마 돌턴의 원자론이 화합물, 즉 하나 이상의 원소로 구성된 물질을 머릿속에 그려보는 데 도움이 되었다. 원자는 일정한 비율로 무리를 짓는데 그 무리가 다시 구성단위인 물질이라는 것이다. 1818년 프랑스의 화학자 미셸 유진 슈브뢸(Michel Eugene Chevreul)은 분자를 구성하는 서로 다른 화학물질을 원자 종류, 수, 공간 배치로 정의했다.

그런데 이 공간 배치에 대해 조목조목 따져보는 사람이 아무도 없었다. 그도 그럴 것이 공간 배치에 대해 조사할 길이 없었다. 당시에는 색을 칠한 나무공과 나무막대를 가지고 분자 모형을 조립해 강의를 하는 화학자들이 많았다. 그럼에도 이들은 나무 분자모형은 편의상 사용하는 모형일 뿐 실제 분자의 생김새와 무슨 연관이 있으리라고는 생각할 필요가 없다는 입장이었다. 오히려 일반인들이 나무모형을 진짜로 생각할까 봐 불안해했다. 심지어 1869년에 윌리엄 크룩스(William Crookes)는 "지금의 원자와 분자는 신경 쓰지 마라. 원자가 어떻게 배열되어 있는지 아무도 모른다."라고 학생들에게 조언했다.

어떤 결정은 빛을 편광시키는 신기한 성질이 있다는 사실은 17세기부터 알려져 있었다. 보통 빛은 편광필터를 그냥 통과하지만 전자기파를 걸어주면 빛이 진행 면 위에서 진동하면서 나아간다. 마치 수많은 뱀들이 땅 위를 꼬불꼬불 기어가는 것 같다. 네덜란드 과학자 크리스티안 하위헌스(Christiaan Huygens)는 편광 빛을 무색투명한 광물인 빙주석에 비추면 편광면이 일정한 각도만큼 회전된 채 빠져나오는 현상을 발견했다.(그림16 참조) 하위헌스는 당대의 석학 아이작 뉴턴과 빛에 관한 연구에서 경쟁을 벌인 대학자였다. 편광 빛을 회전시키는 광물의 성질을 광활성(optical activity)이라고 한다. 석영도 광활성이 있다. 당시 광활성은 결정을 이루는 분자의 공간배치에서 비롯한다는 가설이 널리 받아들여지고 있었다. 즉 분자가 마치 나선형 계단처럼 뻗어 있어 빛의 방향을 돌린다고 생각했다. 한편 빛을 왼편으로 돌리는 왼손성 물질이 있는가 하면 오른편으로 돌리는 오른손성 물질이 있다. 사람에 비유하면 왼손잡이가 있고 오른손잡이가 있는 식이다.

1815년에 프랑스의 물리학자 장 바티스트 비오(Jean Baptiste Biot)는 결정성 유기물질을 용액에 녹여도 광활성을 유지하는 것을 발견했다. 이로써 나선계단 가설이 설득력을 잃고 대신 매

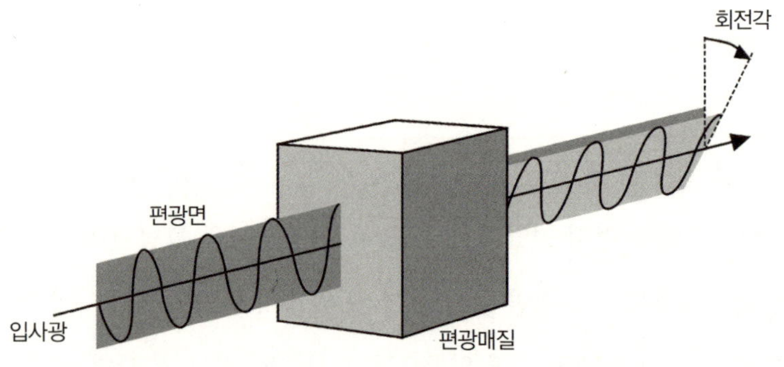

_그림16. 광활성을 띠는 결정은 편광 빛의 면을 회전시킨다. 이때 결정에 따라 오른편으로, 또는 왼편으로 회전한다.

계단이 활성을 띤다는 가설이 힘을 얻는다. 즉 고체 상태의 배치 방식은 광활성과 무관하다는 것이다. 비오는 광활성은 유기분자의 고유한 성질이 틀림없다고 주장하면서 그러한 분자의 원자들은 꼬인 공간배열을 갖고 있다는 가설을 제시한다.

파스퇴르가 파리고등사범학교에서 박사학위의 연구주제로 광활성과 분자의 '꼬임성질'과의 연관성을 선택했다고 전해지기도 하지만 사실은 그렇지 않다. 단, 파스퇴르가 유기화합물의 용액 내 성질을 연구한 것은 사실이다. 하지만 그의 학위논문의 결론은 비오의 가설을 재진술한 것에 지나지 않는다.

광학적 활성체인 석영에서 결정, 즉 고체 상태의 이 신비한 미지의 분자적 성질이 매 분자마다 발견되었다. 즉 활성체에서 분리한 매 분자이 논문을 쓰고 나서 연구를 거듭한 파스퇴르는 비록 1년이나 지난 시점이었지만 추가하고 싶은 것이 매우 많았을 것이다.

파스퇴르는 지도교수인 들라포스의 지도를 받으며 결정의 형태를 조사했다. 결정형상이 구성 분자들의 본래 성질에 따라 좌우된다는 아위의 가설은 독일 과학자 아일하르트 미체를리히(Eilhardt Mitscherlich)가 1819~1821년에 걸쳐 발견한 두 가지 현상에 의해 도전을 받고 있었다. 첫째는 상이한 원자로 구성된 화합물이 동일한 결정 형태를 띠었던 것이다. 이를 동형성(isomorphism)이라고 한다. 둘째는 어떤 화합물은 서로 다른 결정 형태를 띠기도 한다. 이를 다형성(polymorphism)이라고 한다. 이 두 현상에 의하면 결정 형태는 화학적 구성과 무관해야 했다.

1840년대에 들라포스는 스승인 아위의 가설을 동형성과 다형성을 설명할 수 있도록 수정하고자 했다. 마침 파스퇴르가 그 일을 맡았다. 동형성 물질 중 미체를리히가 특별히 관심을 기울였던 유기화합물은 타르타르산과 라세미산이었다. 타르타르산염은 주석산염(tartrates)이라고도 하며, 포도주 제조과정에서 부산물로 생성되어 포도주를 담는 통의 벽에 끼는 흰색 고체를 말한다. 파라셀수스는 16세기에 벌써 이 침전물을 타르타르라고 명명했다. 17세기에 프랑스인 약제사 피에르 세이크네트(Pierre Seignette of La Rochelle)는 이 침전물을 분석하여 한 성분이 주석산칼륨나트륨(sodium potassium tartrate)임을 밝힌다.[*] 칼 빌헬름 셸레는 1770년도에 세이크네트염이 산성을 띤 물질로 바뀌는 현상을 발견한다. 이것이 최초의 유기산인 타르타르산이다. 약산인 타르타르산이 직물 제조 및 의약물 제조에 쓰이는 등 산업적으로 매우 유용하게 쓰이면서 포도주 제조업자들은 이를 수거해 팔아 부가수익을 올리기도 했다.

알자스 지방의 탄에서 포도주 제조공장을 운영하던 케스트너라는 사람이 라세미산을 발견한 것도 우연이 아니다. 그는 처음에는 타르타르산의 다른 종류라고 단순히 생각했다. 화학적 조성이 같았고 성질도 거의 같았기 때문이다. 케스트너는 이 물질을 조금 채취해 당시 프랑스의 대화학자였던 조지프 게이뤼삭(Joseph Louis GayLussac)에게 조사를 의뢰했다. 게이뤼삭은 포도송이를 뜻하는 라틴어 라세머스(racemus)를 따서 이 물질을 라세미산이라고 불렀다. 이후 옌스 야코브 베르셀리우스(Jöns Jacob Berzelius)가 화학명명체계를 적용해 파라타르타르산이라고 정식 이름을 붙였다. 이 물질은 타르타르산의 이성질체였다.

---

[*] 세이크네트염은 이후 세이크네트의 고향을 따 '로셸염'으로도 알려지게 된다. 이 물질은 피에르와 제크 퀴리가 압전성을 발견한 물질이기도 하다.

즉 구성원자는 같되 배열 방식이 다른 화합물이었다.

미체를리히는 타르타르산과 라세미산이 동형성임은 알아냈지만 무엇이 정말로 다른지는 알아내지 못했다. 이 두 결정은 어느 모로 보나 같은 물질이었다. 단, 한 가지가 달랐다. 타르타르산 또는 주석산염 용액은 광활성이 있고 라세미산은 없었으며. 비오의 가설로 설명하자면 타르타르산 분자는 나선형으로 꼬여 있고 라세미산은 그렇지 않아야 했다. 미체를리히로부터 이러한 사실을 전해들은 비오는 1844년에 직접 실험을 해보고 사실을 확인했다. 1848년에 파리고등사범학교의 도서관에서 문헌조사를 하던 파스퇴르는 비오의 논문을 읽고 의문에 빠진다. 서로 다른 물질인 타르타르산과 라세미산이 어떻게 같은 모양의 결정을 형성할 수 있단 말인가. 이 두 유기산의 분자 모양이 다를지도 모른다. 두 결정이 정말로 같은 형태를 띨까? 미체를리히는 그렇다고 말한다. 여기서 파스퇴르는 자신이 직접 확인해보기로 결심한다.

이렇게 해서 파스퇴르는 그에게 첫 번째 위대한 과학적 업적을 안겨준 실험에 착수하게 된다. 그가 정말로 확인하고자 했던 것은 무엇이었을까? 무엇을 발견하리라 예상했을까?

1860년에 파스퇴르는 한 강의에서 그 시절을 되돌아보며, 두 물질의 광활성이 무슨 이유로 다른지를 발견하고자 했다고 말했다. 그런데 기슨이 파스퇴르의 당시 실험일지를 꼼꼼히 살펴본 결과는 그의 말과 달랐다. 광활성 따위는 언급한 흔적이 없었던 것이다. 대신 타르타르산과 레미산의 염이 동형성인 이유는 결정격자를 채우고 있는 물 분자의 수와 연관이 있을 것이라는 의문을 품고 그 관계를 밝히기 위해 실험을 했던 것이라고 한다. 실험일지에 대가설 같은 것은 없었다. 그저 젊은 과학자가 측정치를 기록하고 도표를 작성한 것이 전부였다. 간혹 여백에 실험결과를 분석하면서 추론한 내용이 적혀 있었는데 그것을 통해 문제를 해결하고자 고군분투한 흔적을 엿볼 수는 있다.

파스퇴르는 현미경으로 주석산나트륨암모늄과 파라타르타르산의 결정 구조를 관찰했다. 관찰을 거듭하면서 결정의 면을 찾고 분류하는 법을 익혔다. 미체를리히가 발견한 대로 이 두 염의 결정은 비대칭적이었다. 즉 오른쪽이나 왼쪽, 어느 한쪽에서 균형이 깨졌다. 정육면체 같은 대칭형 결정에서 모서리 하나를 잘라내보아라. 그러면 왼손성과 오른손성, 두 거울상 이성질체가 만들어진다.(그림17-a 참조) 이와 같은 형태를 반면상(hemihedral)이라고 한다. 주석산염 결정은 오른손성 반면상이었다. 그런데 파스퇴르의 실험일지에는 파라타르타르산염에 대해 다음과 같은 기록이 있다.

"반면상이 어떤 것은 오른손성이고, 어떤 것은 왼손성이다."

(그림17-b 참조)

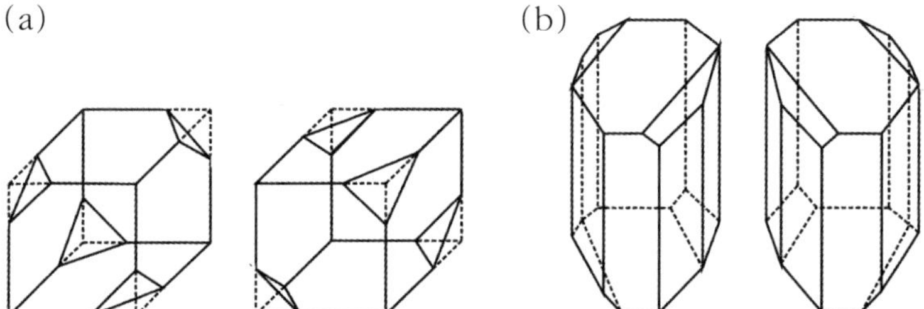

_그림17. (a) 반면상 결정은 왼손성과 오른손성을 띤다. 이 두 형상은 거울상으로 서로 포개지지 않는다. (b) 1848년 파스퇴르가 조사한 주석산나트륨암모늄 결정의 이상적인 거울상 형태.

그 뒤에 덧붙이기를 어떤 것은 잘린 모서리가 한 번 더 잘린 형상이었으며, 이 경우 왼손성과 오른손성이 상쇄되어 대칭성이 만들어졌다고 했다. 하지만 나중에 이 코멘트는 틀렸다고 × 표를 쳤다.

이러한 표시는 실험일지에서는 흔한 흔적이 아닌가. 문제풀이 과정에서도 자주 등장하는 기호이다. 그런데 파스퇴르가 나중에 공식적으로 발표한 기록과 애초의 실험일지를 비교해보라. 그는 주석산염은 광활성이 있고, 파라타르타르산염은 없었음을 알고 있었기에, 두 물질의 결정이 같은 꼴이라는 미체를리히의 주장에 의심을 품었다고 말했다. 하지만 애초의 실험일지를 보면 그와 반대로 파라타르타르산염 결정은 대칭성으로 왼손성도 오른손성도 없으리라고 생각하고 있었다. 그런데 실험 관찰결과 두 결정이 모두 비대칭적이었다. 이에 파스퇴르는 "그 순간 심장이 멎는 듯했다.”고 말했다. 그러고 나서 “더욱 자세히 들여다보니 두 결정이 왼손성으로 비대칭인 것과 오른손성으로 비대칭인 것으로 나뉘는 것이었다.”라고 했다. 주석산염이 한 방향으로 비대칭인 것과는 모순되는 관찰결과였다.

그 순간 파스퇴르는 이 수수께끼의 답이 전광석화처럼 스쳤다고 말했다. 오른손성인 주석산염만 편광 빛의 회전과 연관이 있었다. 왼손성과 오른손성이 섞여 있는 것 같은 파라타르타르산염은 빛을 변형시키지 않았다. 이는 두 형태가 서로 상쇄된 때문인가. 그러니까 오른손성인 파라타르타르산 결정은 오른손성 분자로 구성되고, 왼손성 결정은 왼손성 분자로 구성된다는 뜻인가. 그렇다면 파라타르타르산 용액에는 서로 반대인 분자들이 동량 들어 있다는 뜻인가.

발견의 순간에 “모든 것을 알아냈다!”라고 큰 소리를 질렀다는 일화가 있다. 이를 더욱 극적으로 이야기하는 사람이 있었다. 파스퇴르의 사위인 르네 발레리라도(Rene ValleryRadot)이다. 그의 말에 따르면 파스퇴르는 실험실 문을 박차고 나갔으며, 마침 복도를 지나가는 파리고등사범학교의 건물관리인을 붙들고 룩셈부르크 정원 밖으로 데리고 나가 그 위대한 발견에 대해 알렸다는 것이다.

사실 파스퇴르는 호들갑을 떠는 성격이 아니었다. 부르주아 지적 위엄을 한껏 풍기는, 도도하면서도 깍듯함이 밴 사람이었다. 아무리 혈기왕성한 나이라 하더라도 그가 흥분해 방방 뛰는 모습은 잘 그려지지가 않는다. 하지만 파스퇴르는 사위가 그렇게 이야기하는 것이 싫지 않았다. 그는 출간되기 전 원고를 미리 읽었다. 이 이야기가 과장된 에피소드가 아니냐고 묻는다면 시대적 분위기를 감안하자. 빅토리아시대 과학자들은 과학적 발견 이야기를 로맨틱하게 재구성하기를 즐겼다. 전설 같은 이야기처럼 살짝 포장한다고 해서 과학에 몹쓸 짓을 한다는 죄책감이 들지는 않았던 것이다.

이제부터 파스퇴르가 이후 과정을 어떻게 설명하고 있는지 신중하게 따라가보자. 파스퇴르가 소속된 실험실의 수석연구원이었던 앙투안 제롬 발라르(AntoineJerome Balard)는 비오에게 대단한 것을 발견했다고 전한다. 이에 비오는 그 전도유망한 젊은이를 만나고 싶다고 부탁한다. 프랑스의 대석학 앞에 불려간 파스퇴르는 그 앞에서 직접 실험을 재연하라는 요청을 받는다. 실험이 끝나자 비오는 감동을 받아 파스퇴르의 팔을 붙들고 이렇게 말했다. "오, 젊은이. 일생동안 과학을 사랑해왔지만 지금처럼 가슴이 벅찬 적이 없다네."

비오가 그처럼 문어체적으로 말하지는 않았을 테지만, 그 후 파스퇴르를 제자로 삼은 점으로 미루어, 분위기는 그러했으리라고 충분히 짐작이 간다.

파스퇴르가 직접 손으로 하나하나 고생스럽게 타르타르산염과 파라타르타르산염 결정들을 분리하기 전부터 광활성과 결정 형태가 연관이 있으리라는 생각을 했을지는 사실 분명하지 않다. 다만 두 결정의 형태를 자세히 관찰할 당시 파라타르타르산염이 대칭결정인지 비대칭결정인지를 가늠해줄 이론을 구체화하지 않은 것은 분명하다. 그렇기 때문에 현미경으로 결정 형태를 구분한 순간 정말로 심장이 멎을 뻔했는지 의심이 드는 것이다. 게다가 왼손성 파라타르타르산염과 오른손성 파라타르타르산염 용액을 조제하고 나서 광활성을 측정했는지 여부도 분명하지 않다. 두 용액이 서로 반대방향으로 편광 빛을 회전시키기는 했지만 정확히 같은 각도만큼 회전시켰다는 측정치는 없기 때문이다. 이 부분에 대해 파스퇴르가 현미경으로는 두 결정 형태를 분간할 실력이 못 되어서라고 해도 전혀 근거 없는 소리는 아니다.* 하지만 그러한 겸손한 선방은 유레카를 외칠 만한 굉장한 순간이었음을 입증하는 데는 해가 될 수가 있다.

🧪 거울상 물질

어쨌든 파스퇴르는 현미경을 통해 관찰된 결정 형태의 의미를 단박에 꿰뚫었다. 파라타르타르산, 곧 라세미산은 단일 분자물질이 아니라 거울상 분자들의 혼합물이었던 것이다. 오른손성 분자는 타르타르산 분자와 동일했고, 왼손성 분자는 타르타르산과는 반대방향으로 꼬인 모양이었다. 두 분자는 광활성의 방향만 서로 반대인 이성질체였다. 파스퇴르는 이처럼 광활성 화합물의 이성질체가 동량 섞인 혼합물을 '라세믹'이라고 불러 새로운 용어를 탄생시켰다.

그는 또한 왼손성과 오른손성이 분자구조에서 의미하는 바를 꿰뚫었다. 우선 원자는 오른쪽 또는 왼쪽으로 도는 나사나 나선을 따라 배열되어 있을 가능성이 높다. 실제로 석영의 광활성은 원자 배치에서 기인한다. 그런데 파스퇴르는 유기분자에 대해서는 광활성을 야기하는 또 다른 조건이 있을 것이라고 내다보았다. 1860년의 어느 일지에서 다음과 같이 설명하고 있다.

오른손성 산의 원자들은 오른쪽으로 도는 나선을 따라 돌아가며 무리지어 있는가, 아니면 사각뿔의 꼭대기에 위치하는가, 아니면 일정한 비대칭성 배열방식에 따라 배치되는가. 이에 대해서는 답을 구할 방도

---

* 파라타르타르산염 결정의 두 거울상은 화학실험에서 기하학적 정밀성을 상징하는 고전적 아이콘이 되었다.(그림17-b) 하지만 현실은 그렇지 않다. 둘을 구분하기가 녹록지 않다. 현대의 과학자들이 파스퇴르의 실험을 재현하면서 두 결정을 그림에서처럼 깔끔하게 분리하려고 했지만 생각보다 꽤 까다로운 작업이었다고 한다.

가 없다. 하지만 틀림없이 비대칭 형태의 원자단이 있을 것이다. 이 원자단은 거울상으로, 서로 겹쳐지지 않는 원자 무리이다.

그런데 1874년도에 네덜란드 과학자 야코뷔스 반트 호프(Jacobus van't Hoff)가 의문을 해결한다. 반트 호프는 오늘날 화학자들이 유기화합물의 분자구조를 그릴 때 쓰는 막대 다이어그램을 창안한 학자이다. 이로부터 2차원적인 종이에 그리되, 원자의 공간 배열을 3차원적으로 표현할 수 있게 되었다. 그전까지는 어떤 분자가 어떤 분자와 연결되는지를 나타내는 데 그쳤다면 이제는 분자의 실제 모양까지 더하게 되었다. 원자는 화학기호, 예컨대 탄소는 C, 수소는 H, 산소는 O로 표기하고 이들의 연결고리는 선이나 점선으로 나타냈다.

탄소 원자는 보통 4개의 다른 원소와 결합한다는 사실은 1858년에 프리드리히 아우구스투스 케쿨레(Friedrich August Kekulé)에 의해 밝혀졌다. 이와 관련해서는, 스코틀랜드의 과학자 아치볼드 쿠퍼(Archibald Couper)도 독자적으로 탄소의 4원자 결합 가설을 제시한 논문을 제출했지만, 논문심사위원이 능장을 부려 발표가 늦어지면서 발견자에서 밀려났다고 한다. 어쨌든 케쿨레 방식으로는 타르타르산은 다음과 같이 나타낸다.

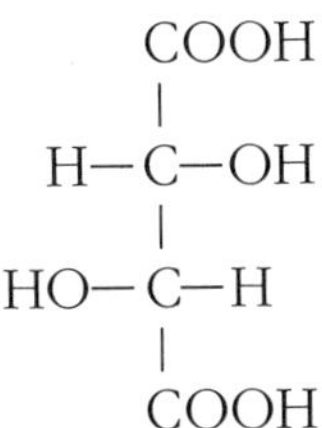

하지만 반트 호프 방식으로는 다음과 같이 그려진다. 탄소의 4결합손이 납작하게 배치되던 종전의 방식 대신 사각뿔의 4꼭지를 향하도록 탄소를 안으로 들여보낸 것이다.

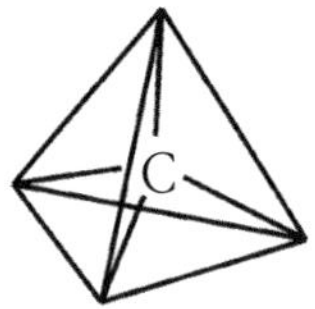

탄소 원자는 4개의 다른 원자나 원자단과 물려 있다. 타르타르산의 두 중심 탄소도 마찬가지였다. 이때 이를 공간에 배치하는 두 가지 방식이 있다. 이들은 서로 포개지는 거울상이다.

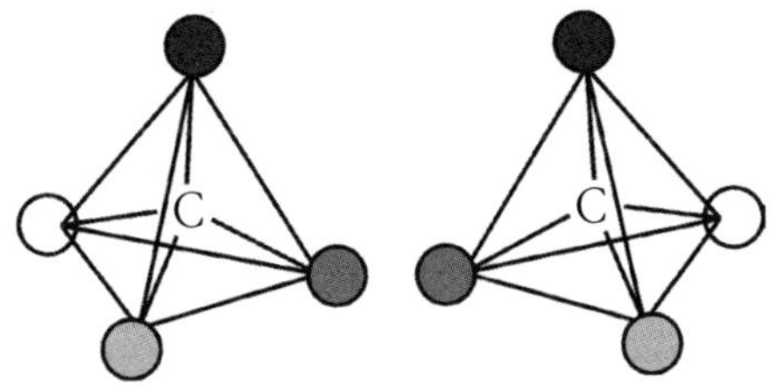

반트 호프는 이러한 배치 방식 때문에 유기화합물이 광활성을 획득한다고 말했다. 그가 이 가설을 발표한 지 한 달 후에 파리에서 활약하던 조지프 르벨(Joseph Le Bel)이라는 학자가 반트 호프의 가설을 다음과 같이 명쾌하게 해설했다. 즉 비대칭 탄소원자, 즉 서로 다른 4원자단과 결합하고 있는 탄소를 지닌 분자가 광활성을 띤다는 것이다. 단, 분자 내에 어느 한 원자단이 다른 원자단과 등가인 단으로 배치되는 경우 광활성이 상쇄된다. 이 경우 이 분자는 대칭성을 띠며 오른손성도 왼손성도 없다. 따라서 더 이상 편광 빛을 회전시키지 않는다. 타르타르산의 경우, 이러한 분자형태를 메조 형태라고 하며, 다른 두 광활성 형태는 D형태와 L형태라고 한다.(그림18 참조)

분자 입체화학이란 원자를 3차원 공간에 배치하는 분야이다. 구성 원자나 원자 간 결합은 같지만 3차원적 형태만 다른 분자를 입체이성질체(stereoisomers)라고 한다. 2개의 입체이성질체가 서로에 대해 거울상일 때 이를 거울상(좌우대칭)이성질체, 이난시오머(enantiomers)라고 한다. 이난시오머는 서로 반대라는 뜻의 그리스어 이난시오스(enantios)에서 비롯한 용어이다. 켈빈 경은 분자의 이러한 놀라운 성질을 일컬을 정식 화학용어의 필요성을 주장하며, 1904년에 손을 뜻하는 그리스어 케르(kheir)로부터 키랄성(chirality)이라고 부를 것을 제안했다. 이렇게 해서

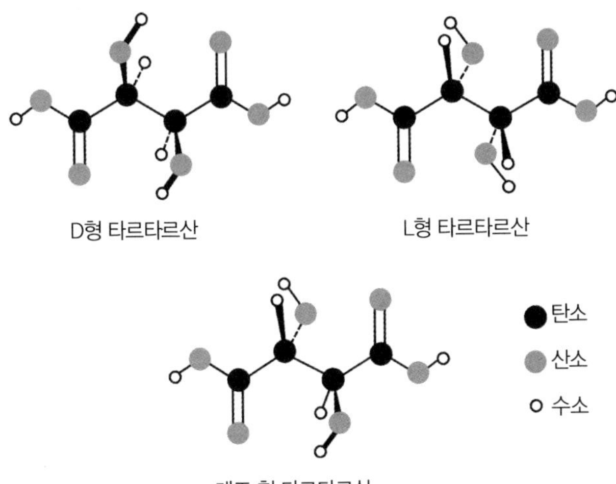

_그림18. 타르타르산의 두 광활성 형태인 D형태, L형태 그리고 비광활성인 메조 형태. 여기서 분자 구조를 진한 선과 점선으로 3차원적으로 표현했다. 진한 선은 종이 면을 기준으로 바깥으로 향하며 점선은 안쪽을 향한다.

타르타르산의 두 광활성 형태는 키랄 분자이며, 거울상이성질체로 확인되었다.

파스퇴르가 한 말로 자주 경구처럼 인용되는 말이 있다.

"행운은 준비된 자에게 찾아온다."

그런데 이 말은 자기 자신에 대한 변호로 읽히기도 한다. 되짚어보면 파스퇴르는 몹시도 운이 좋았다. 미체를리히가 동형성의 예로 타르타르산과 라세미산을 들어 주장을 펼치지 않았다면 파스퇴르가 이 두 물질을 살펴보기로 결심할 일이 없었을 것이다. 미체를리히가 아니었더라면 파스퇴르는 라세미산이 키랄성 유기화합물 중에 두 좌우대칭이성질체가 저절로 분리되면서 결정화하는 매우 드문 화합물임을 결코 알지 못했을 것이다. 실제로 키랄성 유기화합물은 대부분 두 좌우대칭이성질체가 섞여 결정을 형성한다. 또한 결정을 형성하는 화합물 중 19세기의 현미경으로도 쉽게 확인될 만큼 큰 결정을 형성하는 유기화합물이 거의 없다. 라세미산은 비교적 저온에서 결정화하기 때문에 분리하기가 용이했던 것이다. 파스퇴르가 그 시험을 파리의 2월에 수행한 것도 행운이라면 행운이다. 7월에 수행했더라면 결과는 달라졌을 것이다.

🧪 라세미산염을 선점하기 위한 경주

1848년 파스퇴르는 디종 지방의 고등학교에서 교사직을 제의받아 파리를 떠난다. 그러나 산간벽지에서 연구하는 기분이었던 그는 스트라스부르 대학에서 교수직을 제안하자 바로 승낙하고 1849년 1월부터 근무를 시작한다. 그는 자신이 발견한, 훗날 분자 키랄성이라 부르는 영역에는 성과를 낼 연구과제가 많이 남아 있다고 확신했다.

그는 탄 지방의 제조업자 케스트너에게 라세미산 시료를 더 많이 부탁했다. 케스트너는 성실하게 파스퇴르의 요구를 수행했으며, 이후 든든한 지원자로서 파스퇴르와 서신을 주고받았다. 파스퇴르는 케스트너의 포도주 제조공장에서 먼저 오른손성 타르타르산이 생성되고 이것이 라세미산으로 변환함을 밝혀냈다. 그런데 어떻게 그런 현상이 일어난 것일까? 이 변환이 일어나기 위해서는 분자의 정확히 반을 반대방향으로 꼬는 무언가가 작용해야 했다. "이 작용을 일으키는 요인을 찾아내야 한다."라고 말하긴 했지만 어떻게 분자의 꼬임방향을 바꿀지에 대해 감을 잡지 못했다.

이 문제가 얼마나 중요했던지 1851년에 파리의 제약협회는 라세미산의 기원을 설명하는 자에게 1,500프랑을 포상한다는 공문을 내걸기까지 했다. 포부가 남달랐던 파스퇴르는 포상금보다 자신의 명성을 드높이기 위해 그 문제를 공략하기로 결심했다.

그리고 1852년 한 해 동안 유럽 방방곡곡을 돌며 실마리가 될 만한 것을 찾아 실험실과 제조공장 시설을 방문했다. 그럼에도 문제해결의 길은 요원해 보였다. 급기야 1853년 1월에 타르타르산을 라세미산으로 변환시키는 과제는 불가능한 임무라며 포기하고 말았다. 하지만 그로부터 6개월이 채 못 되어 해답을 찾았다.

파스퇴르는 여러 광활성 유기화합물을 조사하면서 분자 비대칭성과 반면상 결정 형태 사이의 관계를 규명하고자 했다. 타르타르산 결정과 말산(malic acid) 결정의 유사성으로부터 분자구조가 관련되어 있을지도 모른다는 생각을 하게 된다. 다시 말해 키랄성을 띠는 '핵'이 있어 두 분자가 이 핵을 공유하리라는 가정이다. "오른손성인 타르타르산과 현재까지 알려진 화산 재 속의 말산 사이에 그와 같은 공통분자가 존재한다면"으로 시작하는 파스퇴르의 실험일지는 다음과 같이 이어져 있었다.

왼손성 타르타르산과 아직 알려지지 않은 말산 사이에도 공통 분자 단이 존재해야 할 것이다. 그래야 오른손성 타르타르산에 대해 왼손성 타르타르산이 있듯이 화학자들이 알고 있는 말산에 대해 미지의 말산이 존재한다.

그렇다면 오른손성 타르타르산의 반이 반대방향으로 꼬여 라세미산이 만들어지는 것은 아닐지도 모른다. 그보다는 왼손성과 오른손성이 각각의 전구분자로부터 만들어져야 한다. 그런 이후에 두 종류가 섞였는지도 모른다. 하지만 그 전구물질이라는 것은 또 무엇인가. 전구물질 본연의 키랄성이 어디서 유래했는가라는 물음에 봉착한다. 그러던 중 파스퇴르는 뜻밖의 소식을 접한다. 벤덤 지역에서 활동하는 화학자 빅토르 데새뉴(Victor Dessaignes)가 말레산(maleic acid)과 푸마르산(fumaric acid)이라는 두 유기산으로 말산을 만들었다는 것이다. 중요한 것은 출발물질은 광활성이 없는데 생성된 말산은 광활성이 있다는 점이다. 이 소식을 들은 파스퇴르는 "지금까지 광학 활성이 없는 물질을 원료로 실험실에서 광학 활성이 있는 물질을 조제한 일이 없다."라고 일축했다. 그렇다면 데새뉴가 실수를 한 것일까?

파스퇴르는 자신이 직접 실험을 수행하여 광활성이 없는 말산이 생성되었음을 확인했다. 즉 말산의 형태는 꼬여 있지 않았던 것이다. 이를 메조말산이라고 부르기로 했다. 이로써 '메조'라는 새로운 화학용어가 본격적으로 통용된다. 이제 말산도 타르타르산처럼 광학 활성이 없는 메조 형태를 갖게 되었다. 그런데 데새뉴의 실험으로 파스퇴르가 만든 것은 메조 형태가 아니라 오른손성과 왼손성 말산이 혼합된, 라세믹혼합물이었다. 이 사실을 몰랐던 파스퇴르는 메조말산을 얻은 실험절차를 적용해 타르타르산을 얻는 실험에 착수한다. 그런데 이 과정에서 우연히 광활성 타르타르산에 '신코나(cinchonia)'라는 물질이 섞여 있는 것을 관찰한다. 신코나는 기나수라는 나무껍질에서 채취하는 물질로, 말라리아 치료제인 퀴닌의 원료로 쓰이고 있었다. 이 혼합물을 가열하자 놀랍게도 라세미산으로 변환하는 게 아닌가. 아무튼 그는 억세게 운이 좋았다. 그의 말에 따르면 그 자신이 준비된 자이겠지만, 그것은 제약협회가 내건 상금을 거머쥘 해법이었던 것이다.

🧪 키랄성과 생명

  지금까지 살펴본 실험을 통해 파스퇴르가 어떻게 분자의 키랄성에 대해 착안했는지를 짐작해볼 수 있다. 우선 키랄성 분자는 비키랄성 출발물질로는 절대로 만들 수 없다는 그의 주장을 살펴보자. 이는 그러한 화학적 변환 성질에 대해 확인된 사실을 바탕으로 조심스럽게 추론한 것이다. (그가 직접 데새뉴의 주장을 확인하는 실험을 했으니 이러한 분석을 반박할 여지가 없으리라.) 그런데 점차 키랄성은 파스퇴르에게 있어 일차적이며 근본적인 신념으로 자리하게 된다. 그는 키랄 분자와 비키랄 분자 사이에는 절대 넘나들지 못하는 벽이 존재한다고 확신했다. 나아가 이 벽이 바로 생물과 무생물을 가르는 경계라고 생각했으며 분자의 키랄성은 생물계의 고유한 성질이라는 가설을 세운다.[*]

  모든 화학물질은 천연물질이든 인공물질이든 형태의 공간적 특성에 따라 두 부류로 나뉜다. 즉 대칭면이 있는 물질과 없는 물질로 나뉜다. 전자는 광물계를, 후자는 생물계를 이룬다.

---

[*] 석영 같은 광물의 광활성은 이 가설에 걸림돌이 되지 않는다. 광물의 광활성은 분자적 성질이 아니라 분자가 결정 형태로 배열하는 과정에서 형성되는 특성으로, 결정을 부수면 이도 사라져버린다.

이 주장은 '코에 걸면 코걸이, 귀에 걸면 귀걸이'가 되는 생기론(vitalism)의 또 다른 변신쯤으로 볼 수도 있다. 생기론이란 생명을 가속화하는 '활력'이 있다는 이론이다. 이 활력의 유무에 따라 유기물질과 무기물질이 근본적으로 구분된다. 19세기 중반까지도 생기론적 가설은 논쟁의 접전장임이 분명했다. 1828년에 뵐러(Friedrich Wöhler)가 요소(urea)를 합성함으로써 적지 않은 타격을 입혔음에도 생기론을 둘러싼 논쟁은 수그러들 줄 몰랐다. 파스퇴르는 생기론주의자가 아니었다. 오히려 그는 미생물을 연구한 배경을 바탕으로 부패하는 물질에서 유기물을 천연적으로 발생시키는 힘이 바로 활력이라는 당시의 통념을 배척할 수 있었다. 하지만 그는 키랄성 개념을 바탕으로 유기물과 무기물을 근본적으로 구분하는 성질을 연구하는 데는 관심이 깊었다.

생명의 이러한 왼손성, 오른손성 같은 방향성은 애초에 어디에서 생겨난 것일까? 파스퇴르는 유기물질이 형성되는 시점에 우주에 만연한 모종의 키랄 영력이 작용하지 않을까 하고 유추했다. 그러한 기기계적 힘이 작동하는 방식을 설명하기 위해 그는 나무토막을 뚫고 들어가는 오른손 나사와 왼손 나사를 비유로 사용했다. "나무의 섬유질 자체가 왼손방향 아니면 오른손 방향으로 배열되어 있어, 어느 한 방향으로는 쉽게 나사가 뚫리는 반면 다른 방향으로는 그렇지 않다. 유기체 분자가 형성되는 순간에 그러한 비대칭적 힘이 작용함을 인정하는 것은 필요충분조건이 아닌가?"라는 결론에 도달한다. 파스퇴르는 그러한 힘은, 전기장이나 자기장처럼 불가피한 환경적 영향력이라고 생각했다.

그러한 비대칭성 인자는 빛, 전기, 자기, 열 같은 대우주적 영향을 받아 생겨나는가. 비대칭성 인자는 지구의 움직임이나 물리학자들이 지구의 자기적 극성을 설명할 때 사용하는 전류와 관련이 있는가.

만약 그렇다면 이 인자는 천연유기분자의 키랄성을 거꾸로 뒤집을 수 있으리라. 이러한 생각에 도달한 파스퇴르는 1853년에 일련의 실험을 계획한다. 지금 되돌아보면 황당무계한 실험이다. 자기장을 걸어준 상태에서 물질을 결정화시킨다든지, 햇빛을 받아 싹을 틔우되, 거울로 반사된 햇빛을 비쳐주는 일 따위를 구상한 것이다. 비오는 그에게 그런 이상한 실험은 그만두라고 부탁한다. 파스퇴르 자신도 "약간 미치지 않고서는 그러한 실험을 실천에 옮기는 자는 없을 것이다."라고 인정하기는 했다.

그보다는 키랄성을 연구 방향으로 선택한 것이 파스퇴르에게는 더 많은 성과를 안겨주었다. 1854년에 파스퇴르는 스트라스

부르를 떠나 릴에서 일하게 된다. 릴은 주정산업이 활발한 공업 도시였다. 그곳 제조업자들은 파스퇴르에게 제조공정에서 생기는 여러 문제를 의뢰했다. 특히 발효과정에 대한 의견이 분분했다. 1837년에 카냐르 드라투르(Baron Charles Cagniard de la Tour)는 설탕이 알코올로 전환하는 발효과정을 연구해, 이 작용이 효모에 의해 진행된다고 발표했다. 즉 발효는 미생물에 의한 것이라는 주장이다. 하지만 이 주장이 바로 수용되는 분위기는 아니었다.

먼저 저명한 독일 화학자 유스투스 폰 리비히(Justus von Liebig)의 반대에 부딪쳤다. 리비히는 효모는 발효의 부산물일 뿐이며, 기본적으로 화학공정에 필수적인 요소가 아니라고 주장했다. 베르젤리우스는 효모는 발효에 관여하는 화학적 화합물 간의 친화력을 북돋는 역할을 한다고 주장했으며, 물질을 잘게 부수는 데 보조 역할을 한다는 의미로 '촉매(catalysis)'라고 불렀다. 리비히의 연구생이었던 제라르(Gerhardt)는 "촉매라는 말이 부순다는 의미에는 부합하지만 평범한 말을 그럴듯한 그리스어로 대체하여 언어생활을 혼란스럽게 할 뿐"이라며 못마땅해했다.

파스퇴르가 발효 연구에 끌린 것은 부산물인 아밀알코올이 키랄성 물질이었기 때문이다. 그는 아밀알코올이 오로지 살아 있는 유기체의 작용에 의해서만 생성될 수 있다고 생각했다. 발효는 화학작용만으로 진행될 수는 없다는 것이다. 파스퇴르는 신 우유가 젖산(lactic acid)으로 발효하는 현상을 목격했다. 우유를 그냥 내버려두어도 저절로 일어났다. 조그만 회색 입자들이 생긴 것이다. 이 입자들이 설탕을 젖산으로 전환시키고 있었다. 그는 이 '젖산 효모'가 미생물이며 발효의 결과로 증식하는 것, 곧 발효에서 영양물을 얻는다고 단정했다. 이에 따라 미생물 종에 따라 발효공정도 달라진다고 가정했다. 이는 미생물학이라는 신학문을 싹틔우는 씨앗과 같은 가설이었다. 이로써 19세기 말엽까지 이어진 천연분자 촉매, 즉 효소(enzymes)를 발견하게 되는 길이 열렸다고 해도 과언이 아니다. 효소는 생화학 분야의 핵심 중에 핵심 요소이다.

1857년 말, 파스퇴르는 타르타르산의 발효에 대해 연구하고 있었다. 마침 오래 묵혀둔 타르타르산을 관찰하게 되었다. 그런데 라세미산이 오로지 오른손성 이성질체로만 발효된 것을 발견한다. 이로써 그는 살아 있는 유기체가 키랄 분자를 정확하게 선별하는 능력이 있음을 확인했다. 그는 "분자구조의 비대칭성은 유기물질만의 성질이며, 친화력, 곧 화학적 반응성을 조정하는 역할로 발효에 관여함을 확인했다."라고 말했다. 또한 파스퇴르는 인체의 생리작용도 이와 비슷한 선별능력이 있음을 발견했다. 키랄성 설탕의 좌우대칭이성질체 중 하나는 달콤함을 일으키는 데 반해 다른 하나는 아무런 감각을 일으키지 않는다. 그는 "활성이 있는 비대칭 물질이 우리의 신경을 자극한다. 한 물질의 자극은 단맛이 나는 반면 다른 물질은 아무 맛도 나지 않는다."라고 말했다. 오늘날 우리는 분자생리학을 통해 이러한 예리한 분별이 효소의 감응력, 즉 거울상 분자 꼴의 차이를 느낄 줄 아는 효소에 의해 일어남을 잘 알고 있다. 이 감응력 덕에 인체는 천연물질인 오직 오른손성 설탕을 대사처리하게 된다. 그런데 왼손성 글루코오스 같은 일부 왼손성 설탕도 단맛을 느끼는 인체 내 감각봉오리를 자극한다. 이러한 현상을 응용해 제조업계가 탄생시킨 것이 바로 칼로리가 없는 인공감미료이다.

효소의 키랄성 감수성은 자연이 어째서 좌우대칭이성질체 중 어느 한 꼴의 키랄 물질만 생성하는지를 설명해준다. 오늘날 화학자들은 이처럼 선택적 화학반응을 유도하는 촉매를 합성하는 데 무척 애를 먹고 있다. 한편 인체의 이러한 감수성이 자연이 그러한 촉매를 생산하도록 요구하는 것일지도 모른다. 좌우대칭이성질체 중에서는 생리적으로 아무런 반응을 일으키지 않는 키랄 물질이 있는가 하면 큰 문제를 일으키는 것도 있다. 가장 악명 높은 예는 탈리도마이드(thalidomide)이다. 탈리도마이드는 1950년대에서 1960년대까지 입덧이 심한 임신부에게 처방되던 약물이었다. 그런데 오른손성인 탈리도마이드 성분은 약효가 있었지만 왼손성은 기형아를 야기했다. 시판되는 탈리도마이드에 두 좌우대칭이성질체가 모두 들어 있던 탓에[*] 1960년대 초 기형아 출산율이 그렇게 상승했던 것이다.

탈리도마이드 사건을 통해 키랄성 물질을 약제로 쓸 경우 좌우대칭이성질체의 생리현상을 철저하게 규명하고 정제해야 한다는 교훈을 얻었다. 이는 좌우대칭이성질체를 어떻게 분리할지 그 기법을 개발하려는 노력으로 이어졌다. 파스퇴르도 이에 앞장서 분리기법을 개발해내기도 했다. 그런데 가장 바람직하며 경제적인 해법은 애초부터 한 가지만 제조하는 것이다. 이에 따라 자연스럽게 좌우대칭이성질체 선택적 촉매에 대한 수요가 높아졌다. 제조공정에서부터 천연효소를 활용하는 방법도 등장했다. 천연효소는 미생물에서 추출하여 쓰기도 했지만 발효반응기에서 아예 미생물 세포를 배양해 제조공정과 연동하는 매우 정교한 기법을 시도하기도 한다. 오직 자연만이 키랄성 분자를 만들어낼 수 있다는 파스퇴르의 가설이 전적으로 옳지는 않지만 그럼에도 자연이 우리보다 그러한 분자를 만드는 데 훨씬 능숙한 것은 사실이다.

---

[*] 좌우대칭이성질체를 정제해서, 즉 오른손성 분자로만 탈리도마이드를 제조했더라면 그러한 불상사를 피할 수 있었을 것이라고들 한다. 하지만 사실은 오른손성 물질도 간에서 효소에 의해 왼손성으로 전환된다.

『도가니』『불의 창조』『최후의 마법사』『멘델레예프의 꿈』.

이는 널리 읽히는 화학사 서적들이다. 제목만 보아서는 전설이나 무용담 혹은 로맨스 이야기 같다. 화학에 얽힌 이야기들은, 연금술사와 이들의 기괴한 '퀘스트'에 관한 이야기를 제외하더라도, 한데 묶으면 안데르센 전집에 견줄 만하다. 마이클 패러데이는 독학한 글쓰기 솜씨로 왕립학회에 말단 직원자리라도 얻고자 험프리 데이비에게 서투른 편지를 썼다. 유스투스 폰 리비히는 마침내 실험이 성공하자 이를 축하하고자 게이뤼삭을 초대해 실험실을 빙빙 돌며 춤을 추었다. 프리드리히 아우구스투스 케쿨레는 불이 나기 직전 꾸벅 졸다가 벤젠이 고리처럼 물려 있는 꿈을 꾸었다. 연금술사 못지않게 무모하고 이색적이었던 드미트리 멘델레예프는 피로에 지쳐 잠시 눈을 붙였을 때 주기율표의 얼개를 보았다.

하지만 이러한 이야기들은 과학사가들의 날카로운 의심의 눈초리를 피할 수 없게 되었다. 파스퇴르의 결정 발견을 둘러싼 이야기처럼 말이다. 예상대로 일부는 순전히 풍문이거나 처음부터 끝까지 지어낸 이야기였다. 그런데 그보다는 좀 더 본질적인 질문을 던져보자. 여타의 과학에 비해 유독 화학에 공상적인 이야기가 많은 이유가 있는 것일까. 어떻게 아무런 의심도 비판도 받지 않고 반복해서 대중서의 소재로 등장할 수 있었을까. 이것은 단지 철저히 조사하고 확인하려는 노력이 부족한 탓만은 아닌 것 같다. 그 이야기가 사실이기를 바라지는 않았는지, 또는 화학사를 이해하는 데 도움이 된다고 믿지는 않았는지 곰곰이 생각해볼 일이다.

화학과 관련된 이야기는 늘 낭만적이어야 한다는 풍토가 굳어진 데는 19세기의 화학자들의 역할이 컸다. 19세기 화학자들 중에는 실제로 낭만파 문예사조에 정통한 이들이 많았다. 예술적 감성 또한 타고난지라 괴테, 워즈워스, 콜리지, 터너 같은 대문호와 교류하기를 즐겼다. 그 가운데 데이비는 로맨스의 전형이었다. 우수에 젖은 준수한 외모와 유려한 언변 덕에 로맨스를 꿈꾸는 수많은 여성의 선망의 대상이었다. 왕립학회에 그가 나타나는 날에는 학회 건물 주변에 런던 사교계에서 내로라하는 숙녀들로 문전성시를 이루었다. 제임스 켄들(James Kendall)은 화학 이야기를 웅장하고도 낭만적으로 묘사한 작가로 유명하다. 켄들은 『젊은 화학자들의 위대한 발견(Great Discoveries by Young Chemists, 1939)』에서 데이비를 이렇게 묘사했다.

일찍이 마티네(연극, 음악회 등 – 옮긴이)의 번영을 이끈 바로 이전 세대의 그 어떤 아이돌도, 심지어 오늘날 최고의 유명세를 누리는 영화배우들도 이 젊은이가 일으키는 열광에는 턱없이 부족하다. 그가 강연 차 메트로폴리스에 첫 모습을 드러냈을 때 그는 이미 〈펜잔스의 해적〉(1983년 상연된 대성공을 거둔 코미디 뮤지컬 – 옮긴이)을 뛰어넘었다. 강연에 벌떼처럼 몰려든 세련된 차림의 귀부인들은 "그런 눈으로 그저 끓는 도가니만 그저 뚫어져라 바라보고 있다니……. 그럴 수는 없는 눈입니다."라며 넋을 잃었다. 그의 서재는 익명의 열성 팬들이 보낸 연서들로 가득했다.

토마스 로렌스 경이 그린 초상화에서 데이비는 곱슬머리를 가지런히 뽐내고 있는 싱그러운 청춘이다. 마치 제인 오스틴의 다시(Mr. Darcy, 오만과 편견의 남주인공 – 옮긴이)를 보는 듯하다. 데이비는 자신이 일으키는 그러한 열광을 틀림없이 의식하고 있었으리라. 그 시대에 시를 쓰는 화학자는 데이비뿐만이 아니었다. 그러나 그의 시에 대한 열정은 남달랐다. 친구인 워즈워스와 콜리지도 데이비의 시들은 「연례시문집(Annual Anthology, 1799)」에 싣기에 부족함이 없다고 인정했다. 콜리지가 새로운 상징과 은유를 배우기 위해 일부러 데이비의 강연에 참석하곤 했다는 일화는 유명하다.

패러데이는 그에 비하면 소박한 인물이었다. 뽐내는 사람이 아니었다고들 하지만 그 역시 19세기 초 유럽사회를 풍미한 낭만주의

사조에 한껏 매료된 청년이었다. 그는 예술에 대한 심미안이 뛰어났다. 그는 존 컨스터블(John Constable)과는 물론 존의 라이벌이었던 터너와도 막역한 사이로 지냈다. 패러데이는 숭고함이라는 낭만적인 비전을 좇아 드넓은 벌판을 하릴없이 거닌다거나 울퉁불퉁한 바위산이나 알프스의 빙설을 오르기도 했다. 대개 풍경화가인 그의 매형 조지 바너드(George Barnard)와 함께 다녔다.

19세기 화학자들은 너나 할 것 없이 자신의 연구성과를 한껏 미화하고 지나치게 다듬어 남겼다. 그런데 무작정 그러한 관행을 지탄하기에 앞서 한 가지 생각해볼 것이 있다. 그들에게는 신화 만들기가 아무런 문제가 되지 않았다. 당시에는 만연하던 홍보방식일 뿐이었다. 마치 오늘날 신문기자가 신춘문예에 당선되어 시인 자격이 있다면 그 기자의 글은 더 관심을 받는 것과 같은 이치였다. 과학자들은 은연중에 자신의 업적을 돋보이게 할 요량으로 이미지를 신중하게 선택했다. 이로부터 그들은 그들의 발견이 액면 그대로가 아니라 약간 더 위대하게 비춰지도록 의도했음은 인정해야 할 것이다. 평소에 도도하며 뻣뻣하던 파스퇴르가 복도로 뛰어나와 동료를 붙잡고 펄쩍펄쩍 뛰는 모습은 도저히 상상이 안 간다. 그러나 파스퇴르 역시 리비히처럼 극적 분위기 연출기법을 구사했다. 케쿨레도, 멘델레예프도 꿈에서 본 장면 덕에 연구의 난관을 돌파할 수 있었다는 고전적인 신비화 전략을 채용했다.

멘델레예프는 어느 오후 선잠을 자던 중에 섬광처럼 원소의 바른 순서가 스쳤다는 말을 했다. 그런데 이 또한 의식적으로 재구성한 이야기일 확률이 높다. 왜냐하면 원소 기호를 적어둔 한 묶음의 카드 패를 가지고 3일 밤낮을 섞어보고 순서를 다시 맞춰보았다는 말도 했기 때문이다. 그가 말한 발견 이야기는 이렇다.

"1869년 2월 17일, 한낮이 한참 지난 무렵 나는 피로가 겹친 탓인지 꾸벅 졸게 되었다. 그 순간 꿈에서 모든 원소들이 제자리에 들어가 있는 표가 보였다. 잠에서 깬 즉시 나는 종이를 가져와 꿈에서 본 것을 옮겨 그렸다."

원소의 순서가 그처럼 간단히 해결되었을까? 멘델레예프보다 앞서 화학원소의 '족'에 관해 연구한 화학자들이 있었다. 요한 볼프강 되버라이너(Johann Wolfgang Dobereiner), 윌리엄 오들링(William Odling), 율리우스 로타르 마이어(Julius Lothar Meyer), 존 뉴랜즈(John Newlands) 같은 이들이다. 멘델레예프는 이들의 연구결과에 알게 모르게 영향을 받았을 것이다. 그에 따라 점진적으로 원소의 순서가 정해졌을 테고, 마침내 주기율표가 완성되었을 테고, 일정하게 반복되는 주기의 의미가 파악되었을 것이다. 프린스턴 대학의 사학과 교수 마이클 고딘(Michael Gordin)은 "멘델레예프가 그 많은 카드 패를 혼자 힘으로 정렬했다고 생각하지는 않는다."라고 말했다.

케쿨레의 꿈 이야기는 더더욱 의심스럽다. 그는 대표적인 두 발견을 모두 꿈에서 얻었다고 주장했다. 그는 벤젠 구조가 환형임을 밝혔고 탄소의 원자가가 4임을 밝혔다. 이에 따라 탄소가 저마다 4개의 결합을 형성하려고 하는 것이다. 케쿨레는 이러한 발견에 이르게 한 첫 번째 환영은 1854년에 런던의 클랩햄(Clapham)으로 가는 버스 안에서 깜박 졸았을 때 나타났다고 이야기했다.

나는 몽상 혹은 백일몽에 빠졌다. 내 눈앞에서 원자들이 통통 튀며 공놀이를 하는 것이 아닌가! 나는 2개의 작은 원자가 어떻게 한 쌍으로 연합하고 있는지 그 모양새를 보고 또 보았다. 그랬더니 좀 더 큰 한 원자가 작은 원자 둘을 감싸 안고 있었다. 그 큰 원자는 사슬처럼 늘어서 작은 원자를 줄줄이 끌어당기고 있었다.

또 다른 꿈은 1861년 혹은 1862년 겨울, 겐트 지방에서 살던 시절 난롯가에서 꾸었으며, 이때 탄소 고리를 보았다고 한다.

다시금 원자들이 내 눈앞에서 통통 뛰며 공놀이를 하고 있었다. 세상에! 저게 뭐지? 뱀 한 마리가 제 꼬리를 물고 꼬여서 내 눈을 보고 있는 게 아닌가.

케쿨레는 1890년에 베를린에서 자신을 기린 학회가 열렸을 때 꿈 이야기를 사람들에게 들려주었다. 그는 연설 중에 두 가지 이야기를 연달아 하면서 서로 비슷한 이야기임을 인정했다. 혹자는 두 이야기를 나란히 선보여서 스스로 꿈 이야기의 신빙성에 타격을 입힌 것이 아니냐며 의아해할지도 모르겠다. 그런데 이렇게 생각할 수도 있다. 그가 수사학적인 일관성을 확보하기 위해 의도적으로 이미지를 병치시킨 것이라고 말이다. 두 꿈 이야기 뒤에 그는 이렇게 덧붙였다.

"여러분. 꿈꾸는 법을 배웁시다. 진리를 발견하게 될지 누가 압니까?"

꿈과 발견에 대한 이야기는 아무런 해가 되지 않는다. 다만 후대의 사학자들이 그의 진술에서 앞뒤를 좇다 잠시 헷갈릴 일은 있을 것이다. 그보다 사학자들이 문제를 제기할 부분이 있다면 바로 이 부분일 것이다. 케쿨레의 꿈 이야기는 너무도 강렬해 다른 학자들의 관련 연구들을 무색하게 했다는 점이다. 본인도 다른 이들의 업적에 대해 끝까지 인정하기를 꺼렸다. 예컨대, 독자적으로 탄소가 4원자가라는 개념에 이른 아치볼드 쿠퍼 그리고 케쿨레보다 앞서 고리 모양의 벤젠을 그린 요제프 로슈미트(Josef Loschmidt)의 업적 말이다.

독일 화학자 헤르만 콜베(Hermann Kolbe)는 케쿨레의 공상적인 이야기를 인정하지 않았다. 오히려 그는 "케쿨레는 사고를 정리하는 법을 배우지 못했고 논리적으로 사고하는 법도 공상을 자제하는 법도 배우지 못했다."라고 질책했다. 그런데 콜베 자신 또한 그와 유사한 전적을 남겼다. 콜베야말로 19세기 화학의 대신화 한 편을 창조한 주인공이다. "뵐러가 시안산암모늄에서 요소를 합성함으로써 생기론에 종말을 고했다."라고 주장한 것이다. 앞에서도 이야기했지만, 유기물질은 모종의 '생기력'이 스며 있다고 믿었다. 이 때문에 무기물질과 근본적으로 차별된다고 생각했다. 그런데 19세기 내내 이 생기론은 서서히 기울고 있었다. 파스퇴르가 생명이란 자동 발생하지 않음을 증명한 실험도 한몫했다. 그럼에도 화학교과서에는 어김없이 그리고 하나같이 뵐러의 실험이 생기론을 종식시킨 결정타처럼 읽히도록 편집되고 있다.

뵐러 신화는 어떻게 탄생했을까? 가장 분명한 계기는 바로 콜베가 집필한 『유기화학(Lehrbuch der organischen Chemie, 1854)』이었다. 이 책은 거의 화학교과서로 통했다. 이 책에서 뵐러의 실험이 가장 먼저, 그리고 가장 웅장하게 묘사된 점에 주의하자. 콜베는 뵐러의 실험을 "신기원을 여는 기념비적인" 실험이라고 극찬했다. 뵐러의 실험 덕에 "유기화합물과 무기화합물을 가르던 천연담벼락이 무너졌다."라는 말을 했다. 이 그림을 시작으로 뵐러의 실험은 갈수록 치밀하게 완성되었으며 동시에 낭만적으로 덧칠해졌다. 1882년에 뵐러가 사망한 이후 전기 작가들의 손을 거쳐 콜베의 뵐러는 더욱 널리 빠르게 전파되었다. 대중서로 크게 성공한 자폐의 『도가니』에 등장할 무렵, 뵐러는 바그너의 오페라에 등장하는 영광스런 주인공이 되어 있었다.

그는 화학의 신기원을 여는 문턱에 서서, '못난 사실(fact) 때문에 아름다운 가설이 몰살당하는 과학의 대비극'의 현장을 목도하고 있었다. 왕성한 정신활동으로 단련된 청년 뵐러는 저 너른 처녀지에 곧장 사색의 낚싯대를 드리웠다. 그곳은 풍성한 수확을 약속하며 도가니의 피조물을 기다리고 있었다. 그는 흐트러짐 없이 온 정신을 집중했다. 그리고 침착하게 생성물을 분석해 마침내 그 정체를 확인했다. 그는 이 역사적인 결정물이 이른바 생명력의 영향 아래 형성된 것과 정확히 동질의 물질임을 확신했다.

자폐의 『도가니』는 화학사를 다룬 굵직한 여러 저서의 주형틀이 되었다. 역사적 사건이 그토록 낭만적이며 극적으로 묘사될 수 있음을 제대로 보여준 전형이었다. 다행히도 이러한 사관은 전문적 체계를 갖춘 사학자들에 의해 일찍이 폐기되었다. 이러한 관점에서 과학사에서 다루는 모든 사건은 현재라는 렌즈를 통해서 보고 있는 셈이다. 다시 말해 현대의 과학으로 밝혀진 사실에 얼마나 부합하는지에 따라 좋은 발견 아니면 나쁜 발견이라는 꼬리표가 붙는다. 그렇다고 대놓고 어느 편을 들지는 않는다. 물론 아직도 일부 대중적인 과학사 서적에서 그러한 경향이 읽히기는 한다. 그럼에도 역사를 객관적으로 이야기하는 것이 과연 가능한가라는 질문 또한 피할 길이 없다. 사실 그렇지 못할 때가 너무나 많다. 과학의 역사 또한 승자의 기록이다. 그 발견이 있기 전까지 우리가 얼마나 무지몽매했던가를 상기시키면서 그에 비해 이것은 얼마나 큰 발전인가 하고 감탄하게 하려는 의도가 깃들어 있게 마련이다. 인간이 이처럼 위대한 창조물인줄 미처 몰랐음을 깨우쳐줄 의무라도 수행하는 듯 말이다.

지난 세기의 화학자들이 자신의 업적을 낭만적으로 이야기하고 신화처럼 꾸민 행위에 대해 가차 없이 비난해야 마땅할까? 과학사학자 피터 람버그는 모든 학문은 자고로 바탕 신화가 필요하다고 했다.

"뷜러의 이야기가 그토록 호소력을 갖는 이유는, 인류의 기원에 관한 신화와 마찬가지로, 유기화학의 기원을 한 순간으로 압축하는 마력이 있기 때문이다."

이러한 신화는 그 분야에 새로 편입하려는 자가 통과해야 하는 입문 의식과도 같은 것이다. 역사학자 에릭 홉스봄(Eric Hobsbawm)은 그러한 의식은 마치 오늘날 우리의 문화생활 곳곳에 배치된 공휴일, 기념일, 스포츠 행사나 축제 같은 '꾸며낸 전통'과

맥을 같이한다고 해석했다. 이것들은 모두 공동체의 소속감을 함양한다. 로알드 호프만은 이런 말을 했다.

"'이야기하기'란 지극히 사람다운 행위이다. 이것은 우리가 서로 말하고 글을 주고받을 때 늘 하는 것이다. 이야기에서 우리는 심리적 만족을 얻는다. 그래서 이야기는 계속되는 것이다."

어쨌든 우리도 이야기 없이는 살 수 없다.

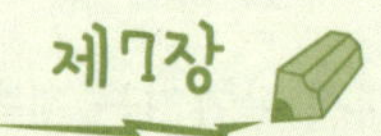

제7장

생명 그리고 생명의 기원

해럴드 유리, 스탠리 밀러—생물출현 이전 화학과 상상력의 아름다움

1952년, 시카고 대학 대학원생이었던 스탠리 밀러
(Stanley Miller)는 노벨상 수상자이자 명망 높은 지도
교수 해럴드 유리(Harold Urey)에게 대담하고도 황당한
실험을 제안한다. 생명이 서식하기 전 지구행성의 화학적 양상
을 연구하기 위해 당시의 바다와 호수 상태를 재현해 조사하자는
것이었다. 도전에 의의를 두며 실험을 강행한 밀러는, 예상과 달리 일주
일 만에 간단한 기체 혼합물에서 생명을 형성하는 기초단위를 발생시킨다.
이 뜻밖의 개가는 생명의 기원에 대한 연구에 불씨를 댕기는 계기가 된다.

단순하기 짝이 없는 질문인데 막상 답을 하기가 무척 난감한 질문이 있다. 그런 질문을 한 번쯤은 들어봤을 것이다. 그럴 때는 무엇부터 대답해야 할지, 어디서 시작해야 할지 감이 잡히지 않는다. 지구가 어떻게 진화라는 대사건을 개시했는지, 이 문제에 골몰하던 찰스 다윈(Charles Robert Darwin)은 답을 찾지 못해 절망한 나머지 아무것도 손에 잡히지 않자 1863년에 친구 조지프 후커(Joseph Hooker)에게 다음과 같이 토로하는 편지를 쓴다.

"지금 이런 가당찮은 문제로 골머리를 앓다니 한심스럽다. 생명의 기원이라니……. 차라리 물질의 기원을 고민하는 게 낫겠다."

오늘날 과학자들은 물질의 기원을 밝히고자 사력을 다하고 있다. 그 전모가 언제 속 시원하게 밝혀질지 요원하지만, 그럼에도 이제는 무엇을 물어야 할지는 알고 있으니 소기의 성과는 거둔 셈이다. 그런데 생명의 기원에 관한 연구는 어떠한가.

1952년에 해럴드 유리의 감독하에 밀러가 수행한 실험이 그토록 아름다운 이유는 그들이 선보인 상상력의 작품이 생명의 기원이라는 심원한 의문을 던져보도록 물꼬를 텄다는 데 있다.

과학이란 정묘하고도 진중하며 흐트러짐 없어야 한다는 통념을
깨고 밀러는 인상파적인 대담한 필치로 이 물음에 답을 써냈다.
그는 자신이 그린 그림을 통해 전달하고자 하는 물음이 구체적
인 가설로 드러날지, 그리하여 그 가설을 전제로 실험적인 도전
이 펼쳐질지 따위는 안중에도 없었다. 계획한 실험에서 무엇을
얻어낼 것인지에 대해서도 생각이 없었다. 그럼에도 이 실험은
얼마나 의미심장했던가. 밀러의 실험결과로 얼마나 큰 파장이
일었던가.

모르긴 해도 그는 너무 어려, 이른바 학계라는 곳이 한판승부
로 일생의 평판이 좌우되는 위험하기 이를 데 없는 곳임을 몰랐
던 것 같다. 반면 유리는 매우 노련했으므로 위험을 감수할 만한
가치가 없다고 판단했다. 그럼에도 밀러와 유리는 지적으로 잘
훈련된 학자라면 그처럼 엉성하고 위험한 모험에서라도 반듯한
과학적 이론을 추론해내리라고 본능적으로 직감했을지도 모른
다. 밀러와 유리의 실험이 있기 전에는 생명의 화학적 기원을 추
구한다는 것은 구습을 타파하려는 개혁자나 위대한 일을 꿈꾸
는 자들이 벌이는 담론의 소재에 불과했다. 밀러와 유리의 실험
또한 자칫 실험정신만 빛나는 과학에 그칠 뻔했다.

이들의 실험이, 생명이 비롯된 방식에 대해 통찰력을 제공했
는지 여부는 오늘날까지 심심치 않게 논란거리가 되고 있다. 그

럼에도 시카고에서 밀러가 벌인 일 자체는 불가능의 성역이라며 외면하던 과학자들에게 영감을 불어넣어주기에 충분했다. 당시 과학자들에게 생명의 기원이란 상상하기에도 벅찬, 믿기지 않는 주제였다. 1954년에 생물학자 조지 월드(George Wald)는 이렇게 고백하기도 했다.

"포괄적인 주제와 방대한 연구 분야를 생각할 때 생명이란 절대로 자연발생할 수 없다는 결론에 이르고 말았다."

그럼에도 그는 이렇게 덧붙였다.

"그 불가능함 속에서 육체가 피어났다."

그렇다. 자연은 명백히 육체를 탄생시켰으므로 우리는 어떻게 탄생시켰는지를 헤아릴 수 있어야 한다. 불굴의 의지로 이를 찾아나가는 것이 과학의 임무이다.

그런데 밀러와 유리의 시험관은 솔직히 생물체의 자연발생을 헤아려볼 만한 그 어떤 것도 보여주지 않았다. 물론 오늘날 언론 매체에서 이와 관련된 기사들을 접한다면 무언가 있으리라 기대를 품어도 흠이 아닐 것이다. 그럼에도 그들의 실험은 생명의 기원을 파헤치는 일이 이전처럼 절대 불가능한 일은 아니라는 의식을 심어주었다. 지극히 어려울 뿐 불가능한 문제는 아니었던 것이다. 자연을 거스르는 불경스러운 짓도 아니었다. 그에 따라 많은 과학자들이 이제 수십 년만 연구를 더하면 보잘것없는 분자 단위의 기초물질로 진정한 의미의 살아 있는 유기체를 만들어 내리라는 데 기대를 걸었던 것이다. 실험에 성공한다 해도 그 자체가 생명이 어떻게 시작되었는가를 보여주는 것은 아니다. 하지만 밀러와 유리의 발견은 희망을 품게 해주었다. 생명현상의 기초화학을 밝혀줄 뜻밖의 쉬운 길이 발견될지는 아무도 모르는 일이다.

🧪 생명의 기원을 찾아

찰스 다윈은 친구에게 편지로 답답한 심정을 토로한 후 생각이 달라진 것이 확실하다. 1871년까지도 생명의 기원에 골몰했던 그는 이제 그 고민을 즐기기로 한 것 같다.

생명이 최초로 출현하는 데 필요한 모든 조건은 현재에도 다 갖추고 있다고들 말한다. 그렇다면 언제든 그러한 조건을 활용할 수 있어야 한다. 하지만 만약─얼마나 엄청난 만약인가─우리가 따뜻한 웅덩이를 상상할 수 있다면, 그 안에 암모니아며 인산염이며 빛, 열, 전기 따위가 뭉텅이로 있다면, 단백질이 화학적으로 생성될지도 모른다.* 이 단백질은 곧바로 좀 더 복잡한 물질로 변모한다. 그런데 지금 같은 조건에서는 그러한 물질이 생겨나자마자 어디론가 빨려들어가듯 사라져버리는 것이다. 그래서 생명체가 창조될 틈이 없는 것인지도 모른다.

그 무렵부터 화학자나 생화학자들이 생명의 기원에 대한 문제를 진지하게 숙고하기 시작했다. 1828년에 프리드리히 뷜러가 요소를 합성하는 데 성공했지만 이는 엄밀한 의미에서 생기론을 날려버린 한 방은 아니었다. 다만 후세에 사학자들이 '한 방의 강타'라는 식의 해석을 내놓았을 뿐이다. 그럼에도 그 실험은 무기물에서 유기물이 출현할 수도 있음을 입증한, 정곡을 찌른 실험임은 부인할 수 없다. 19세기 중반, 발효와 호흡 같은 생물에서 나타나는 기초적인 화학 과정이 연구를 통해 조금씩 드러나자 학자들은 그러한 생화학반응이 애시 당초 어떻게 시작되었는지 근원에 대한 의문을 품기 시작했다. 1875년 생리학자인 에두아르트 플뤼거(Eduard Pflüger)는 '생물체 내 생리학적 연소'에 대해 연구하면서, 원시생명체가 출현할 무렵의 지구에 사이아나이드(cyanide)의 프리라디컬(free radical, 활성산소)이나 이들이 짝을 이룬 사이아노젠 $(CN)_2$가 있었다는 생각에 이른다.

---

* 다윈이 상정한 '화학적 조성'을 보면, 단백질을 만드는 데 인산염은 불필요하다는 점에서 살짝 혼란스럽다. 그런데 신통하게도 DNA나 RNA 같은 핵산을 이어붙이는 데는 필수적인 요소 아닌가. 다윈은 필시 핵산에 대해 들어본 적이 없었을 텐데 말이다.

플뤼거는 사이아노젠이 여러 다양한 무기 반응으로 형성되는 것을 확인하고 이것이 단백질이라는 생물 세포의 핵심성분이라고 가정하면서 다음과 같이 설명했다.

얼마나 특출하고도 놀라운 방식으로 불이 합성을 통해 단백질 구성 물질을 생산하는 힘임을 가리키고 있는지를 보라. 생명은 불에서 내려왔다. 생명이 발생할 당시의 기초적인 조건을 보라. 당시 지구는 여전히 활활 타오르는 불 덩어리였다. 이후 지구 표면은 헤아릴 수 없을 만큼 오랫동안 서서히, 무던히도 느리게 열을 식혔다. 그리하여 사이아노젠이라든지 시안화수소, 탄화수소를 함유한 화합물이 충분한 시간을 가지고 충분히 여유롭게 변환하기 쉬운 물질로 변하고, 그리하여 실제로 변환했다. 그 과정에서 더할 수 없이 다양하고도 무수히 다른 방식으로 고분자를 생성했다. 그 와중에 산소나 물이나 소금 같은 물질이 자가분해하는 물질이자 살아 있는 물질인 단백질에 끼어들었을 것이다.

이 짧은 단락에는 생명의 기원에 대한 의문을 푸는 데 중요한 온갖 요소가 압축되어 있다. 플뤼거는 지구의 맨 처음 상태가 어떻게 생겼을지 궁금했다. 지구 표면에서는 어떠한 '생물출현 이전' 화학이 펼쳐졌던 것일까? 그는 80년 후에 월드가 그러했듯 지질학적 기원의 방대함에 호소함으로써 불가능한 문제를 해결하려고 했다. 이는 원시의 질척한 액체에서 어떻게 인류가 생겨났는지를 설명하고자 다윈이 이끌어낸 바로 그 해법이었다. 그는 생명이 시작되기 위해서는 작고 단순한 조립구조물이 있고 이로부터 고분자가 생성되며, 궁극적으로 이 물질이 자가조직화하여 생명계를 이룬다는 가설을 받아들였다.

그런데 지구의 맨 처음 상태는 정말로 어땠을까? 활활 타는 불덩어리에서 생명이 발생할 수 있을까. 액체 상태의 물이 필요했다면 이를 어떻게 공급했을까? 플뤼거가 가정한 대로 그 먼 시절에도 대기 중에 산소가 있었을까?

1920년대 러시아에 위의 마지막 물음을 진지하게 고민한 학자가 있었다. 신출내기 생화학자 알렉산드르 오파린(Alexander Oparin)이었다. 1924년에 오파린은 행성, 혜성, 유성 들을 천문학적 도구로 관찰하고 이들의 화학 상태에 관한 자료를 토대로 원시지구의 대기조건을 유추한 간략한 소논문을 쓴다. 그는 논문의 결론에서 "당시 지구 대기는 오늘날과 여러 면에서 달랐다. 무엇보다 수증기가 가득했다."라고 썼다. 오파린은 행성 표면의 광물금속과 탄소에서 비롯한 화합물과 물의 반응으로 대기 중에는 탄소가 수소나 산소와 결합한 물질, 특히 탄화와 수소 결합체가 다량 존재했을 것이라고 가정했다. "이들이 바로 지구상에 존재한 최초의 유기화합물이다."라고 결론지었다. 이들 유기화합물은 산소와 반응해 알코올, 케톤, 유기산 같은 유기물질을 더욱 많이 공급했을 것이다. 오파린은 질소가 고온의 수증기와 반응하여 암모니아가 생성되었을 것이라고 짐작했으며, 플뤼거가 제기한 사이아노젠 분자도 존재했을 것이라고 보았다. 오파린의 논문의 요점은 그 어린 행성은 바윗돌이 널린 불모의 황야가 아니라 오히려 유기분자로 넘치는 곳이었으며, 유기분자들이 원시생물체를 구성하는 기초단위와 영양분도 제공했으리라는 것이다.

오파린이 제기한 초기의 지구 상태는 이후 밀러와 유리의 시카고 실험에서 매우 중요한 개념을 형성한다. 당시 과학자들도 지구의 초기 대기 상태가 지금과는 확연히 다를 것이라는 생각은 하고 있었으며, 주로 이산화탄소와 질소로 구성되어 있을 것이라고 짐작했다. 그런데 이와 대조적으로 오파린은 메테인(CH_4) 같은 탄화수소화합물과 암모니아(NH_3)가 주류를 이루었을 것이라고 했다. 즉 이산화탄소와 질소가 수소와 결합한 물질이 존재했다는 것이다. 이는 CO_2/N_2 대기와는 다른 종류의 조성이었다.

수소가 다량 함유된 혼합물은 원소 형태이든 다른 원소와 화합물을 이룬 형태이든 '환원성(reducing)'이며, 산소가 다량 함유된 분자는 '산화성(oxidizing)'이다. 엄밀하지 않은 대략적 표현이지만, 산화성 대기는 유기화합물을 연소시키려는 성향이 강하다. 오늘 우리가 사는 대기는 산소가 5분의 1을 차지하는 산화성이 매우 강한 대기이다. 이 때문에 목재며 플라스틱이며 유기용매들이 불꽃을 쉽게 잡아당기며, 알코올이 공기 중에 노출되면 산소를 취해 식초로 변하는 것이다. 환원성 대기는 이보다 안정적이다. 오파린이 제기한 가설에 의하면, 지구의 초기 대기는 산화성이라기보다 환원성이다.

1930년대에 오파린은 초기 대기가 환원성이라는 가설에 힘을 실어줄 만한 과학적 발견 소식을 들었다. 기체로 가득 찬 거대 행성인 목성과 토성을 관찰한 천문학자들이 그곳의 대기가 주로 수소, 메테인, 암모니아로 이루어져 있다는 결과를 내놓았던 것이다. 행성이 생성될 때 이러한 기체 군단이 형성되었다면 이 기체 시료가 태양계 행성에 적용되는 것은 아닐까? 그렇다면 그보다 작고, 속은 단단한 지구행성도 대기 상태가 비슷하지 않았을까?

한편 영국의 생물학자 존 버든 샌더슨 홀데인(John Burdon Sanderson Haldane)은 오파린의 연구논문에 대해서는 알지 못한 채 독자적으로 지구의 최초 생명체를 부양했던 원시환경에 대한 가설을 구상한다. 홀데인은 원시지구가 분명 산소가 부족했으므로 초기 유기체는 혐기성(anaerobic, 산소를 싫어하여 공기 속에서 잘 자라지 못하는 성질 – 옮긴이)이었다고 주장했다. 그는 이산화탄소, 수증기, 암모니아로 조성된 대기를 구상했다. 또한 산소가 없다면 오존층이 없을 테고, 강렬한 태양의 자외선이 차단되지 않을 테니, 지구 표면에서 특히 물속에 든 유기화합물은 푹 익혀질 것이며, 이 때문에 대양은 '뜨겁고 맑은 스프'로 변했다는 것이다. 1929년에 홀데인은 자신의 가설은 순전히 머릿속에서 비롯한 것임을 인정했다.

나의 가설은 생화학적 실험실에서 생물체가 합성되기 전까지는 그대로 그 가설로 존재하리라. 실험실에서 생물체가 만들어지다니……. 이 목표를 달성하기까지는 갈 길이 너무도 멀다. 아직 멀었다. 나는 내 생애에 살아 있는 것이 합성되는 날을, 박테리아나 바이러스 같은 꿈틀거릴 뿐인 미물이라도 탄생시키는 날을 보리라는 기대는 하지 않는다. 물론 몇 세기 후라도 스스로를 생명으로 완성해내는 유기물이 탄생할지 모른다고도 기대하지 않는다. 그러한 날이 오기 전에는 생명의 기원이란 숙고하고 또 숙고할 주제로 우리 곁에 맴돌리라. 하지만 그러한 숙고가 헛되지 않은 것은 그럼으로써 실험을 거쳐 증거로 거듭나든지 아니면 폐기처분되는 것으로 매듭이 지어지기 때문이다.

과학자들은 사실 일찌감치 '실험을 거쳐 증거로 거듭나든지 폐기처분되든지'를 결판내기 위해 내달리고 있었다. 시료 기체들과 물의 혼합물을 실험대에 올려놓고, 화학반응을 유도하는 에너지를 걸어주면서, 생물출현 이전의 지구 상태를 '만화' 버전으로라도 보여줄지 두 눈을 부릅뜨고 살폈다. 영국의 리버풀 대학 연구진은 홀데인 혼합물, 즉 물과 암모니아와 이산화탄소 혼합물에 자외선을 쬐었더니 유기화합물로 전환했다며 그러한 현상의 가능성에 대한 논문을 내놓았다.

19세기 중반, 뵐러를 위시한 화학자들은 단순한 화합물을 생명체 구성분자로 전환하는 방법을 찾아내기 위해 앞 다투어 실험을 수행했다. 1850년에 아돌프 슈트레커(Adolph Strecker)는 암모니아, 사이안화수소, 아세트알데하이드 – 에탄올이 공기에 의해 산화되면서 생성되는 것, 오래된 포도주의 씁쓰름한 맛을 내는 것 – 가 한데 뭉쳐 아미노산인 알라닌(alanine)을 생성한다는 사실을 밝힌다. 단백질은 20가지의 아미노산이 길게 연결되어 늘어선 고분자이다. 그로부터 11년 후, 러시아의 화학자 알렉산드르 부틀레로프(Aleksandr Butlerov)는 폼알데하이드를 가성소다, 곧 수산화나트륨으로 처리해 설탕 분자를 만든다. 설탕은 대사의 원료일 뿐 아니라 전분, 셀룰로오스 같은 탄수화물 고분자의 구성단위이며, 핵산의 구성성분이기도 하다. 그런데 이 과학자들은 그저 합성유기화학 실험을 수행할 뿐 생명의 기원을 탐구하려는 의도는 없었다.

1906년 생화학자인 발터 롭(Walther Löb)은 전기를 활용해 이산화탄소, 일산화탄소, 암모니아, 물 혼합물에 에너지를 가한다. 롭도 물론 생물출현 이전 화학에 대해 연구하려는 의도는 없었다. 그저 식물이 어떻게 탄소나 질소 같은 무기 원료를 유용한 생물분자로 변환시키는지 생리학적 과정을 조사하기 위해 식물을 흉내 내는 실험을 하고자 했다. 그런데 뜻밖에도 롭은 자신의 방법으로 폼알데하이드 같은 알데하이드 류와 아미노산 글리신 같은 다소 복잡한 유기물질을 합성할 수 있음을 발견했다.

1940년대에 멕시코의 과학자 알폰소 에레라(Alfonso Herrera)는 생명의 화학적 기원을 탐사하겠다는 목표를 내걸고 연구를 시작한다. 그는 폼알데하이드와 사이아노젠염 화합물에서 아미노산 2가지를 합성하는 데 성공한다. 그 외 학자들도 단순한 재료에 전기방전을 걸어 반응을 유도하는 등의 실험으로 지방산과 설탕을 합성하는 데 성공한다. 그런데 이러한 실험은 생물출현 이전 혼합물을 시료로 하되, 모두 초기 대기가 산화성이라는 가정하에서 출발했다. 따라서 이산화탄소와 질소 같은 요소를 시료로 사용했다. 당연하게도 결과는 하나같이 실망스러웠다. 폼알데하이드를 능가하는 물질이 만들어지지 않았던 것이다. 1950년대 초, UC 버클리 대학의 멜빈 캘빈(Melvin Calvin)도 비숫한 실험결과를 내놓았다. 캘빈은 훗날 식물이 공기 중 이산화탄소를 취하는 경로를 밝혀 노벨상을 수상한 학자이다. 캘빈은 이산화탄소, 수소 그리고 철염 용액을 섞은 다음, 버클리 연구소의 입자가속기를 가동해 고에너지 헬륨이온을 쏘았다. 그럼에도 소량의 폼알데하이드와 폼산 이외에는 이렇다 할 물질이 발견되지 않았다. 이처럼 침체되어가는 분야에서 시카고 대학의 두 학자는 지금껏 뭇 학자들이 거둔 성과와는 차원이 다른 성과를 준비하고 있었던 것이다.

🧪 원시 스프를 요리하며

해럴드 유리는 스탠리 밀러가 제자로 들어올 당시 이미 세계적으로 유명한 학자였다. 1931년에 유리는 무거운 수소인 중수소를 발견해, 1934년 노벨화학상을 수상했다. 제2차 세계대전 중 유리는 맨해튼 프로젝트에 참여하여 자신의 화학실험 실력을 십분 발휘해 우라늄 동위원소를 분리해낸다. 1945년에 그는 엔리코 페르미라는, 최초로 핵 반응기를 설계한 걸출한 학자가 소장으로 있는 시카고 핵 연구소에서 일하게 된다.

유리는 동위원소에 관심이 많았기 때문에 자연스럽게 방사

화학 분야에 발을 들였다. 그는 지질학적 물질의 연대를 방사 화학적으로 측정하여 지구는 물론 태양계의 기원을 밝힐 수 있다는 데 크게 매료되었다. 유리는 오파린이 내놓은 가설을 접하지 못한 채 1951년, 지구 초기가 환원성 대기라는 주장을 제기한다. 그해 10월, 그는 한 강연에서 누군가 그러한 조건으로 생물출현 이전 화학을 모방해보는 것도 좋겠다는 제안을 한다. 그곳에 마침 유리의 제자였던 밀러가 그 제안을 경청하고 있었다.

그래서 밀러는 유리를 찾아가 "제가 그 실험을 해보고 싶습니다."라고 말한다. 훗날 밀러는 "유리가 자신을 만류하려 했다."라고 전했다. 유리는 그러한 실험에서 무언가 학문적으로 유용한 것을 발견할 확률이 매우 낮고, 시간도 많이 걸리므로, 박사학위 주제로는 적합하지 않다고 밀러를 설득했다. 그러나 밀러가 주장을 굽히지 않자 유리는 6개월에서 1년만 투자하는 조건으로 승낙한다.

1952년 가을이 오기 전에 밀러는 실험을 개시할 만반의 준비를 갖추었다. 밀러와 유리는 간단한 실험장치를 고안했다. 실험이 성공한 후 너무나 유명해져 오늘날 생명탄생의 아이콘이 되어버린 바로 그 장치이다.(그림19, 그림20 참조) 유리구의 위쪽으로 2개의 텅스턴 전극이 세워져 있다. 유리구에는 기체 5리터가 담겨 있다. 전극 사이에 일정한 간격으로 방전 스파크를 일으킨다. 이 번개가 생물출현 이전 대기를 가르며 통과한다. 전기방전으로 생성된 유기분자들이 섞인 기체혼합물은 유리구 아래쪽으로 빠져나가 냉각수가 담긴 응축기로 이동한다. 이 과정에서 혼합물의 수증기는 응축하여 액체가 된다. 이 액체는 조그만 플라스크 쪽으로 이동하게 한다. 이 플라스크는 계속 열을 가해줌으로써 안에 고인 액체에서 뜨거운 수증기가 날아올라 다시 유리구로 되돌아가도록 한다. 이렇게 해서 기체혼합물이 순환하게 되며, 스파크로 유도한 반응 생성물은 물속에 쌓이게 된다.

이 실험설계가 성공을 거둔 것은 원시지구와 비슷한 조건을 개연성 있게 설정했기 때문이다. 즉 원시지구의 조건의 실상은 아무도 모른다. 따라서 복잡한 실험장비는 오히려 현실성을 떨어뜨리며, 실험결과 해석도 재현실험도 어렵게 할 뿐이다. 실제로 유리와 밀러가 이 실험을 발표했을 때 곧바로 재현실험이 뒤를 이었다. 밀러는 "매우 간단한 실험설계라 고등학생이라도 재현할 수 있다는 점은 사실 전혀 해가 되지 않는다. 오히려 이 실험의 참된 위대함은 바로 그처럼 단순하면서도 실험목표를 달성하게 해준다는 데 있다."라고 말했다.

이 실험장치를 자세히 보라. 무언가가 연상되지 않는가. 빨갛게 달아오른 유리구와 탁탁 불꽃을 튀는 무시무시한 전극! 이는 무의식적으로 생명체를 감전시키는 실험을 떠올리게 한다.

_그림19. 스탠리 밀러, 간단한 기체 혼합물 시료에서 아미노산을 만들어낸 실험장치 앞에 서 있는 모습. (© CORBIS)

1780년대에 루이지 갈바니(Luigi Galvani)는 개구리 다리를 전기가 통하는 도구로 건드려보는 실험을 한다. 이처럼 생명체에 전기를 가하는 실험은 메리 셸리(Mary Shelley)의 괴기소설 『프랑켄슈타인』에서 정점을 찍었다. 소설 속 프랑켄슈타인은 '전기스파크를 주입해 죽은 자를 살아나게 하는' 괴짜박사이다. 밀러와 유리가 전기를 사용해 보잘 것 없는 증기에서 생명의 원료 분자를 얻어냈다는 소식이 퍼지자 파우스트 같은 악마라도 출현한 듯 대중은 기묘한 공포로 술렁였다.

그런데 아직 뒷이야기가 많다. 생물출현 이전 대기가 환원성

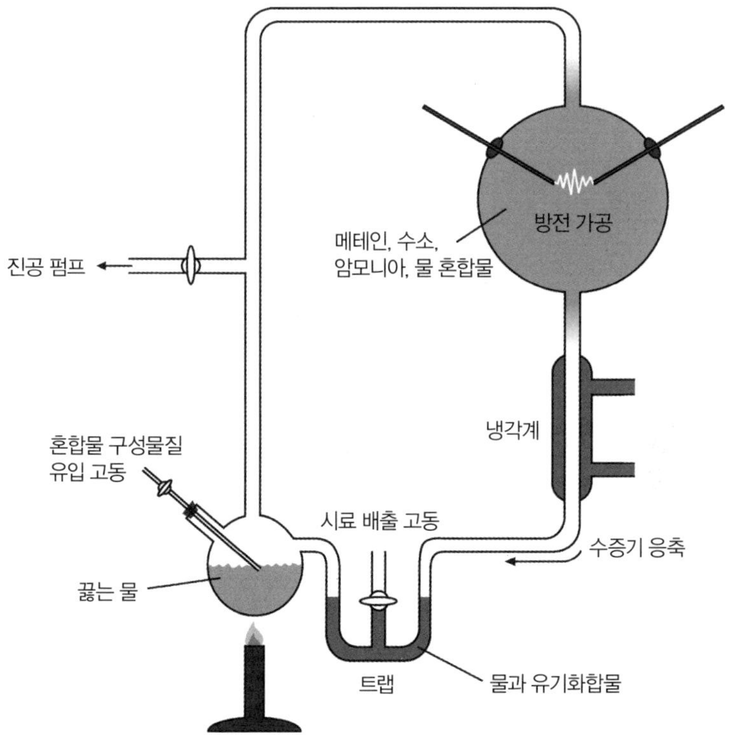

_그림20. 유리밀러 실험. 오른편 상단의 유리구에 담긴 기체 혼합물에 전기 스파크로 에너지를 가하여 반응을 유도한다. 반응 생성물을 물과 함께 채집하고 응축시킨 후 하단 플라스크로 흘려보낸다.

이라는 유리의 말을 귀담아 들은 밀러는 메테인, 암모니아, 수소, 물 혼합물을 시료로 조성한다. 밀러는 사실 서로 다른 3가지 실험 계획을 세웠다. 이 셋 중 전기스파크와 배출 유리구 장치가 가장 성공적이었다. 이와 다르게 압력을 가해 고온의 수증기를 곧바로 유리구에 쏘여, 고온의 운무를 형성시켜 수분을 다량 함유한 화산분출 조건을 구현하려고 했다. 마지막으로 전기스파크 대신 소리가 나지 않는 전기방전장치를 쓰려고 했다.

제아무리 젊고 낙천적인 밀러일지라도, 그처럼 빠르게 플라스크에 대성공을 알리는 물질이 생성되리라고는 예상하지 못했다. 하룻밤 사이에 붉어진 물의 색깔은 부글부글 끓고 있는 액체 속에 복잡한 화학물질들이 들어 있다는 분명한 신호였다. 이틀 후 밀러는 갈색으로 물들어가는 액체에서 시료를 채취해 종이 크로마토그래피 기법으로 분석에 착수한다. 점적 종이에 채취한 시료 한 방울을 떨어뜨려 유기용매에 담가놓았다. 종이에 용매가 흡수되면서 모세현상에 의해 종이의 섬유질 사이로 용매가 위로 빨려 올라간다. 이때 시료에 포함된 화합물도 함께 딸려 올라간다. 화합물에 따라, 화학적 조성에 따라 올라가는 높이가 달라진다. 이렇게 해서 혼합물에 어떤 물질이 들어 있는지 분석하는 것이다.

이때 종이를 직각으로 꺾어 두 번째 용매에 담그면 좀 더 뚜렷하게 분리된다. 구성성분이 착색되면 더욱 선명해진다. 종이에 뚜렷한 점이 고유한 위치에 찍히게 된다. 밀러는 종이를 탁하게 하는 화학물질, 곧 종이성분과 반응하는 물질을 분사해 찍힌 점을 더욱 선명하게 만들었다. 이후 밀러는 곧바로 아미노산 글리신을 확인했다. 글리신은 단백질의 가장 간단한 구성단위이다.

이 실험장치를 일주일 동안 가동하자 유리구는 완전히 노란기름기로 뒤덮였고, 여러 아미노산을 비롯해 다른 생성물을 확인할 수 있었다.

최종적으로 밀러와 유리는 천연단백질을 구성하는 20개의 아미노산 가운데 13개를 확인했다. 적지 않은 양이 생성되었다.

"아미노산을 미량이라도 더 많이 채취할수록 좋지만 약 4% 정도 채집할 수 있었습니다."

밀러의 이 실험에서 메테인이 함유한 탄소의 10~15%가 유기화합물로 전환되었다.

유리와 밀러는 흥분을 감출 수 없었다. 곧바로 과학적 용어를 적용하며 결과를 해석하는 토의에 들어갔다. 밀러가 세미나에서 발표하고 있을 때 관중에 있던 엔리코 페르미가 다음과 같은 회의적인 질문을 던졌다고 한다. 사실 페르미는 회의적이기로 유명했다.

"원시지구상에서 그러한 일이 정말로 벌어질 수 있을까요?"

유리는 제자의 구원투수로 나서 재빨리 이렇게 답했다.

"그렇지 않았다면 신이 절호의 기회를 놓친 것이겠지요."

대중매체는 이들의 실험결과를 조금도 미심쩍어하지 않았다. 1952년 11월에 유리는 이 실험에 대한 설명회를 열었다. 이 설명회에 대해서, 「타임(Time)」과 「뉴스위크(Newsweek)」 같은 굵직한 잡지에서 모두 기사로 다루었다. 유리와 밀러에게 남은 일은 되도록 서둘러 전문 저널에 논문을 발표하는 것이었다. 그래야 다른 과학자들이 이들의 발견을 가로채지 못할 것이다. 유리는 자신의 이름이 논문에 실린다면 자신의 이름에 가려 밀러가 묻힐 테니 밀러가 단독 논문 저자로 나서기를 고집했다. 하지만 밀러는 스승의 명성에 묻어가는 편을 택했다. 공동저자로 제출하지 않을 다른 방도도 없었을 것이다. 1953년 3월, 밀러가 「사이언스(Science)」 저널에 논문을 제출하자 유리는 직접 편집위원회에 전화를 넣어 그 연구의 중요성을 간과하지 않도록 부탁했다.

어쨌든 제출된 논문은 까다로운 동료심사절차를 거쳐야 한다. 2주가 지나도록 「사이언스」에서 소식이 없자 유리는 참지 못하고, 「사이언스」를 출판하는 미국고등과학협회의 편집위원회장 하워드 마이어호프(Howard Meyerhoff)에게 편지를 쓴다. 논문 심사를 이처럼 지지부진하게 처리하고 출판을 미룬다면, 논문 제출을 철회하고 대신 미국화학협회 저널에 보내겠다고 으름장을 놓은 것이다. 여담이지만 노벨상 수상자들은 이런 일을 자주 벌인다. 밀러는 유리의 지원사격이 없었다면 논문이 진지하게 검토되지 않았을 거라고 확신했다. 그리고 이렇게 말하기도 했다.

"아직도 산더미처럼 쌓인 논문 맨 아래에 깔려 있었을 겁니다."

그런데 「사이언스」의 한 편집위원이 걸고넘어졌다. 그 실험이 그처럼 대단한지 잘 모르겠다고 발언한 것이다. 그처럼 많은 양의 생물출현 이전 화학물질을 종류도 다양하게 만든 전례가 없었기 때문이다. 밀러는 나중에 그가 심사가 지연된 데 대해 사과를 했다고 밝혔다. 하지만 그 위원의 신중함은 누구라도 이해하리라. 아무튼 밀러는 그 후로도 일주일을 위원회의 판결답신을 기다려야 했다. 그러던 중 사건이 터진다. 「뉴욕타임스」 3월 8일자 신문에 오하이오 주립대학의 울먼 맥네빈(Wollman M. MacNevin)과 연구진이 수행한 한 실험 기사가 실린 것이다. 그 실험은 메테인에 전기방전을 거는 방식과 매우 흡사했다. 실험 결과 끈끈한 고형 물질이 생성되었지만 분석하기에는 너무 복잡하다고 적혀 있었다. 생성된 화학물질에 대한 분석이 전무했음에도 맥네빈의 실험은 마치 지구가 생성된 초기에 복잡한 유기분자들이 어떻게 생겨났는지를 보여주는 실험으로 광고되어 있었다. 밀러는 절망감을 감추지 못하고 유리에게 "그들의 실험결과와 제 논문주제는 근본적으로 다른 것이 없네요."라고 말했다.

자신들의 성과가 남의 차지가 될 가망성이 높아지자 화가 난 유리는 밀러를 대신해 논문을 미국화학협회저널에 보내겠다고

「사이언스」에 통보한다. 이때 마이어호프는 이러한 경우 전에 잘 통했던 대응책을 떠올린다. 그리고 신속하게 밀러에게 맨 첫 논문으로 싣고 싶다며, 유리의 생각은 어떤지 물어 확답해달라는 편지를 보낸다. 밀러는「사이언스」에 맨 첫 논문으로 실리는 편이 업적을 널리 알리는 최선의 방법임을 인식하고 마이어호프의 제안을 받아들인다. 그로부터 두 달 후 드디어「사이언스」에 논문이 발표되었다. 반응은 선풍적이었다. 「타임」의 기사에는 "그들의 실험장비가 대양만했더라면, 그리고 일주일이 아니라 수백만 년 동안 가동했더라면 최초의 살아 있는 분자가 창조되지 않았을까?"라고 실렸다.

'살아 있는 분자'란 말은 당시 매체에서 굉장히 자주 언급되고 있었다. 바로 몇 주 전에 제임스 왓슨(James Watson)과 프랜시스 크릭(Francis Crick)이「네이처(Nature)」에 DNA, 곧 '생명의 분자'의 구조를 밝히는 논문을 발표했기 때문이다. 사람들은 마침내 창조의 심원한 비밀이 일제히 밝혀진 것으로 생각했다.

생명이란

이후 여러 학자들이 밀러와 유리가 한 것처럼 생물출현 이전의 화학적 환경을 모사하는 실험을 했다. 이로부터 더욱 경이로운 현상이 연달아 관찰되었다. 1959년에 본 대학의 빌헬름 그로스(Wilhelm Groth)와 바이센호프(H. von Weyssenhoff)는 전기방전 방식보다는 자외선을 사용할 경우, 즉 환원성 혼합물에 쏘여 아미노산 생성반응을 유도할 경우, 전하량을 일정수준으로 유지할 필요가 없음을 발견했다. 밀러와 유리는 아미노산을 유의한 양 생성하기 위해 원시지구를 지속적으로 천둥번개에 노출시켜야 했던 것이다. 그로부터 2년 뒤, 텍사스 휴스턴 대학의 후안 오로(Juan Oro)는 사이안화수소와 암모니아를 물에 섞은 혼합물을 사용하여 아미노산뿐 아니라 DNA의 4가지 핵심 요소 중 하나인 아데닌을 생성시켰다. 곧이어 스리랑카 태생 화학자인 시릴 포남페루마(Cyril Ponnamperuma)는 고에너지 전자 빔을 밀러유리 기체혼합물에 쏘아 아데닌을 생성시켰다.

그때부터 화학자들은 갖가지 방식을 고안해, 생물출현 이전 상태와 거의 비슷한 조건하에서 간단한 전구분자로 생명분자의 모든 기초구성단위, 곧 아미노산과 DNA와 RNA의 구조단위인 뉴클레오타이드를 만들어내기 시작했다. 이러한 분자들을 연결하여 단백질과 핵산에서 발견되는 유형의 고분자 사슬을 형성하는 데 성공하기도 했다. 바야흐로 태양계에 존재하는 원료에서 생명을 조립해내는 문턱에 이른 듯했다.

　그런데 사실은 전혀 문턱에 이른 것이 아니었다. 일례로, 화학자들이 앞다투어 선보인 생명의 구조 단위들은, 특히 설탕류는 물속에서 완전히 안정성을 잃고 말았다. 물에 넣자마자 가수분해되어 조각으로 사라졌기 때문에 복잡한 분자를 만들 틈이 도무지 나지 않았던 것이다. 또 다른 분자구성단위는 여전히 생물 출현 이전 상태 조건을 요구했다. 게다가 그 농도가 매우 낮았기 때문에 시원의 대야에서 이들이 어느 세월에 뭉쳐 반응을 일으키고 복잡한 분자로 나아갈지 알 수가 없었다. 다윈이 말한 '따뜻한 웅덩이'는 진정으로 원시지구가 간절히 원한 것이었는지도 모른다. 햇볕을 쪼여 뜨겁게 달궈진 늪이나 호수라야 왕성한 증발현상을 통해 진한 스프를 요리할 수 있으리라.

　밀러와 유리의 실험에서 더욱 문제가 되었던 점은 지구의 초기 대기 조건이 환원성이 아니라 약 산화성일 수도 있다는 사실이다. 이 점은 두고두고 논쟁거리가 되었으며 밀러 자신도 미심쩍어했다. 최초의 유기분자가 정말로 원시지구의 대기와 대양에서 화학반응을 통해 생성되었다면, 그렇다면 밀러의 실험은 원시지구 환경이 환원성임을 입증한다. 밀러는 "환원성 대기가 아니라면, 생명에 필요한 유기화합물을 갖지 못했을 것이다. 원시대기가 환원성일 필요가 없으려면 생명 유기화합물도 필요가 없어야 한다. 이것 말고 다른 반론은 아직 모르겠다."

라고 말했다.

그런데 생명분자는 전혀 그런 식으로 만들어지지 않았는지도 모른다고 말하는 학자들이 있었다. 이를테면 운석 중에는 유기화합물을 다량 함유한 것들이 있는데 이들은 성간에서 화학적 반응을 거쳐 생성되었거나 운석의 고향에서부터 함께 왔다는 것이다. 파스퇴르도 1864년 프랑스 남부의 오르게이유 인근에 떨어진 운석을 조사했다. 그처럼 '탄소가 풍부한' 운석에 혹시 박테리아가 들어 있는지 관찰했지만 발견되지 않았다. 1969년에 호주의 머치슨이라는 작은 마을에 떨어진 운석 조각도 여러 아미노산을 비롯해 복잡한 유기화합물을 다량 함유하고 있었다. 지구는 시원부터 끊임없이 운석 같은 외부 물질들의 세례를 받아왔다. 이러한 점으로부터 생명의 구성단위를 이루는 일차 원료는 지구 내에서 자생했다기보다는 다른 행성에서 건너왔다고 주장하는 학자들도 있었다. 이에 관해, 밀러는 혜성과 운석을 통해 지구로 유기 물질이 실려와 생명의 씨앗을 뿌렸다는 주장은 납득할 수 없다는 입장이었다. 하지만 그럴듯한 대안으로 널리 받아들여졌다.[*]

한편 생명의 기원이 바닷속 깊은 열수 분출공(hydrothermal vent)과 관련이 있다고 주장하는 학파가 있다. 이들은 생명이 시원한 대양의 얕은 곳이 아니라 매우 깊은 곳, 뜨거운 광물을 다량 함유한 뜨거운 물이 분출하는, 이른바 해양판의 열수 분출공에서 발생했다고 주장한다. 이 분출공에서 흘러나오는 유체에는 화산성 메테인을 비롯해 암모니아, 이산화탄소는 물론 기타 생물출현 이전 화학의 요소들이 뒤섞여 있다. 여기서는 화산의 고온이 화학반응을 유도하는 에너지로 작용한다. 한편 열수 분출공의 중대한 역할은 이것이다. 광합성에 필요한 햇빛이 닿지 않는 광대무변한 심해의 유기체들이 생명을 이어감으로써 오늘날 생태계를 부양한다는 점이다. 밀러는 이러한 축소판 바다 밑 화산은 그 주변에서 어떠한 생명창조활동도 일어나지 못하게 할 만큼 거칠고 파괴적일 것이라고 주장한다. 그는 그처럼 고온인 물속에서 유기분자들은 데쳐지거나 타버릴 것이라고 말한다.

어쨌든 생명의 기원을 둘러싼 가설은 현재까지 정설이 없다. 그러나 한 가지는 분명하다. 밀러가 1953년에 이룩한 자신의 업적을 방어하기 위해 뒤이은 뭇 학자들의 주장에 얼마나 결사적으로 대항했는지, 이 점에 대해서는 누구라도 깊은 인상을 받을 것이다. 또한 누구라도 이해가 갈 것이다. 하마터면 이성을 잃은 학자의 어처구니없는 모험으로 끝날 뻔한 실험에서 그처럼 굉

---

* 머치슨에 떨어진 운석에서 발견된 일부 아미노산은 상당한 논란을 일으켰다. 오른손성 좌우대칭이 성질체에 비해 왼손성이 압도적으로 많았기 때문이다. 단백질에서 왼손성 아미노산만 배타적으로 쓰이는 현상은 이 외계구성단위가 이식한 성향일 가능성이 제기되었다. 한편으로는 이 운석 시료가 지구 유기 분자에 감염되었을 가능성도 배제하기 어렵다.

장한 성과를 거두고 더불어 명예까지 얻었는데, 싸워보지도 않고 순순히 양보해서는 안 될 일이다.

최초의 유기분자 물질의 기원을 밝히는 일보다 더욱 어려운 도전이 있다. 그것은 생물출현 이전 스프에서 최초의 생물세포를 생성하는 일이다. 학자들은 너무도 지난한 도전을 맞이해 다윈이 일찍 헤매었던 절망의 그늘을 헤매고 있다. 그럼에도 오늘도 수고를 마다않고 수많은 시도를 하고 있다. 생명이란 화학물질이 한데 들어 있는 주머니가 아니다. 생명현상은 소름끼치도록 정묘한, 한 치의 오차도 없이 연주되고 있는 협주곡이다. 그 운율에 맞춰 생명을 구성하는 부품들은 불가사의에 가까운 완벽한 설계에 따라 정합하고 있다. 그에 비하면 생물출현 이전 구성단위를 만드는 일은 가장 쉬운 일이었던 것이다.

과학자들은 어떻게 유기분자를 세포로 조립하는지에 대한, 참으로 두려운 도전을 향해 제법 산뜻하게 출발했다. 그 가운데 1960년대 말에 칼 우즈(Carl Woese), 레슬리 오겔(Leslie Orgel), 프랜시스 크릭이 제시한 가설이 가장 풍성한 성과를 거두었다. 1986년 생물학자 월터 길버트(Walter Gilbert)는 이 가설에 'RNA 제국'이라는 별명을 붙인다. RNA 제국을 통하지 않고는 DNA와 단백질의 상호의존이라는 난제를 설명할 길이 없음을 강조한 것이다. 즉 단백질 없이는 DNA가 유전정보의 저장고로서 복제도 그 역할도 수행하지 못한다. 헌데 DNA가 없다면 단백질을 제조하는 데 필요한 설계도도 없다. 이때 RNA가 중개자로 등장해, DNA에 암호화된 정보를 단백질 촉매(효소)로 전환하는 과정에서, 유전자은행과 촉매, 두 역할을 수행한다. 물론 RNA 제국에서 임무를 수행한다. 1980년대에 RNA 분자가 세포에서 촉매 역할을 할 수 있다는 사실이 발견되면서 시원의 '원형생명체'는 이 RNA 제국과 비슷한 무대에서 활약했다는 이론이 오늘날 크게 힘을 얻고 있다.

이 모든 가설이 여전히 대략적인 밑그림에 불과하다 해도, 오늘날 바이오테크놀로지의 획기적인 발전과 분자 생물학, 유전학 분야의 연구성과에 힘입어 과학자들은 보잘것없는 원료 물질로 유기체를 탄생시킬 가능성의 문턱을 바야흐로 넘으려 하고 있다. 40억 년 전에 이 지구행성에서 어떤 일이 벌어졌는지 정확히는 아무도 영영 모를 테지만, 적어도 이제는 실험실에서나마 그에 대한 몇 편의 시나리오를 쓰고 재연할 수는 있게 된 것이다. 생명체의 합성이라는 흥미진진하고 아찔한 시나리오를 쓸 수 있게 된 데는 1953년 시카고에서 밀러와 유리가 보여준 비약적인 상상력의 공이 가장 크다. 생물출현 이전 화학자인 제프리 바다와 안토니오 라즈카노(Antonio Lazcano)는 "밀러의 실험은 하룻밤 사이에 생명의 기원을 탐구 가능한 영역으로 옮겨

놓았다."라고 말했다. 지금은 우주생물학이라는 정식 명칭이 붙은 우주 속의 생명에 대한 연구의 선구자인 칼 세이건도 밀러의 실험을 다음과 같이 재평가했다.

"밀러는 사람들에게 우주에서 인류만 유일한 생명체는 아니라는 생각을 품게 만들었고 우주를 샅샅이 훑어볼 용기를 심어 주었으며 확신을 갖게 한 주인공이다."

세이건의 말 대로, "많은 과학자들이 광대무변한 우주에 생명체가 있다는, 그것도 아주 많이 있다는 확신을 품게 된 것은 과학사를 통틀어 가장 의미심장한 사건이다."

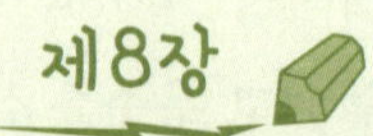

제8장

생각보다 고상하지 않은 비활성귀금속

닐 바틀릿 ― 제논 화학과 우직함의 아름다움

1962년, 캐나다 밴쿠버 소재 브리티시 콜롬비아 대학에서 젊은 화학자 닐 바틀릿은 제논(Xe, xenon)에 대한 오래된 통념을 깨뜨리는 실험에 성공한다. 비활성 기체인 제논이 다른 원소와 결합해 화합물을 생성할 수 있음이 입증되었다. 바틀릿이 이 실험에서 합성한 주홍색의 $XePtF_6$는 최초의 비활성 원소를 함유한 화합물이다. 이로써 바틀릿은 무기화학의 새로운 장을 열었다.

화학주기율표에서 맨오른편에 있는 기체 원소는 '비활성' '귀금속' '희귀' 원소라고 불린다. 이들은 다른 원소와 결합할 생각이 없는 고고한 원소로, 묵묵히 자리를 채우고 있었다. 학자는 물론 일반인도 이들은 짝짓기 욕구가 없다는 사실을 알고 있다. 거북살스런 비유를 용서하기 바란다. 그럼에도 이 비유는 정말 참기 힘든 유혹이다. 1898년에 소설가 웰스(H. G. Wells)는 우주에 우리보다 아는 것이 많은 존재가 있다는 주장을 한다. 그의 소설 『우주 전쟁(The War of the Worlds)』에는 화성에서 온 침략자들이 지구의 화학자들보다 훨씬 앞선 지식을 활용하여, 우주 정복이라는 대임무를 완수하기 위해, 지구에 있는 미지의 원소를 조사하면서 지식을 더하는 광경이 나온다.

화성인들이 로켓으로 시커먼 독가스를 분사하자 하늘을 온통 가스 구름으로 뒤덮였다. 독가스 구름은 우리를 속수무책의 상태에 빠뜨리며 죄여왔고, 리치몬드, 킹스턴, 윔블던을 휩쓸고 지나 서서히 런던을 향해 퍼져나갔다. 독가스가 닿는 곳은 아무것도 남아나지 않았다. 그들의 운행을 멈출 방도가 없었다. 사람들은 블랙스모크가 보이는 즉시 도

망치는 수밖에 없었다.

여기서 유독성 블랙스모크란 무엇일까. 그 책의 에필로그에는 화성인들이 감기 때문에 패배해 물러났지만 지구의 과학자들은 여전히 그것의 정체를 몰라 당황하고 있다고 적혀 있다.

검은 가루를 스펙트럼 분석한 결과, 녹색 띠 3개가 가깝게 붙어 눈부시게 빛나고 있었다. 그것은 알려진 적이 없는 원소였다. 그런데 그 원소는 아르곤과 결합해 모종의 화합물을 생성하는데, 이 화합물이 혈액에 치명적인 독소로 작용하는 것 같았다. 하지만 가능성이 희박한 이러한 화학반응을 진지하게 설명해보았자 이미 줄거리에 빠진 일반 독자들은 몹시 따분해할 것이다.

사실 당시 일반 독자들이 아르곤 따위를 모른다 해도 조금도 이상한 일이 아니다. 왜냐하면 아르곤이 발견된 지 불과 4년밖에 되지 않았기 때문이다. 아르곤을 소재삼은 웰스가 얼마나 최신 과학 소식에 정통하고 있었는지 잘 보여주는 대목이다. 제2장에서 살펴보았듯이, 레일레이 경과 윌리엄 램지는 헨리 캐번디시가 번뜩이는 직관으로 공기조성에 관해 설명한 부분을 읽고, 이 종잡을 수 없는 원소 아르곤을 발견하는 데 성공한다. 그

들이 발견한 아르곤은 활성이 없었다. 그 때문에 게으르다는 뜻
의 이름을 붙인 것이다. 그러나 얼마나 게으른지까지는 증명하
지 못했다. 이에 대해 1896년 램지는 이렇게 짤막히 밝혔다.

아르곤과 결합할 수 있는 원소는 하나도 없다고 절대적인 확신을 가
지고 말할 수는 없다. 다만 아르곤이 모종의 화합물을 생성할 가능성이
매우 희박하다고 말할 수는 있다.

아르곤의 이러한 성질에 대해 램지와 생각이 다른 학자들
도 있었다. 앙리 무아상(Henri Moissan)이 대표적이다. 램지는
저명한 프랑스의 화학자이자 친구인 무아상에게 아르곤 시료
를 보냈다. 무아상은 1886년, 반응성이 매우 높은 플루오린 원
소를 분리해낸 학자이다. 무아상은 아르곤과 플루오린 기체 혼
합물에 스파크를 가해보았다. 아무것도 생겨나지 않았다. 램지
가 말한 대로 지극히 소극적인 물질이었다. 마르셀랭 베르텔로
(Marcelin Berthelot)는 아르곤을 벤젠 기체와 섞어 반응성을 조
사했으며 무언가를 발견했다고 믿었다. 램지는 그 말을 미심쩍
어했다. 오래지 않아 아르곤은 화학자들이 온갖 것을 그 앞에 차
려주어도 꿈쩍하지 않는, 진정으로 고고한 원소로 판명되었다.

아르곤만이 아니었다. 램지와 동료인 모리스 트래버스(Morris

Travers)가 액화 공기에서 가려낸 네온, 크립톤, 제논 역시 완강하게 반응을 거부했다. 1924년에 이르러 오스트리아의 화학자 프리드리히 파네스(Friedrich Paneth)는 전 세계 화학자들이 철석같이 믿게 되는 대형 진리를 선포한다.

"0족원소, 즉 불활성기체의 무반응성은 모든 실험에서 한결같이 입증된 가장 확실한 성질이다."

이후 40년이 지나도록 이 믿음은 조금도 달라지지 않았다. 이 때문에 1962년에 닐 바틀릿이 감행한 실험이 그토록 대범했던 것이다. 그런데 그의 대범함은 교과서적인 추론의 정석에서 탄생한 것이다. 바틀릿의 실험의 아름다움은 우직함과 미지의 것을 향해 뛰어들 기회를 포착하고 껴안은 올곧음에서 피어난 것이다.

관성이 지배하는 순간들

0족원소는 불활성에 관한 한 의심을 살 여지가 없었다. 그것은 논쟁을 초월한 그들만의 고유한 성질이었다. 이 원소가 활성이 없는 이유는 주기율표에 대한, 그리고 화학결합에 관한 양자역학적 설명과도 절묘하게 맞아떨어졌다. 1920년대에 세상에 모습을 드러낸 양자이론은 원자핵을 둘러싸고 있는 전자가 어떤 규칙을 따라 분포하는지를 설명하는 데 매우 유용했다. 이에 따르면 전자들은 양파껍질 같은 이산적인 껍질을 형성하여 늘어선다. 각 껍질에는 고유한 수의 전자들만 허용한다. 첫 번째 껍질은 딱 2개의 전자가 들어설 공간을 확보하고 있다. 그다음 껍질은 8개가 들어서며 2개와 6개를 허용하는 하위껍질로 나뉜다. 세 번째 껍질에는 18개가 들어서며, 2개, 6개, 8개를 허용하는 하위껍질로 나뉜다.

이 껍질 구조에 대해서는 미국의 화학자 길버트 루이스(Gilbert Lewis)와 어빙 랭뮤어(Irving Langmuir)가 일찍이 1910년대와 1920년대에 걸쳐 밝혔다. 이들은 이 껍질이 개별 원소의 화학결합형성 역량, 즉 '원자가(valency)'와 경험상으로 잘 들어맞음을 직감했다. 물리학자 닐스 보어와 아르놀트 조머펠트(Arnold Sommerfeld)는 원자의 전자껍질 구조가 양자이론으로 곧바로 도출됨을 입증함으로써 이들의 가설에 타당성을 더했다.

일선 교육현장에서는 이 이론을 설명할 때 단순하면서도 사실에 충실한 이미지가 그려지도록 가르친다. 즉 화학결합이 어떻게 이루어지는지를 이렇게 설명했다. 원자는 최외각 껍질에 전자를 완전히 채우기 위해 다른 원자의 최외각 전자를 공유하려는 성질이 있다. 따라서 하나의 결합은 전자들이 짝을 맺는 데서 출발한다. 각 원자가 전자 하나씩을 내어놓아 연합하는 방식이다. 이와 같은 결합을 공유결합이라고 한다. 예를 들면, 탄소 원자의 경우 8개를 채울 수 있는 전자껍질에 4개가 들어 있다. 따라서 4개의 다른 원소의 전자와 결합을 형성하기 쉽다. 4쌍의 공유결합이 형성된다. 그런데 공유결합을 형성하려는 추동력은 에너지를 낮추려는 데서 비롯한다. 원자는 서로 결합하고 있을 때 더 안정되기 때문이다. 4개의 수소가 1개의 탄소와 결합하여 메테인을 형성하면 원자 상태로 따로 있을 때보다 총 에너지가 낮다.

물론 이처럼 화학결합을 전자쌍 형성과 전자껍질 채움으로 이상적으로 설명하기는 하지만 이밖에도 다른 결합방식이 있고 추가해야 할 설명거리들도 많다. 이에 대한 알맞은 이론을 세우려면 양자역학을 동원하지 않을 수 없다. 1930년대에 미국 화학자 라이너스 폴링(Linus Pauling)이 바로 그러한 이론을 수립했다. 폴링의 이론은 전체적으로 단순하지만 공유결합 상태를 기술하기에 충분했다.

화합물이 모두 전자를 공유하는 방식으로 생성되는 것은 아니다. 어떤 원소는 최외각 전자껍질에서 전자 한두 개를 떨어내 안정을 꾀한다. 이 경우 원자는 전체적으로 양의 전하량을 띤, 양이온이 된다. 금속, 특히 주기율표에서 맨 왼편에 있는 원소가 이러한 성향이 짙다. 예컨대, 나트륨이나 칼륨 같은 알칼리금속은 최외각에서 전자 1개를 잃어 완벽한 전자껍질을 달성한다. 염화나트륨은 바로 그런 일을 거쳐 생성된 것이다. 이와 비슷하게 어떤 원소는 전자 한두 개를 취해 안정을 꾀한다. 염소의 경우 최외각 전자껍질에 7개의 전자가 있다. 따라서 1개를 더 채우면 완벽한 껍질이 형성된다. 나트륨에서 1개를 취해 빈자리를 메운 것이다. 이에 따라 염소 원자는 음이온이 된다. 서로 반대 전하를 띠는 염소와 나트륨은 끌릴 수밖에 없다. 이러한 결합을 이온결합이라고 한다. 이온들이 결합하여 뭉쳐지면서 염화나트륨 결정을 이룬다.

이온결합이든 공유결합이든 화학결합이 형성되는 한 전자들의 수가 달라지는 일이 벌어진다. 결합에 참여하는 각 원자가 원래 지니는 전자수가 변한다는 말이며, 이때 전자껍질 또는 하위껍질을 완전하게 채우려는 성향을 따른다. 주기율표에서 각 족을 따라 밑으로 한 줄씩 내려가면서 핵 내 양성자가 하나씩 증가하는데, 이때 핵 주위를 감싸고 있는 전자궤도도 하나씩 증가한다. 주기율표의 왼편에서 오른편으로 진행하면서 원소의 전자궤도를 채우고 있는 전자들이 하나씩 증가한다. 각 줄의 맨 오른끝을 차지하는 불활성기체 족에 이르면 전자가 모두 차서 다른 원소와 전자를 공유할 자리가 없다. 매 하위껍질들도 마찬가지이다. 따라서 불활성기체 원자는 공유결합을 형성할 일은 없는 것이다.

전자껍질에서 전자들을 빼내거나 빈 껍질을 추가하는 방법은 없을까. 그 경우 이온결합을 형성할 것이다. 하지만 불활성기체들은 그마저 귀찮다. 전자껍질을 채우고 있는 전자들은 핵에서 바깥쪽 껍질로 갈수록 에너지가 높다. 즉 핵에 붙들리는 세기는 그만큼 약해진다. 네온의 경우, 두 번째 껍질은 모두 채워져 있다. 따라서 전자 하나를 추가해 음이온이 되기 위해서는 전자 하나를 추가해야 한다. 이때 전자를 세 번째 껍질에 밀어 넣는다. 하지만 네온은 그 셋째 껍질에 있는 전자를 꼭 붙들 힘이 없다. 이러한 증상은 나트륨도 마찬가지이다. 네온보다 핵 크기가 거의 다르지 않지만 셋째 껍질에 전자 1개를 가지고 있다. 따라서 그 전자 1개를 모자를 벗듯 떨어내 이온이 되어버린다. 이것이 나트륨의 반응성이 매우 높은 이유이다. 그렇다면 불활성기체의 경우 최외각껍질에서 전자 1개를 제거해 양이온으로 변화시킬 수는 없는 것인가. 이론적으로는 못할 것도 없다. 하지만 힘이 든다. 에너지가 많이 든다는 말이다. 대략 원자의 최외각껍질에 있는 전자들은 주기율표의 왼편에서 오른편으로 갈수록 점차 단단하게 붙들려 있다. 핵이 커지므로 양전하 세기도 커지기 때문이다. 이에 따라 0족에 도착하면 전자들이 매우 강하게 핵에 붙들려 있으므로 제거하기가 그만큼 힘들어진다.

이 모든 것이 불활성기체 원자들의 전자 배치구조가 그처럼 안정적인 이유이다. 이들은 이미 구축된 안정적인 구조를 흩뜨리려는, 즉 화합물을 형성시키려는 외부 공격에 무조건 저항하기로 작정한 원소 같다. 다른 원소와 가까이 하고 싶은 생각이 없다. 상온 상압에서 이들은 기체 상태로 홀로 마음껏 떠다닌다.

양자화학 이론이 등장한 초창기까지도 화학자들은 불활성기체들이 어쩌면 안정한 결정질 화합물은 생성할지도 모른다는 의구심을 떨치지 못했다. 1916년에 발터 코셀(Walther Kossel)은 플루오린이나 산소 같은 전자에 굶주린 원소는 무거운 불활성기체에서 전자 1개를 떼어낼 수 있으며, 그 결과 이온 화합물이 생성될 수도 있다는 주장을 내놓았다. 무거운 불활성기체일수록 최외각 껍질에 있는 전자들은 핵의 구속력을 덜 받으리라고 가정한 것이다. 1924년에 독일의 화학자 안드레아스 폰 안트로포프(Andreas von Antropoff)도 거의 같은 주장을 했다. 심지어 안트로포프는, 나중에 틀렸다고 판명되었지만, 자신이 크립톤과 브로민 화합물을 합성하는 데 성공했다고 생각했다. 그로부터 8년 후 라이너스 폴링은 플루오린이라면 제논의 홀로 있으려는 본성을 꺾을 수도 있겠다는 생각을 하게 된다. 폴링은 제논 시료를 어렵게 구해, 칼텍에 적을 두고 있는 동기 화학자 돈 요스트(Don Yost)를 찾아간다. 요스트는 제자 앨버트 카예(Albert Kaye)와 함께 제논과 플루오린으로 화합물을 생성하려는 실험에 착수한다. 이들은 무아상이 기체 혼합물에 전기방전을 걸어주었던 방식을 택했다. 하지만 아무것도 발견되지 않았다. 단지 반응기 벽에 사불화규소(silicon tetrafluoride)가 엉겨 붙어 있었는데 이는 용기 재질인 석영이 플루오린의 지독한 공격을 받아 형성한 화합물이었다.

🧪 단순한 개념

닐 바틀릿은 애초에 불활성기체 화학을 연구할 계획은 아니다. 1961년 바틀릿은 브리티시 콜롬비아 대학의 대학원생 제자인 데릭 로만(Derek Lohmann)과 함께한 기이한 염의 정체를 규명하고자 분석실험에 열중하고 있었다. 그 염은 바틀릿이 고향인 영국 뉴캐슬의 킹스 칼리지에서 대학원 시절에 합성한 것이었다. 이 휘발성 적색 화합물은 화학식이 O_2PtF_6로, 산소, 백금, 플루오린을 함유하고 있었다. 이 물질을 관찰하던 중, 바틀릿과 로만은 놀라운 결론에 이른다. 즉 그 결정에 산소분자가 양이온 형태로 들어 있다는 사실이었다.

그것은 참으로 기이한 현상이었다. 산소 기체 O_2는 다른 원소에서 전자를 떼어내는 데 능숙한 물질이기 때문이다. 이 산소가 전자를 탈취하는 성질의 대표주자라서 남의 전자를 빼앗으려는 성질의 물질을 '산화제(oxidant)'라고 부르는 것이다.[*] 그 결과 전자를 빼앗긴 물질은 '산화되었다'고 말한다. 만약 바틀릿과 로만의 관찰이 틀림없다면, 이 기이한 염은 산소가 산화되어 형성된 물질이다. 산소가 다른 무엇의 전자를 빼낸 것이 아니라 PtF_6가 산소의 전자를 빼낸 것이다. 그렇다면 육불화백금, 곧 PtF_6는 산소보다 더 강력한 산화제인 셈이다.

그런데 PtF_6를 최초로 합성한 학자는 바틀릿이 아니었다. PtF_6에 관해서는, 일리노이 주의 아르곤 국립연구소(Argonne National Laboratory)에서 1958년에 버나드 웨인스톡(Bernard Weinstock)과 그의 연구진이 합성에 성공한 바 있다. 하지만 아르곤 연구진은 이 합성물의 화학적 성질에 대해서는 조사하지 않았다. 사실 연구진들조차 가까스로 본 합성물질이다. 금속용기 안에 깊숙이 보관해두었기 때문이다. 행여 일반 유리용기에 담았다가는 유리와 반응할지도 모르기 때문이다. 그런데 이 보관용기로 새어 들어간 공기에 의해 우연히 O_2PtF_6가 생성되었

---

[*] 사실 '산화성' 대기에 노출된 물질은 그러한 운명을 맞이하기 십상이다. 산화성 대기에 대해서는 앞에서 다루었다.

을지도 모른다. 바틀릿도 이 생각이 들었지만, 아르곤의 웨인스 톡 팀이 이 화합물의 붉은 색조를 관찰하지 못했을 리가 없다.

PtF$_6$가 과연 산화성 산소처럼 작용해, O2$^+$이온과 PtF$_6$ 이온을 형성한 후 염을 생성했을까? 바틀릿은 브리티시 콜롬비아 대학의 선배들에게 문의했지만 그럴 수는 없는 일이라는 답을 들었다. 바틀릿은 이 실험결과에 대한 논문을 발표하기 위해 저널에 제출했다. 그때 로만은 아일랜드에서 연구하기 위해 캐나다를 떠난 후였다. 그 저널의 한 논문 심사위원은 실험결과가 의심스럽다는 표현을 하기도 했다. 우여곡절 끝에 바틀릿의 논문은 발표되었다. 이후 바틀릿은 PtF$_6$가 어떻게 그러한 작용을 할 수 있는지를 밝혀내기 위해 몰두했다.

산소에서 전자 한 개를 떼어내는 데 드는 에너지는 이미 수치로 측정되어 있었다. 이는 바로 제1이온화포텐셜(first ionization potenitial)이며, 단위는 전자볼트(eV)이다. 산소 분자의 제1이온화포텐셜은 12.2eV이다. 그런데 여기서 짚고 넘어갈 것은 이 포텐셜이 작은 에너지가 아니라는 점이다. 이 반절만 있어도 대부분의 분자에서 전자 1개쯤은 쉽사리 떼어낼 수 있다. 바틀릿은 이처럼 전자 1개를 떼어내는 데 이만 한 에너지가 드는 화합물을 찾아낸다면 자신의 실험결과를 확증할 수 있음을 알고 있었다. 나아가 PtF$_6$이 그 화합물도 산화시킬 수 있음을 밝힐 터였다.

_그림21. 닐 바틀릿. 불활성기체가 완전히 불활성은 아님을 밝혔다.(사진 제공-닐 바틀릿)

하지만 그래서 무엇에 쓸까. 이 연구결과가 무슨 쓸모가 있을지 한순간이라도 생각해보았을까.

1962년 1월말 혹은 2월 초순경, 바틀릿은 무기화학 강의를 준비하기 위해 교과서를 뒤적이고 있었다.

"그때 한 책갈피에서 익숙한 도표가 눈에 띄었다. 원자번호와 이온화포텐셜을 나타낸 그래프였다. 그 순간 제논의 이온화포텐셜과 산소분자의 이온화포텐셜이 거의 같은 높이인 것이 보였다.”

도표에서 제논의 제1이온화포텐셜은 12.13eV였다. 바틀릿은 PtF_6이 O_2를 O_2^+로 이온화시킬 수 있다면 제논을 제논 양이온으로 만들 수 있으리라 생각했다.

이 얼마나 단순한 유추인가. 구두 한 켤레를 살 돈이 있는데 그 돈이면 그만한 가격의 양복 한 벌을 살 수 있겠다는 생각이다. 불활성기체로 화합물을 만드는 데 성공한 전례가 없음에도, 나아가 모든 사람들이 불가능한 것이 당연하다고 믿고 있음에도 바틀릿은 직접 시험해보기로 결심한다.

바틀릿이 세운 실험 계획은 시험하려는 개념을 유추할 때만큼이나 평범했다. 그런데 이 단순 소박함이야말로 그의 실험을 거듭 돌아보게 하는 요소이다. PtF_6가 제논과 반응한다는 가설하에 그는 1962년 3월 무작정 두 물질을 플라스크에 담아두고 무슨 일이 벌어지는지 관찰하기로 했다. 그는 당시 제논을 살 형편도 아니었다. 실험실에 보유된 제논을 최대한 활용하는 수밖에 없었다. (옆 실험실 동료한테 “제논 좀 얻어갈 수 있겠냐?”라고 물으면 “제논은 왜?”라고 시큰둥하게 대꾸할 테고 “산화해보려고.”라고 한다면, 십중팔구 “화학이 이제 유머소재냐?” 하며 비웃을 게 뻔하다.)

실험장치를 구축하고 드디어 가동할 준비를 마쳤을 때는 어느 금요일 늦저녁이었다. 실험실을 지키던 대학원생들도 모두 저녁을 먹으러 나가고 아무도 없었다. 바틀릿은 그 역사적인 실험을 혼자서 하게 되었다. "PtF$_6$과 제논 사이에 쳐 둔 밀폐 막을 깨뜨리자 그 즉시 반응이 일어났습니다. 장관이었죠. 짙은 빨강의 PtF$_6$가 제논과 부딪히는 순간 진한 노란색 물질이 쌓이는 겁니다. 무언가 흥미진진한 일이 벌어진 게 틀림없었죠."라고 그는 회상했다.

파스퇴르와 마찬가지로 (아마도) 바틀릿도 그날의 흥분을 억누르지 못하고 실험실 밖으로 뛰어나가 누구든 붙잡고 방금 일어난 일을 알리고 싶었을 것이다.

"그래서 나는 복도로 뛰어나갔죠. 두리번거렸지만 개미 새끼 한 마리도 보이지 않았습니다. 그래서 다시 실험실로 돌아왔죠."

그런데 그 노란색 물질은 무엇이었을까. 화학구조와 조성을 밝히는 가장 확실한 기법은 결정으로 만들고 X선을 쏘아 관찰하는 것이었다. 하지만 그 노란 물질에는 이 방법을 적용할 수 없었다. 무엇보다 결정을 형성하지 않았던 것이다. 그럼에도 바틀릿은 이 물질의 구조식이 XePtF$_6$임을 알아냈다. 분명히 제논이 들어 있었다. 그는 이 전례 없는 실험결과를 서둘러 유명한 저널에 발표하고자 했다. 그도 그럴 것이 일전에 O$_2$PtF$_6$에 관한 논문을 발표했으니 PtF$_6$를 최초로 합성한 아르곤 연구진이 곧바로 자신의 뒤를 따라 합성을 시도했으리라고 확신했다. 그렇다면 그들은 그 화합물의 독특한 화학성질도 벌써 분석해냈을지도 모른다. 그는 "아르곤 팀은 자신들의 작품인 PtF_6에 관해, 모든 화학반응을 알아보는 실험을 수행할 것이다. 그렇다면 머지않아, PtF_6를 합성한 후 5년이 지나도록 이 물질이 산소를 산화하는 성질이 있음을 어떻게 발견하지 못할 수가 있었는지 당혹스러워할 테고, 내게 의문을 해결해보라며 패를 넘길 것이다. 그러니 하루라도 일찍 이 문제를 해결하는 편이 좋을 것이다."라고 생각했다.

그해 4월 2일(장난 논문으로 오해받을 소지가 있어 만우절인 4월 1일은 일부러 피했다), 바틀릿은 이 실험에 대한 논문을 런던의 「네이처」에 보냈다. 이 논문은 간결함에 관한 한 타의 추종을 불허했다. 딱 세 문단으로 상온에서 안정한 최초의 제논 전하전달 화합물 합성실험을 모두 설명하고도 남았던 것이다. 그런데 한 달이 지나도 아무런 소식이 없었다. 그는 「네이처」에 "3주 반 전에 보낸 제 논문이 한 달 안에 실리겠는지 확답을 주시기 바랍니다. 확답이 없을 경우 논문을 철회할 예정입니다."라는 편지를 썼다. 이번에도 감감 무소식이자 그는 논문을 철회한다는 편지를 쓰고, 대신 「화학학회회보(Proceedings of the Chemical Society)」에 보냈다. 일전의 O_2PtF_6에 관한 논문도 이 회보를 통해 발표되었었다. 그해 6월에 제논에 관한 논문이 실렸다. 직후에 「네이처」로부터 원본논문을 받았다는 영수증이 해상우편으로 도착했다. 권위 있기로는 둘째가라면 서러울 이 영국 학술지는 어처구니없는 실수를 통해 과학계에서 시간 다툼이 얼마나 중요한지를 배웠을 것이다.

그런데 바틀릿이 $XePtF_6$의 구조를 밝히는 데는 의외로 시간이 오래 걸렸다. 제논 원자는 단독으로 이온을 형성하고 있지 않았다. 플루오린 원자와 결합한 상태에서 양이온을 형성하고 있었다. 즉 이의 이온화 상태는 $[XeF^+][PtF_5^-]$이라고 표기해야 더 바르다. $[PtF5^-]$ 단위는 연달아 결합하여 긴 사슬을 형성하고 있었다.(그림22 참조) 엄밀히 말해 이 노란 물질은 일종의 고분자였던 것이다. 1962년에 바틀릿은 제논과 육화불화백금을 후자의 비율을 훨씬 높게 하여 혼합한 뒤 반응을 유도한다. 그 결과 결정질인 $[XeF^+][PtF_6^-]$을 비롯해 플루오린을 많이 함유한 생성물이 만들어졌다. 한편 그의 논문이 발표되자 이에 자극을 받은 여러 학자들이 제논의 새로운 반응성을 더 깊이 조사하려고 나섰다. 특히 아르곤 팀 화학자들은 바틀릿이 예상한 대로 움직였다. 아르곤 팀의 하워드 클라센(Howard Claassen), 헨리 셀리그(Henry Selig), 존 말름(John Malm)은 제논과 플루오린이 직접 결합하여 무색 고체 사불화제논(XeF_4)을 생성함을 곧바로 발견했다. 이것은 일찍이 1932년에 요스트와 카예가 시도한 실험이었다. 그 당시에는 알맞은 실험 조건을 찾지 못해 실패한 것이다. 제논과 플루오린 기체를 섞은 다음 온도는 400℃, 압력은 대기압의 6배를 맞춰주어야 한다.

제논화합물은 매우 불안정하다. 만들기도 어렵지만 만들어진 후에도 곧바로 분해되어버린다. 폭발하는 경우도 있다. 이 폭발하는 성질은 바틀릿이 몹시 가혹한 대가를 치르고 발견한 사실이다. 바틀릿은 불활성기체가 산소와 결합한 제논산화물도 합성 가능하다고 생각했다. 1963년 1월, 대학원생 제자인 라오(P. R. Rao)가 XeO_2인 듯 보이는 결정을 합성하는 데 성공했다는 말을 듣는다. 이에 바틀릿은 직접 확인하기 위해 실험실로 갔다. 늘 하던 대로 이들은 안전장비인 플라스틱 안면보호대를 착용했다. 그런데 바틀릿의 보호대는 오래돼서 많이 긁혀 있었다. 그는 라오가 만든 분자는 분명 아름다운 결정에 물 분자가 들어 있을 것이라고 짐작했다. 그래서 물 분자를 제거하면 분말 상태가 되리라고 예상했다. 이에 바틀릿은 라오에게 진공펌프로 결정을 건조시켜보라고 했다. 그런 다음에 시료를 관찰하려고 건너갔다.

내 시력이 나쁘지 않았는데 웬일인지 결정 표면이 선명하게 보이지 않았다. 안면보호대 때문이라고 생각한 나는 보호대를 이마 위로 올렸다. 그 순간 유리시험관 안에 있던 시료가 폭발했다. 내가 보호대를 위로 올릴 때 라오도 따라 올렸다. 우리 둘 다 한쪽 눈을 다쳤다. 내가 더 심하게 다쳤다. 오른쪽 눈이 찢어져 아무것도 볼 수 없었다.

이들은 곧 병원으로 실려 갔으며, 4주 동안이나 누워 지내야 했다. 퇴원할 즈음 바틀릿은 이미 누군가가 제논산화물인 XeO_3를 합성해 발표했다는 소식을 들었다. 그리고 "빠르기도 하죠."라고 말했다. 그의 눈에 박힌 유리 조각은 27년이 지나서야 제거되었다.

바틀릿의 발견으로 불활성기체에 관한 선입견이 타파되자 이후 이들의 활성에 대한 관심이 돌풍처럼 일었다. 그에 따라 지금까지 열두어 개의 제논화합물이 합성되었다. 다른 불활성기체들은 어떤 화합물을 형성할 수 있을까? 1963년에는 크립톤화합물인 KrF_2가 최초로 합성되었으며, 아르곤의 한 학자가 1962년에 방사성 원소인 매우 불안정한 라돈이 플루오린과 결합하여 화합물을 형성한다는 발표를 한 적이 있다. 하지만 그보다 더 가벼운 불활성기체 원소는 좀처럼 쉽게 산화시킬 수 없었다. 그러나 2000년에 이르러 핀란드의 헬싱키 대학에서 마르쿠 라사넨(Markku Rasanen)과 그의 연구진이 최초로 아르곤 화합물을 합

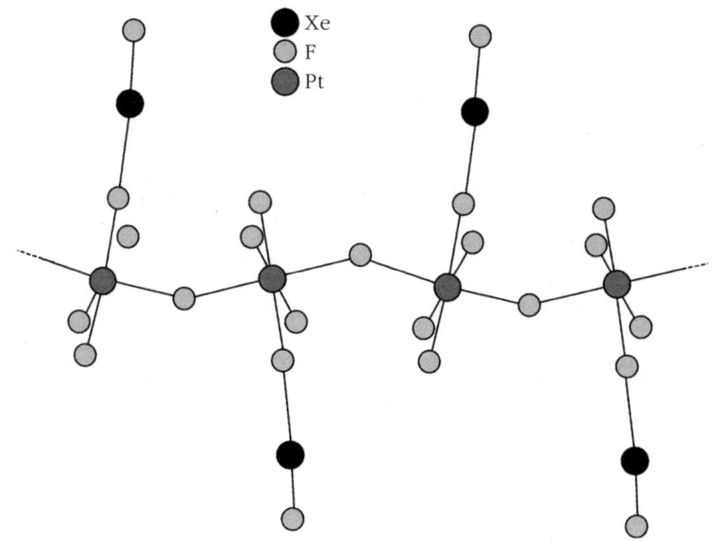

_그림22. 최초의 제논화합물 XePtF₆의 분자구조. 결정을 형성하지 않는 물질이라 아직까지 확실하지는 않지만, PtF₅ 단위가 긴 사슬처럼 늘어뜨려 있는 모양새로 예상된다. 이와 유사한 크로뮴화합물 XeCrF₅도 이런 구조라고 예상된다.

성하는 데 성공했다는 보고를 했다. 이 물질은 HArF로, 극히 불안정하여 영하 246℃ 부근까지 냉각시킨 상태에서만 보존된다. 한편 네온 화합물이나 헬륨 화합물이 만들어졌다는 소식은 아직까지는 들리지 않는다. 이들은 불활성기체라는 타이틀을 끝까지 지키고 있는 셈이다.

🧪 외계의 것을 포용하며

불활성기체의 화학적 성질을 아무 열정이 없는 사람에 비유하여 설명한 점이 불편한 독자들도 있을 것이다. 하지만 화학자들도 원소를 사람의 품성에 곧잘 빗댄다는 사실을 기억하자. 화학극장에 자주 등장하는 다음과 같은 표현은 들어봄 직하다. 납덩이처럼 가라앉는, 염소처럼 기분 나쁘게 썩는, 황처럼 톡 쏘는, 철처럼 녹슨 유머감각. 원소를 의인화한 문학의 백미는 올리버 색스의 반자전적 소설 『엉클 텅스텐(Uncle Tungsten)』이다. 작가는 이 소설의 제목에 대해, 고독한 주인공 소년의 성격을 닮은 텅스텐에서 영감을 얻었다면서, "어떤 때는 불활성기체 자체로 표현하기도 하고 또 어떤 때는 의인화하여 묘사하기도 했습니다. 단절되어 있는 그래서 외로운 주인공이 내심 유대관계를 맺고 싶어 하는 이야기이죠."라고 말했다. 이 말을 듣고 나니 젊은 시절 올리버 색스가 이들 불활성기체가 화합물을 형성할 가능성에 대해 개인적으로 진지하게 열망한 점도 새삼스럽지가 않았다.

이들에게는 결합, 다른 원소와의 결합이 절대적으로 불가능한 걸까? 반응성이 가장 높은 플루오린과도 결합하지 못한다면 가장 난폭한

할로겐과는 어떨까? 할로겐 족 원소는너무나도 열렬히 결합을 원하는 족속들이라 이들을 분리해내는 데 한 세기 이상이나 갖은 노력을 쏟아부어야 했다. 플루오린은 기회가 주어진다면 적어도 제논, 가장 무거운 불활성기체인 제논과는 결합하지 않을까? 나는 주기율표에 적힌 원소의 숫자들을 뚫어지게 들여다보았다. 그러자 플루오린과 제논의 결합이 원리로 따지면 불가능할 것도 없다는 결론에 이르렀다.

올리버는 바틀릿이 발견한 불활성기체의 화합물 소식을 듣고 너무나도 기뻐했다고 한다. 세상에서 가장 외로운 원소조차 결국 짝을 찾게 되었다며.

바틀릿의 발견 소식에 올리버처럼 경이와 환희를 체험한 사람이 또 있었다. 물리학자 프리만 다이슨(Freeman Dyson)은 색스에게 '결정 안에 들어앉은 제논'을 보고 전율이 일었다는 말을 했다고 한다.

월라드 리비(Willard Libby)[*]가 제논바륨 결정이 가득 든 조그만 항아리를 들고 프린세톤에 왔을 때를 기억한다. 그것은 내 생애에서 몇 안 되는 잊지 못할 순간이었다. 소금처럼 생겼는데 소금보다 훨씬 무거운 안

---

[*] 리비는 방사성탄소 연대측정 기법을 발명해 1960년 노벨화학상을 수상했다.

정적인 화합물이 들어 있었다. 제논이 결정 안에 갇힌 모습을 보다니 이는 필시 화학이 마법을 부린 것이다.

닐 바틀릿의 발견을 가장 독특하게 찬사한 사람은 따로 있다. 바로 작가 프리모 레비(Primo Levi)이다. 그의 유명한 저서 『주기율표(The Periodic Table)』에서 레비는 그 누구보다 명쾌하게 화학원소 각각의 고유한 성격을 정곡을 찌르듯 묘사하여 대중에게 전달했다. 그 책의 첫 장은 '아르곤'으로 시작한다. 그가 의인화한 불활성기체들을 살펴보자. '숨은 자, 크립톤' '무기력한 자, 아르곤' '외계인, 제논'. 불활성기체의 조상은 이렇게 묘사했다. "그들의 내부정신은 둔하고 완만한 것이 틀림없다. 깊이 생각한다거나 재치 있는 대화를 나눈다거나 우아하며 정교한 생각, 까닭 없는 정신활동에 전혀 관심이 없는 족속들이다." 그러면서 레비는 "이들이 정말로 그처럼 둔할까?"라고 묻는다. 레비의 대답은 이렇다.

다만 1962년 한 부지런한 화학자의 오랜 독창적인 노력 끝에, '낯선 것 – 외계인(제논)'이 극도로 탐욕스럽고 활발한 플루오린과 잠깐 동안 결합하도록 하는 데 성공한 일이 있었을 뿐이다. 그런데 이 업적이 너무나 뜻밖의 일로 여겨져서 그 화학자는 노벨상까지 받았다.

바틀릿은 물론 노벨상을 받지 못했다. 하지만 레비가 두말할 것 없이 노벨상 감이라고 쓴 것을 보라. 그의 소견에도 최초의 제논화합물은 화학자들에게 잊을 수 없는 울림을 준 것이 분명했다. 그 소식을 듣는 순간 화학자들이 한량없는 기쁨과 아뜩한 전율에 사로잡힌 것은 "화학의 경이는 끝이 없다."는 소리를 들었기 때문이리라.

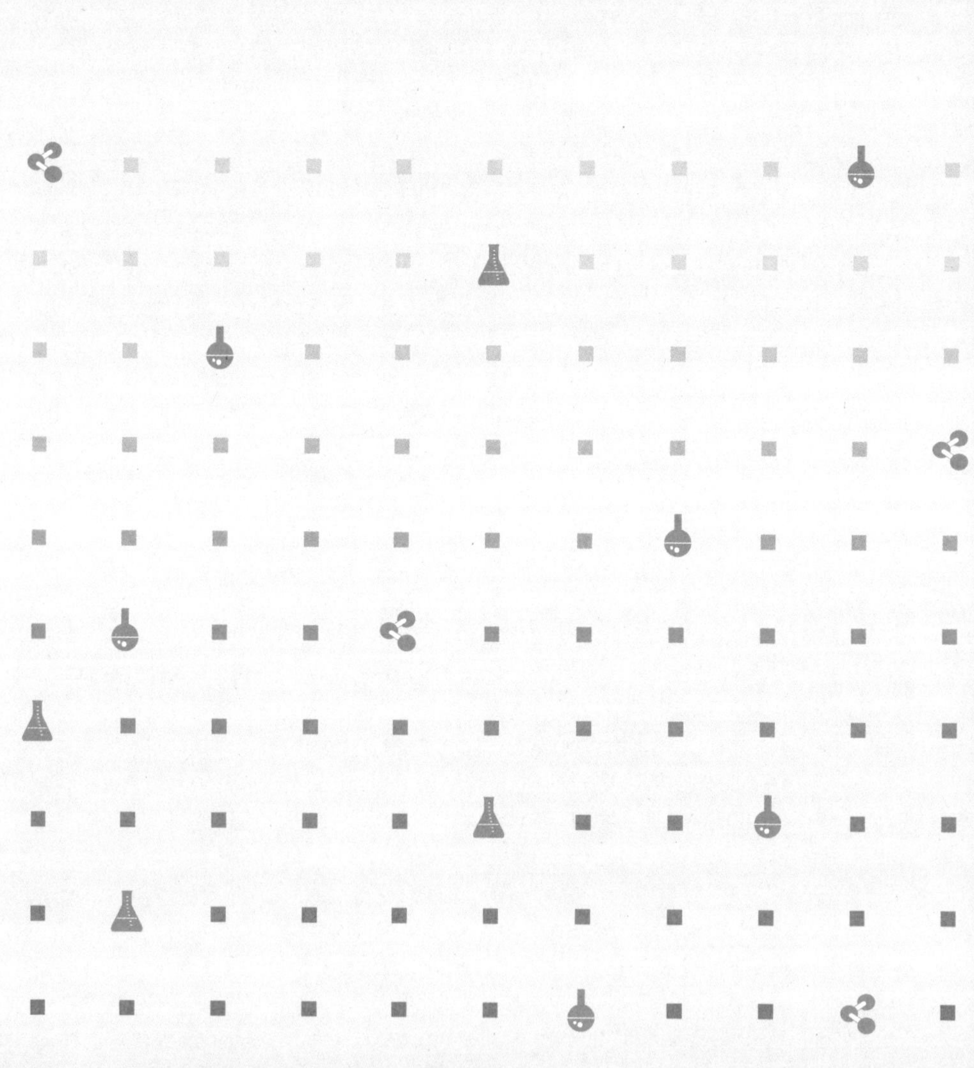

| 제3부 |

물질을 만드는 기술

The Art of Making Things

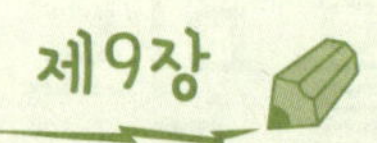

제9장

자연을 다시 짓다

로버트 우드워드—비타민 B$_{12}$와 검약의 아름다움

1972년 인도 뉴델리에서 하버드 출신 화학자 로버트 번즈 우드워드는 강연 중에 지난 7년간의 협동 연구가 드디어 결실을 맺었다는 소식을 전한다. 그것은 비타민 B$_{12}$를 합성하는 데 성공했다는 뜻이었다. 스위스 취리히에 거점을 두고 전 세계 19개국에서 99명의 과학자가 참여한 이 대규모 프로젝트에서 유사 이래 합성된 것 중 가장 복잡한 분자를 합성해 낸 것이다. 노벨상 수상자이기도 한 우드워드는 화학자로 활약하는 내내 분자 합성 영역에서 영감의 원천으로 통했다.

　1972년 2월에 로버트 우드워드가 인도 뉴델리에서 한 강연
이 그의 여느 강연과 별다름이 없었는지 여부를 확인해줄 문헌
상의 자료는 없다. 하지만 만약 그랬다면 청중은 난생처음 듣는
강력한 펀치라인에 쓰러졌을 것이다. 우드워드는 일사천리로
이어지는 마라톤식 강연에 관한 한 전설적인 인물이다. 강연이
3시간 만에 끝났다면 무진장 서두른 것이다. 그는 색색의 분필
을 한 뭉치 담아들고 강연장에 들어서서 칠판 앞에 선다. 칠판에
는 어느새 세세한 부분까지 꼼꼼하게 다듬어진 눈부신 자태의
분자들이 가득하다. 사람들은 칠판에 그려진 그림을 그대로 촬
영하여 출판해도 손색이 없다고 입을 모았다. 우드워드는 화학
에 진중하게 임했으며 청중에게도 그러할 것을 요구했다. 하버
드 재임 시에는 매주 목요일 저녁 세미나를 열었는데 새벽 1시
가 되어도 끝날 줄 몰랐다. 1960년대 우드워드와 공동연구를 수
행하여 노벨상을 수상한 이론 화학자 로알드 호프만은 우드워
드가 강연하는 동안 시간이 다르게 간다는 사실을 알아챘다. 그
래서 그 시간은 '밀리우드워즈(milliwoodwards)' 단위로 계산해
야 한다고 말한 적도 있다.

물론 우드워드도 청중이 한숨 돌릴 여유가 필요한 점은 인정했다. 그럼에도 그가 다이키리 한 병을 홀짝거리며 다 비우고 강연을 마칠 때까지 청중은 갈고리못에 걸린 양 강의장을 뜨지 못했다. 독한 다이키리도 그를 흐트러뜨리지 못했다. 담배와 커피를 입에 달고 사는 사람이라 웬만한 음식에는 무덤덤해진 것이리라.

우드워드와 같은 부류는 전형적으로 다음과 같은 특징이 있다. 원기 왕성한 힘, 외곬으로 파고듦, 비상한 기억력, 쇼맨십, 예술가적 기질, 약간의 자기자랑. 우드워드는 결코 함께 지내기 편한 사람이 아니었다. 심지어 빈말이라도 그리 말하는 이가 없었다. 그는 제자의 성공을 열심히도 자랑하고 다녔다. 그러면서도 제자들을 매섭게 몰아쳐 연구에 매진하게 했고 그에 걸맞은 업적을 달성시켰다. 제자들은 화학의 지형을 번번이 새로 쓰는 대가의 지도를 받고 있음을 너무나도 잘 알고 있었다.

합성유기 화학자로서 동료 분자합성학자들을 이끌어 이 분야를 복합 건축학적 경지로 끌어올린 우드워드의 업적은 누구나 인정할 것이다. 하지만 그의 진정한 업적은 다음과 같은 소신이라고 생각한다. 즉 분자를 조립하는 일은 그저 기계적인 업무가 아니라 예술 작품을 창조하는 일이며, 그에 따라 합성분자에는 보는 이를 감동시키는 미학적 아름다움이 배어 있다

는 것이다. 화학자들이 '아름다움'이란 용어를 쓰기 시작한 것
도 넓게 보면 우드워드 때문이다. 이는 르네상스 시대에 레오
나르도 다빈치가 화가들의 작품을 진정한 '인문예술'로 격상시
켜야 한다고 주장한 것에 비견할 수 있다. 우드워드도 합성유
기화학에는 심미적이며 문화적이며 예술적인 요소가 다분하
다고 주장했던 것이다.

여러 면에서, 우드워드의 그러한 신념의 절정을 보여주는 업
적은 노벨상을 안겨준 비타민 B_{12} 합성이다. 이는 취리히에서
앨버트 에셴모저 연구진과 공동으로 달성한 성과이다. 화학자
들 사이에서는 인류에게 합성화학물의 혜택을 선사한 일등공신
으로서 우드워드가 차지하는 독보적 위상은 바로 이 업적 때문
이라는 의견이 지배적이다.

합성화학의 기술

화학자들은 대개 분자조립과 관련된 일을 한다. 바로 이 점에
서 화학은 여타의 학문과 차별된다. 과학의 사전적 정의만으로
따지면 화학은 과학이라고 할 수조차 없다. 그런데 지금까지 앞
에서 이야기한 화학은 이와 달랐다. 화학은 사물의 조성과 구성

단위를 탐구하는 학문으로, 세계를 이해하려는 목표를 집단적으로 추구하는 활동으로, 새로운 발견으로 채색되는 과학의 풍경화에서 어디에 놓아도 어울리는 학문이었다. 그러나 19세기 초에 들어서면서 사정이 달라졌다. 화학자들은 자연이 어떻게 구성원소를 조합하고 짜 맞추는지뿐 아니라 원소가 어떻게 자연을 구성하는지도 조명하기 시작한 것이다. 그들은 원료성분으로 자연의 성분을 다시 만들어보기도 하고, 또 자연이 결코 꿈꿔본 적이 없는 기이한 물질을 만들어보기 시작했다.

고대 이집트인들은 자연에서는 구할 수 없는 물질을 만들어 쓰는 법을 알고 있었다. 그런데 19세기 이전까지만 해도 화학은 위험한 장난이었다. 대부분의 화학적 산물은 실제로 화학물질을 다루어보는 과정에서 어쩌다 운 좋게 만들어진 것이었다. 물질을 이루는 여러 원소와 그 구성비율을 정확하게 분석하기 시작한 이후부터 화학자들은 천연원료를 조합해 원하는 물질을 생성하는 체계적인 방법을 밝힐 수도 있다는 희망을 품기 시작했다. 그것은 화가가 물감을 혼합해 원하는 색을 내는 식과는 차원이 달랐다. 원료를 비율에 맞춰 섞는 것이 원하는 화합물을 생성하는 전부가 아니었다. 단, 금속염과 같은 무기화합물의 경우 비율을 지키는 것으로 충분했다. 예컨대, 1789년 니콜라 르블랑(Nicholas Leblanc)이 보통 소금과 황산, 숯과 백악(가루가 되기 쉬운

석회암 – 옮긴이)으로 소다(탄산나트륨, 표백과 비누제조에 쓰이는 물질)를 제조하는 방법을 밝혔다. 알칼리 화학산업은 이로부터 태동한 것이다. 이전에 없던 선명한 색상의 염료인 비소구리(셸레의 녹색, 1775년 칼 빌헬름 셸레가 조제)와 알루미늄코발트(코발트블루, 1802년 루이-자크가 개발)를 합성생산하기 시작한 사건도 자연의 총천연색이 화학자들의 재간에 뒤질 수 있음을 보여주었다. 1766년 스코틀랜드 화학자 윌리엄 컬런(William Cullen)은 "화학의 한 목적은 천연재료에 비해 온갖 예술적 표현을 더욱 풍성하게 해주는 인공 염료를 만드는 데 있다."라고 공표한 바 있다.

그런데 탄소계 화합물의 경우, 논의의 바탕이 근본적으로 다르다. 탄소계 화합물은 살아 있는 유기체에서 생성된다. 그런 까닭에 화학자들은 이에 '유기적'이라는 말을 붙인다. 그런데 이 유기화합물은 이루 말할 수 없을 만큼 그 종류가 다양하다. 탄소, 수소, 산소와 질소라는 한 줌의 기본요소로 서로 다른 조합을 무한정에 가깝게 구성할 수 있기 때문이다. 1830년대와 1840년대에 독일 기센에서 활약한 화학자 유스투스 폰 리비히(Justus von Liebig)는 이 유기물질을 분석하는 방법을 완성시켰다. 다시 말해, 각 구성 원소의 양을 측정하는 정량분석법을 개발한 것이다. 이 분석법으로 측정한 결과는 이후 화학식(chemical formula)으로 화학을 공부하는 후학들의 교과서에 실리게 되었다. 예컨대, 오늘날 에탄올이라고 부르는 화합물은 C_2H_6O로 표기되었다. 탄소가 2, 수소가 6, 산소가 1로 조합된 물질이라는 뜻이다. 그런데 이 조합 비율은 에탄올을 제조하는 데 그리 도움이 되지 않는다. 이와 매우 비슷한 화학식을 갖는, 그러나 성질은 크게 다른 화합물이 아주 많기 때문이다. 대표적으로 에탄올과 화학식이 같은 다이메틸에테르(dimethyl ether)는 에탄올과 전혀 다른 물질이다. 하지만 화학자들은 그만한 어려움 때문에 유기분자를 합성하려는 시도를 멈추지는 않을 것이다. 또한 때로 무지는 과업을 완수하는 데 더없이 중요한 원동력이기도 하다.

오늘날 여러 유기화합물이 산업 및 의약 산업의 근간을 이루고 있다. 간단히 열거하면 살균제인 페놀, 말라리아 치료제인 퀴닌, 염료인 인디고(쪽빛)와 알리자린 등이다. 이들은 모두 식물이나 동물 같은 천연자원에서 채취한 것들이다. 그런데 이 유용한 물질을 추출하는 과정은 결코 녹록지 않았다. 그 과정은 대개 고된 노동과 만만치 않은 비용이 드는 데다 성공여부를 알 수 없는 불안과 상해의 위험과도 싸워야 하는 도전의 연속이었다. 이처럼 어렵게 천연물질을 채취하는 대신 화학실험실에서 천연물질을 만들어낼 수 있다면 얼마나 편리할까?

그 소원은 바로, 1840년대에 런던에서 퀴닌 합성법을 연구하던 독일 태생 화학자 아우구스트 빌헬름 호프만(August Wilhelm Hofmann)이 품었던 것이다. 퀴닌은 신코나 나무껍질에서 추출하는 약물이다. 이의 약효는 17세기 남아메리카에서 최초로 발견되었으며, 영국과 네덜란드 식민지인 실론, 인도, 자바 지역에서 이 나무를 재배하기 시작했다. 1820년도에 신코나 나무껍질 추출물에서 약효를 발휘하는 활성성분이 퀴닌임을 확인했으며, 이의 화학식은 $C_{20}H_{24}N_2O_2$로 밝혀졌다. 하지만 이 약에 대한 수요가 폭주하면서, 당시 식민통치를 받던 인도의 경우 신코나 나무가 고갈되기에 이른다. 이에 퀴닌 합성법을 시급히 알아내야 할 필요가 생긴 것이다.

호프만은 1850년대 중반에 어린 제자 윌리엄 퍼킨에게 그 임무를 맡겼다. 1856년에 퍼킨은 알릴톨루아이다인(allyltoluidine), 곧 분자식이 $C_{10}H_{13}N$인 화합물이 출발물질로 호조건임을 파악하고 조사에 착수한다. 산소를 공급하면서 분자 2개에서 물을 제거했다. 계속해서 분자 개수를 늘려가면서 물을 제거해나갔다. 마침내 퀴닌 화합물에 이를 때까지 이 과정을 반복했다.

퍼킨의 일화는 당시 합성화학자들이 얼마나 오랜 시간 실험에 매달렸는지를 잘 보여준다. 그것도 어둠 속에서 말이다. 알릴톨루아이다인은 화학식만 보면 퀴닌을 반으로 나눈 물질 같지만 전혀 다른 물질이다. 퍼킨과 동시대를 살았던 화학자들은 이 분자를 이루는 원자들이 어떻게 서로 연결되어 있는지에 관해서는 문외한이었다. 유기합성의 열쇠는 바로 이것이다. 즉 어떤 원자들이 분자를 이루고 있는가가 아니라 어떻게 원자들이 연결되어 있는가이다. 따라서 유기물을 합리적인 절차를 따라 체계적으로 합성하기 위해서는, 먼저 분자구조, 즉 분자가 건축된 양식을 알아야 한다.

[그림23]은 알릴톨루아이다인과 퀴닌의 분자구조이다. 위의 두 그림은 막대와 공으로 원자의 결합을 표시한 것이며, 아래의 두 그림은 이를 화학자의 방식을 따라 간단히 나타낸 것이다. 아래 그림에서는 기본 틀, 즉 분자골격을 이루는 탄소 원자가 명시적으로 표시되어 있지 않지만 각 모서리와 각 꼭지에 들어앉아 있다. 또 탄소와 결합하고 있는 수소도 따로 그리지 않는다. 이처럼 묘사된 분자구조를 보고 한눈에 어떤 분자인지 알아맞히려면 약간의 연습이 필요하다. 아직 어떤 분자인지 알아맞힐 수 없다 해도 걱정할 필요는 없다. 탄소들이 골격을 이루며 서로 연결되어 있음을 아는 것으로 족하다. 이 그림에서 확연히 구분되듯이 알릴톨루아이다인을 2개 이어 붙이고 원자 몇 개는 떼어버린다 해도 절대 퀴닌처럼 되지 않음을 알 수 있다.

퍼킨은 이 사실을 몰랐다. 그저 붙이고 또 붙여보았다. 퀴닌이 만들어질 턱이 없다. 그러나 퍼킨은 다른 면으로 운이 좋았다.

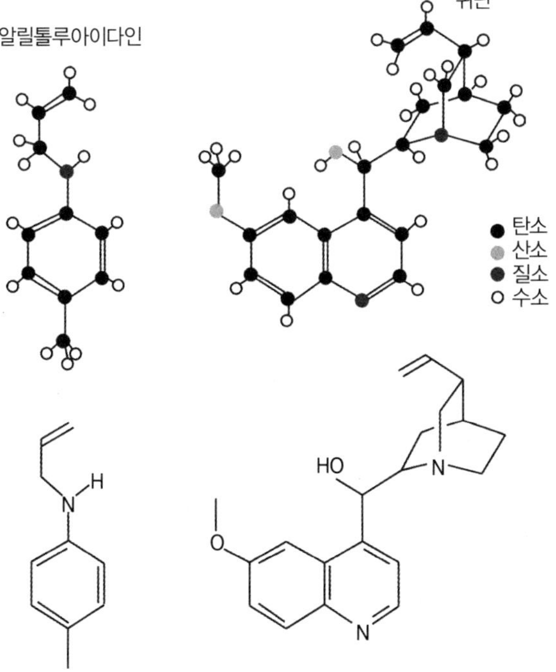

_그림23. 알릴톨루아이다인과 퀴닌의 분자구조. 이 분자구조 그림을 보면 퀴닌을 이어붙이는 방식으로는 결코 퀴닌을 합성할 수 없음을 알 수 있다.

실험을 거듭하던 어느 날, 자줏빛이 감도는 아름다운 물질을 관찰한 것이다. 그것은 염료로 쓰기에 아주 좋았다. 이것이 최초의 아닐린계 염료였다. 방년 18세인 퍼킨은 부친과 형제를 설득해 이 염료를 제조하는 공장을 세웠다. 이후 아닐린계 염료 말고도 주홍색, 녹색, 갈색, 검은색 염료가 줄줄이 발견되었다. 퍼킨의 발견이 염료 제조 산업을 부화시킨 셈이다. 염료산업의 번창에 힘입어 합성유기화학 분야도 더욱 발전한다. 그 기세는 19세기 말까지 이어져 알리자린(alizarin, 심홍색 염료 착색제)과 인디고 같은 천연 색상의 합성이 되기까지 약진을 거듭하게 된다. 염료 제조업체들은 이제 염료 화합물을 공급하기 위해 더 이상 작물을 재배하지 않아도 되었다. 여파는 거기서 끝나지 않았다. 식민지를 거느린 유럽 열방의 대규모 인디고 재배산업이 몰락하기 시작했다. 새로운 권력을 획득한 유기합성산업은 세계 상업과 제조업을 근본적으로 변형시킬 만큼 위력적이었다.

유기분자의 형태를 지배하는 원리가 차례차례 밝혀지면서, 유기합성 분야는 생활에 유용한 물질을 생산한다는 일차적인 목표를 벗어나 고차원적인 목표를 수립해나갔다. 그러한 고차원적인 목표는 밝혀진 유기화합물의 분자구조가 타당한지, 즉 맞는지를 확인하는 하나의 절차로 자리 잡게 되었다. 분석이란 말 그대로 '낱개로 쪼갬'을 뜻한다. 화합물의 화학적 조성을 조사하여 밝히기 위해 화학자는 그것을 부수어야 한다. 일례로, 화합물의 탄소 함량을 측정하기 위해 탄소를 이산화탄소로 변형시키는 반응을 일으키고 이때 발생하는 기체의 총량을 측정했다. 제2장에서, 라부아지에가 물질의 조성을 파악하는 대 원리가 분석과 합성 양방향의 결과로 연역하는 것임을 어떻게 알게 되었는지를 소개했다. 라부아지에가 물이 수소와 산소의 화합물임을 밝힌 실험은 합성이 아니라 분해를 통해서였다. 그는 수소와 산소로 물을 합성한 캐번디시의 실험을 재현한 것이 아니라 물을 고온의 철 위로 수증기를 흘려주어 산소와 수소로 분리하는 실험으로 자신의 주장을 확증했다. 유기화합물의 경우 분석이 합성보다 쉽다. 그런데 화학자들은 합성에 매우 능숙하기 때문에, 라부아지에가 주창한 원리 따위는 자신의 가설에서 제기한 분자의 구성요소를 검증하는 데만 적용할 뿐이다. 즉 화학자들은 어떤 분자에 대해 심증이 가는 구성요소들을 써서 처음부터 그 분자를 조립하는 방법으로 그것들이 구성요소임을 증명한다.

유기합성은 물을 합성하는 것처럼 한 단계로 끝나는 경우가 거의 없다. 분자의 복잡다단한 구조는 한 단계씩 차례차례 쌓아올려야 한다. 각각의 버팀목을 괴고 대들보를 세우고 다리를 이어 골격을 잡아나가는 것은 무척 고생스러운 기초 작업이다. 골격이 완성되면 여기에 갖가지 분자를 장식처럼 꾸며준다. 이처럼 매 단계를 조심스럽게 거치는 이유는 오직 분자구조를 점검하기 위해서이다. 매 단계마다 화학자는 무엇을 연결할지 정확하게 알고 있다. 혹은 알고 있다고 믿는다. 그래야 구축하고 있는 분자가 어떤 형태일지 놓치지 않고 따라갈 수 있다. 완성된 작품의 화학적 성질이 탐구 대상인 화합물과 동일하게 나오면

비로소 바른 구조를 알아냈다고 안심하게 된다. 그런데 화학자가 합성하고자 하는 유용한 유기화합물, 대개 의약품은 매 단계가 비용과 직결된다. 유기화학에서 원료 물질이 100% 원하는 생성 물질로 전환되는 반응은 없다고 보는 게 맞다. 예상과는 다른 원자끼리 결합을 형성하는 등 목표 물질의 형태가 아닌 불량품들은 다반사로 생성된다. 최종 산물이 되는 과정에서 원료손실이 불가피한 것은 대부분 매 단계마다 분리정제 공정을 거쳐 다음 합성 단계로 나아가기 때문이다. 즉 매 단계마다 합성수율, 곧 원료에 대한 최종산물의 비율이 낮아지는 것이다. 예를 들면, 총 10단계 공정에서 매 단계의 효율이 80%일 경우, 원료의 10%만 최종 산물로 전환된다. 이러한 손실량은 총 공정비용의 상승으로 직결된다. 유기화학이 발달하면 할수록 유기합성 공정은 복잡해지고, 이는 더 많은 단계를 요구하게 마련이다. 이에 따라 화학자들도 경제적 타당성을 강도 높게 고려하지 않을 수 없었다.

🧪 화학적 본성

과학적 혁신의 이면이 그러하듯, 우드워드가 유기합성 분야에서 이룩한 쾌거도 전쟁이라는 급박한 상황의 재촉이 없었더라면 불가능했을 것이다. 미국은 네덜란드령 동인도 제도(현재의 인도네시아 – 옮긴이)에서 퀴닌을 수입해다 썼지만 제2차세계대전이 터지면서 공급이 중단되고 만다. 하지만 미국은 그 어느 때보다 퀴닌이 절실했다. 아시아 지역에 파병한 미군에게 조달해야 했기 때문이다. 한번 실패한 적이 있는 퍼킨에게는 이 문제를 해결하기 위해 다시금 도전할 뜻밖의 구실이 생겼다.

그런데 우드워드는 먼 전쟁터의 수요보다 가까운 곳의 직접적인 수요에 직면해 있었다. 1942년에 우드워드는 케임브리지 인근에 소재한 폴라로이드 코퍼레이션(The Polaroid Corporation)이라는 사진현상 업체의 고문을 겸임하고 있었다. 이 업체는 빛편광제로 퀴닌을 쓰고 있었다. 공급물량이 달리자 우드워드에게 대체화합물을 찾아달라고 요청했다. 우드워드는 성심껏 직무를 다했다. 그런데 우드워드는 퀴닌을 합성하는 연구에서 색다른 묘미를 발견한다.

퍼킨의 퀴닌 합성은 실패로 돌아갔지만, 그 후 퀴닌 합성에 대한 연구는 여러 화학자들을 통해 계속되고 있었다. 그러나 괄목할 만한 진전은 없었다. 복잡하기 짝이 없는 천연물을 합성해야 할 경우, 거꾸로 접근하는 방법도 표준기법이다. 즉 천연물을 구성하는 조금 더 간단한 물질부터 합성해보는 것이다. 천연물이 어떻게 단계별로 분해되는지가 밝혀지고, 또 그 단계의 구성요소가 밝혀지면 그다음부터는 합성과정이 쉬어진다. 대부분 분해된 요소는 간단한 유기물이거나 쉽게 구할 수 있는 물질이기 때문이다. 1918년 독일 화학자 파울 라베(Paul Rabe)는 퀴닌을 분해하여 알아낸 퀴노톡신(quinotoxine)이라는 물질을 바탕으로 퀴논을 재구성하는 데 성공했다고 주장했다. 1943년, 스위스에서 활약하던 유고슬라비아 태생 화학자 블라디미르 프렐로그(Vladimir Prelog)는 퀴노톡신과 그보다 더 간단한 화합물인 호모메로퀴넨(homomeroquinene) 사이를 양방향으로, 즉 분해하고 다시 조합하는 방법을 밝혔다. 이제 호모메로퀴넨을 만들 수만 있다면 최종합성은 훨씬 쉬워진다. 거기서부터 퀴닌까지는 앞서 밝혀진 경로가 있기 때문이다.

바로 이것이 1944년 하버드에서 우드워드가 윌리엄 폰 에거스 되링(William von Eggers Doering)과 공동연구로 성취한 것이다. 이들이 이룩한 '퀴닌 합성' 쾌거는 곧바로 '세기의 과학적 성취'라는 제목으로 「뉴욕타임스」에 대서특필되었다. 사실 우드워드와 되링은 그 쾌거를 거저 얻은 감이 없지 않다. 라베가 밝힌 경로의 신빙성이 밝혀지지 않은 상태였기 때문이다. 문제는 퀴닌이 보기보다 훨씬 지독하게 복잡한 분자라는 데 있다. 퀴닌은 무려 16개나 되는 입체이성질체가 있었다. 앞에서 설명한 대로

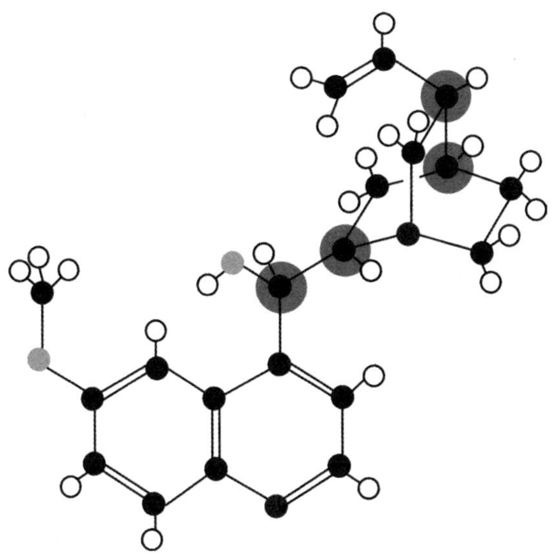

_그림24. 퀴닌 분자의 4 키랄 중심(회색 동그라미를 친 것들)

이들은 원자의 연결 방식은 모두 동일하지만 3차원적 배열만 다를 뿐이다. 그 가운데 오직 한 이성질체만 신코나 나무껍질에서 추출되는 말라리아 퇴치제이다. 라베가 퀴노톡신으로 퀴닌을 합성했다는 논문에서, 그가 정확하게 입체적으로도 약효가 있는 그 퀴닌을 합성해냈는지는 자신도 확인할 길이 없었다.

문제가 이처럼 복잡한 이유는 퀴닌 분자의 키랄성이 한두 개가 아닌 데서 비롯한다. 제6장에서도 살펴보았지만 탄소는 결합을 형성하되 사면체 꼴을 만든다. 따라서 총 4개의 서로 다른 화학기가 각각 2개의 거울상 이성질체를 생성할 수 있다. 이러한 탄소를 입체이성질체유발성, 곧 '스테레오제닉(stereogenic)하다'고 한다. 바로 이 성질이 분자의 오른손성과 왼손성을 일으킨다. 퀴닌은 스테레오제닉한 탄소가 4개 있다. 각각 2개의 좌우대칭이성질체를 생산할 수 있으므로 퀴닌의 입체이성질체는 총 $2 \times 2 \times 2 \times 2 = 16$개가 나온다.(그림24 참조) 이 키랄성 때문에 퀴닌은 빛을 편광하는 성질이 있다.

천연물 분자의 경우 특히 스테레오제닉한 탄소를 많이 보유하고 있다. 이 때문에 합성유기 화학자들이 가장 골머리를 앓는다. 한 분자에서 1개의 결합을 형성해줄 경우, 이는 즉시 키랄 중심으로 작용해 좌우대칭이성질체 쌍을 생성해버리지만 그중 하나만 원하는 합성물이다. 두 좌우대칭이성질체가 반반 생성될 경우 하나하나 힘들여 분리해내야 한다. 합성유기학자들은 고된 이 작업을 피하고 싶었다. 그래서 결합이 하나 생성될 때마다 그렇게 조심스럽게 지켜보는 것이다. 그런데 천연물의 경우 자연은 효소를 활용한다. 효소로 한쪽 이성질체만 생성되도록 애초부터 화학반응의 경로를 조정하는 것이다. 오른쪽 장갑은 왼손에는 낄 수 없듯 효소도 마찬가지이다. 유기화학자들은 이제 효소 기능이 있는, 즉 키랄 선택성이 우수한 촉매를 몇 가지 구비하게 되었다. 아직까지는 매우 보잘 것 없는 연장통이다. 퀴닌으로 돌아가서, 뉴욕 소재 콜롬비아 대학의 유기화학자 길버트

스토크(Gilbert Stork)가 2001년 마침내, 키랄 중심이 모두 정확한 퀴닌을 합성에 필요한 하위분자 세트를 완벽하게 갖추는 데 성공한다.

어쨌든 우드워드와 되링이 성공한 합성법은 절대 재연되지 않았다. 왜냐하면 그 방법으로 상업용 퀴닌을 생산하기에는 비용이 만만치 않기 때문이다. 게다가 1년 후 전쟁이 끝나면서 퀴닌 수요도 하락한다. 이 모든 시대적 상황도 스물일곱 살의 우드워드가 획득한 전도유망한 젊은 화학자라는 명성에는 아무런 영향을 미치지 못했다.

그것은 시작에 불과했다. 우드워드는 유기화학계를 일으킬 사명이라도 띤 듯 돌풍처럼 질주했다. 복잡한 천연물을 합성해내고 또 합성해내면서 유기합성의 귀재로 통하게 되었다. 1953년에는 세포막을 형성하는 성분인 콜레스테롤을 합성했다. 1956년에는 고혈압과 신경성 장애 치료제로 쓰이는 레세르핀(reserpine)을 만들어냈다. 이후 순환계 장애, 출산 분만계통 비정상, 정신성 장애의 약물제제로 쓰이는 리세르산(lysergic acid)를 만들어냈다. 이 물질은 환각제인 LSD의 바탕제이기도 하다. 그런데 그가 의약 제재만 합성한 것은 아니다. 1954년에는 인체에 치명적인 독인 스트리크닌(strychnine)을 만들어내기도 했다.

그 즈음부터 합성유기화학자들은 고난이도의 천연물 합성을 몸 푸는 작업쯤으로 여기기 시작했다. 천연물 가운데는 끔찍하게 복잡한 분자들이 맹독성인 경우가 많았다. 이 때문에 일반인들에게는 유기합성자들이 마치 독성물질 개발에 혈안이 된 양 비쳐지기도 했다. 쇼맨십 기질이 있던 우드워드에게는, 스트리크닌처럼 독성이 극악할수록 이의 합성법은 꼭 밝혀야 한다는 강박감이 되어 그를 더욱 분발하게 했던 것 같다. 마침내 스트리크닌 합성에 성공하고 이를 발표하기 위해 논문을 작성한다. 그런데 그만 이 승리의 기쁨을 감추지 못하고 평판에 어울리지 않게 냉정함을 잃는 실수를 저지른다.

아, 스트리크닌! 이 사악하고 사악한 물질의 가공할 독성은 16세기 유럽의 스트리크노스 종의 이목을 사로잡는다. 이 독성물질은 동남아시아의 아르키펠라고스와 인도의 코로만델 해안의 울창한 우림에서 자라는 것이었다.

그러나 우드워드에게조차도 이것은 자랑을 위한 문학적 읊조림만은 아니었다. 유기합성이 까다롭고 복잡해질수록 화학자들은 새로운 전략을 짜내고 새로운 기법을 개발해야 한다는 강박감에 시달렸다. 어떠한 도전적인 분자를 만나더라도 이들은 최상의 무기를 척척 꺼내들고 싶었던 것이다.

1960년에 우드워드는 클로로필 합성에 성공한다. 이 또한 불굴의 도전정신이 일군 성과이다. 이 걸출한 업적에 가장 어울리는 찬사를 남긴 이는 한때 스위스에서 우드워드와 공동연구를 수행한 에셴모저였다. 그는 "클로로필은 우드워드의 복잡한 유기분자의 반응성을 꿰뚫는 남다른 통찰력의 결정체"라고 치켜세웠다. 클로로필은 초록 식물이 광합성을 수행하는 태양전지이다. 클로로필에서 빛을 거두어들이는 심장은 고리 모양의 포르피린이라는 분자이다. 포르피린의 한가운데에는 마그네슘이 박혀 있다. 우드워드가 합성해내고자 분투했던 것이 바로 포르피린이었다. 포르피린 합성에 성공한 이후, 우드워드의 차기 목표로 등장한 물질이 이처럼 금속이 한가운데 박힌 고리 모양의 천연물인 비타민 B_{12}였다.

공동의 문제

복잡한 구조로 유명한 비타민 중에서도 수괴는 비타민 B_{12}라고 털어놓은 이는 다름 아닌 우드워드였다. 1960년대에 이르러 화학자들은 다른 모든 비타민은 합성해냈지만 비타민 B_{12}는 유일하게 합성하지 못하고 있었다. 화학자들이 비타민 B_{12} 합성에 매달린 것은 단지 학문적인 성취를 위해서만은 아니었다. 비타민 B_{12}는 악성빈혈 치료제로 쓰이고 있었다. 악성빈혈은 골수가 적혈구를 생산하는 과정에 문제가 있는 질환이다. 이 질환자의 적혈구는 일단 수가 적고 크며 터지기 쉽다. 이 때문에 위벽이 헐고 궁극적으로는 신경질환으로 발전한다. 1926년 하버드 연구팀은 악성빈혈 환자에게 간을 다량 복용시켰더니 증상이 완화된 것을 발견한다. 그로부터 22년 후에 학자들이 증상을 완화시키는 물질을 규명하고 분리해냈는데 그 물질이 바로 비타민 B_{12}였다. 1960년대에는 이 물질을 항생제를 생산하는 방식을 도입해 미생물 발효 공정으로 생산하여 제조하고 있었다. 값은 그램당 4프랑이었다. 대개 1회 복용량이 밀리그램 단위 이하이므로 그리 비싼 의약품은 아니었다. 따라서 복잡하기로 이름난 이 화합물을 굳이 합성해야 하는 명분은 없었다. 성공한다 해도 그보다 더 싼 가격으로 공급할 수는 없을 성 싶었기 때문이다.

그런데 채산성이 낮더라도 의약품의 경우 모종의 실리적인 이유로 합성공정을 개발하기도 한다. 예컨대, 뜻밖의 분자재료로 어설프게나마 목표분자를 합성해내고 구조도 밝혔다고 하자. 그러한 분자재료들을 비슷한 구조의 새로운 분자를 합성하는 데 요긴하게 쓸 수 있다. 보통 새로운 물질은 약제로서 효능도 우수하고 활성도 다르다. 천연분자가 한 용도로밖에 쓰이지 않는다고 해서 그 분자의 용도를 하나로 제한할 필요는 없다. 이를 다른 약제의 성분으로 활용할 경우 약리학적 관점에서 어떤 새로운 효능이 관찰될지 아무도 장담할 수 없다.

그럼에도 그 가능성 때문에 비타민 B_{12}를 합성하고자 했던 것은 아니다. 사실 비타민 B_{12}를 합성해서 무슨 쓸모가 있을지 그다지 관심조차 없었다. 화학자들은 그저 화학적 기량을 극한까지 뽐내며 시험 자체에서 순수한 기쁨을 느끼고자 이의 합성을 추구했던 것이다. "비타민 B_{12} 합성프로젝트에 참여한 화학자들은 순수하게 과학을 위해, 유기화학의 발전을 위해 출정했다. 미생물이 생산한다고 알려진 이 물질을 합성해낼 수 있을지, 또 언젠가 이 비타민의 효능 개선에 기여할 기법이라도 개발할지 이러한 의문조차 품지 않았다."라고 에셴모저는 회상했다. 또한 "사람이 어떻게 천연비타민의 효능을 개선할 수 있겠습니까?"라고 덧붙였다.

20세기의 후반부를 맞이한 유기화학자에게 이 비타민은 프로젝트를 출범할 때부터 분자계의 에베레스트 산이었다. 이것을 정복하는 일은 유기화학의 최전방에서 한 걸음 더 나아가는 일이나 다름없었다. 그러니 당시 유기화학계의 대부였던 로버트 번즈 우드워드에게 이 목표는 반드시 달성해야 하는 필생의 고지였던 것이다.

비타민 B$_{12}$가 얼마나 복잡한 분자인지는 1956년에 이미 명백히 밝혀졌다. 옥스퍼드 대학의 도러시 호지킨(Dorothy Hodgkin)이 X선 결정촬영기법으로 비타민 B$_{12}$의 결정구조를 추정한 결과에 따르면 그러했다. 결정 내 원자 위치를 확인하는 이 기법은 1920년대와 1930년대에 등장했다. 이후 이 기법의 유용함을 깨달은 학자들은 능숙하게 사용법을 익혀 유기화합물의 결정구조를 시원하게 분석해주었다. 자연히 유기합성법으로 분자구조를 검증하는 방법은 위축되었다. 유기분자의 구조가 속속 밝혀짐에 따라 합성화학자들은 더욱 폭넓게 축적된 자료를 활용할 수 있게 되었다. 이제는 더 이상 합성 또는 분해 단계별로 분자구조를 확인하고 넘어가는 유형의 실험 계획을 세울 필요가 없었다. 그렇다고 호지킨이 간단하게 비타민 B12의 구조를 밝힌 것은 아니다. 이는 장장 8년을 연구해 완수한 그녀의 최대 업적이었다. 이 공로를 높이 사 노벨위원회에서는 그녀에게 1964년에 노벨화학상을 수여했다. 에셴모저는 "비타민 B$_{12}$는 이의 화학구조가 화학적 분해 분석법이 아닌 X선 결정분석법으로 밝혀진 최초의 복잡한 생물분자"라고 했다.

비타민 B$_{12}$는 매우 특이한 유기분자이기도 하다. 금속원자를 함유한 유일한 비타민인 데다 코발트를 함유한 몇 안 되는 생물분자인 점에서 그렇다. 코발트 1개는 이 분자의 기본 골격인 환

(ring) 한가운데 들어앉아 있다. 이는 클로로필의 포르피린과 매우 흡사하다. 원자 5개로 구성된 작은 환(5골격탄소원자 환, 5환)이 큰 골격 환 하나에 모두 연결되어 있다.(그림25 참조) 하지만 살짝 다르다. 클로로필의 경우 5환이 모두 큰 골격 환과 탄소결합으로 연결되어 있지만, 비타민 B_{12}의 경우 5환의 탄소 2개만 직접 큰 골격 환과 연결되어 있다. 이러한 구조를 코린환(corrin ring)이라고 한다. 이 코린환에 4개의 5환이 달려 있으며, 이들 4개는 모두 다르다. 아래 그림에서처럼 편의상 이들은 A, B, C, D로 표기한다. D에 딸린 곁사슬은 아데노신이라는 분자기와 결합하고 있다. 아데노신은 DNA의 한 구성단위이다. 이 곁사슬은 큰 환 아래로 돌아들어가서 질소와 큰 환의 중심 코발트와 결합을 형성하고 있다.

이처럼 비타민 B_{12}의 특이점은 한두 가지가 아니다. 이 때문에 화학자들은 이 분자를 완성해낸다면 유기화학계의 미래에 새로운 길이 열릴 것이라고 내다보기도 했다. 더구나 이 분자는 자그마치 키랄 중심이 9개이다. 방향까지 정확하게 맞추어야 했기 때문에 실로 이보다 엄청난 도전은 이전에도 이후에도 없을 것이었다.

1961년에 우드워드가 비타민 B_{12} 합성프로젝트를 출범하기로 결정했을 당시, 이미 한 단계는 취리히의 연구진이 앞선 상태였

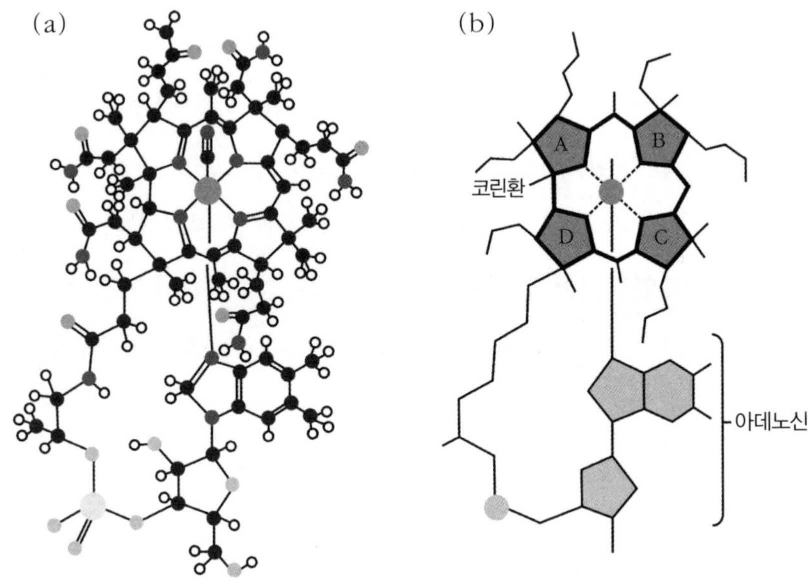

_그림25. (a) 비타민 B$_{12}$ 분자. (b) 핵심 성분만 표시한 구조.

다. 취리히 연방공과대학(Eidgenossische Technische Hochschule, ETH)의 에셴모저가 한 해 전부터 이른바 코리노이드 화합물이라는, 코린환 구조를 함유한 물질의 합성작업에 들어갔던 것이다. 우드워드는 ETH에서 벌어지는 일들을 잘 알고 있었다. 이미 스위스의 연구기관에 인맥이 많았기 때문이다. 1948년에 우드워드는 스위스-미국 재단(Swiss-American Foundation) 강연자로 스위스를 방문해 긴밀한 유대 관계를 형성해두었다. 일례로, 당시 ETH에 있던 프렐로그와의 인연 덕분에 1963년에 스위스 북부 도시 바젤에 화학회사인 CIBA 연구소에 우드워드 연구센터 건립을 추진할 수 있었다. 그럼에도 우드워드와 에셴모저는 1965년까지 각자 독자적으로 비타민 B_{12} 합성프로젝트를 진행해나갔다. 한 해 전인 1964년 6월, 호지킨이 주제한 런던왕립학회장에서 우드워드와 에셴모저는 서로 성과를 견주어볼 기회가 있었다. 그 자리는 비타민 B_{12} 합성에 관심이 있는 각국의 연구진이 한 자리에 모인 자리였다. 그 가운데는 영국 화학자인 존 콘포스(John Cornforth)도 있었다. 콘포스는 프렐로그와 함께 유기반응 및 생화학반응의 키랄 화학에 관한 공동연구로 노벨상을 공동 수상한 학자이다. 콘포스는 갈수록 난이도가 높아지는 문제라며 "벽돌을 만들고 싶은데 아직 쓸 만한 진흙을 구한 단계"라고 털어놓았다. 하지만 그는 비타민 B_{12} 합성을 중도에 완전히 포기하고 말았다. 한편 에셴모저는 코린환 구조까지 만들었으니 좀 더 멀리 나간 격이었다. 이 점은 런던 학회에서 높이 칭찬을 받았고 부러움도 샀다. 하지만 레스터 스미스(Lester Smith)는 "합성 이후로도 생물학적으로 활성이 있는 B_{12} 분자를 완성하기까지는 아직 갈 길이 멀다."라며 일침을 놓았다. 스미스는 1948년에 순수 비타민 B_{12}를 적색 결정으로 최초 분리해낸 과학자였다.[*] 그러면서도 "향후 수년 내에 B_{12}도 완전히 합성될 것"이라는 낙관적인 격려를 잊지 않았다.

_그림26. 로버트 우드워드(오른편)와 앨버트 에셴모저. 비타민 B$_{12}$ 합성 공동연구 당시. [사진 제공: 화학기술연구소식지(Nachrichten aus Chemie, Technik und Laboratorium), 1972, Wiley-VCH]

에셴모저는 자신의 실력은 오히려 이 프로젝트의 지난함을 더할 뿐임을 절감했다. 심지어 우드워드도 이 문제는 혼자서는 도저히 풀 수 없음을 인정했다. 우드워드와 에셴모저는 각 연구진이 그때까지 서로 상보적인 영역을 연구해왔음을 알게 되었다. 비타민 B$_{12}$의 서로 다른 반쪽에 집중하고 있었던 것이다. 이에 따라 서로의 힘을 합치고, 분담하자는 전략이 유력해졌다. 에

---

* 유명한 언론매체에서도 과학기사를 허투루 작성하는 경우가 많았다. 「뉴욕타임스」를 예로 들면, '영국, 비타민 B$_{12}$ 분자 합성 발표'와 같은 누가 무엇을 했는지 모호한, 또는 확인되지 않는 제목의 기사를 실었다.

센모저는 유럽에서 코린환의 동쪽에 있는 B, C 고리를 합성하고, 우드워드는 서쪽의 A, D 고리를 합성하기로 합의했다. 이렇게 해서 우호적 경쟁자 관계가 제휴관계가 되었다. 우드워드는 "우리는 서로 시료와 정보를 교환했죠. 상대방의 실험실을 방문하고 함께 실험도 하고, 최대한 협력했으니 한 팀이나 다름없었죠."라고 회고했다.(그림26 참조)

고리밭길

이 책에서 이야기한 아름다운 실험 가운데 이 실험만큼 아름다움을 설명하기가 까다로운 것이 없다. 양 대륙의 학자들이 팀을 구성해 12년 동안이나 수행한 프로젝트를 화학실험이라고 할 수 있는지 의문이 들 것이다. 그럼에도 나는 이 프로젝트도 실험이 틀림없다고 단언한다. 무엇보다 확고한 목표가 있었고, 그 목표를 달성하기까지 전략에 의해 진행되었기 때문이다. 모든 실험이 그러하듯 이 실험의 전략에도 예술적 요소가 깃들어 있었다. 바로 이 예술적 요소 때문에 몹시 애를 먹었다.

합성화학은 그림을 그린다거나 시를 짓는 예술행위에 비견된다. 낱낱의 요소를 한데 모아 행위자가 솜씨를 발휘하여 통일된 하나의 작품을 탄생시켜야 비로소 완성된다는 점에서 그렇다. 그런데 실험은 고작 체스 게임을 닮은 것 같다. 합성이란 순서를 따르는 움직임이다. 체스의 말은 저마다 제약요소, 곧 규칙을 따른다. 아무렇게나 움직일 수 없다. 그런데 게임을 하는 동안, "아하! 그런 수였군." 하는 투덜거림이 절로 튀어나오는 때가 잦다. 왜 그럴까? 말의 움직임은 상대방이 넘겨짚기 어려운 논리를 따르되, 능숙한 선수일수록 직감과 상상을 발휘해 뒤통수를 치며 목적을 달성하기도 한다. 합성게임을 하는 선수는 시작 시약을 선택하는 일이 곧 첫 라운드이다. 정해진 규칙은 따로 없다. 다만 선택된 시약은 선수가 어떤 경기를 펼칠 예정인지를 말해준다. 옥신각신 몇 차례의 공격과 수비를 치르고 나면 마침내 마지막 라운드이다. 승부는 냉정한 것이되 온당한 것이다. 치밀하게 조율된 움직임 하나하나를 거쳐 대장정을 완주하면, 마침내 승부사의 운명이 판가름 나고 게임은 종지부를 찍는다.

그런데 체스 게임이 얼마나 아름다운지를 실감하려면 체스 게임을 두는 요령을 숙지해야 하며 나아가 숙련된 선수일 필요가 있다. 영국의 체스 그랜드 마스터 존 레빗(Jon Levitt)은 "게임의 바른 순서와 이치에 맞음을 감지하는 능력은 선수의 숙련도에 달려 있다. 이를 모르고서는 체스 게임이 재미있을 리 없다."라고 말한다. 이 말은 우드워드의 딸인 크리스털이 화학자가 아닌 예술가로서(그녀의 어머니처럼) 아버지 우드워드의 유기화학에 관한 시각과 가치관에 대해 표현한 부분과 통하는 부분이 있다.

"화학자가 아닌 사람으로서, 아버지가 일군 업적의 예술적 수준을 헤아리고자 하는 것은 마치 외국어로 쓰인 시를 읽으려고 하는 것과 같다."

화학자가 아닌 독자는 아마도 힘이 빠질 것이다. 그럼에도 우드워드의 유기합성이 진정 아름다운 예술임을 감상한 후에는 맞는 말이었음을 인정하게 될 것이다.(두고 보라!) 그가 분자를 구축하는 작업을 어떻게 생각하고 있었는지, 이 문장을 보면 잘 알 수 있다. 그는 합성이란 "분자의 움직임에 제약조건을 걸기 위해 그 방법을 설계하는 것, 그리하여 원하는 방향으로 움직이고 원하지 않는 방향으로는 움직이지 않게 하는 것"이라고 했다. 다시 한 번 읽어보자. 이상하지 않은가. 우리는 분자구조는 정적인 상태를 지칭하는 용어라고 알고 있다. 화학자들은 분자구조를 나타낼 때 튼튼한 뼈대를 잡고 이를 바탕으로 3차원적인 구조물로 쌓아올리지 않던가. 그런데 우드워드는 그렇게 생각하지 않았다! 그에게 분자는 유체 같은 것이었다. 그의 분자는 원하는 대로 꼴이 잡히는 것이었다. 한쪽 모서리를 잡고 다른 쪽 모서리에는 버팀목을 괴고 둘을 핀을 꼽아 고정한다. 잠시 움직임을 제한할 요량으로 그리하는 것이다. 모든 것이 제자리를 찾으면 핀을

_그림27. 우드워드, 합성유기화학의 대가, 비타민 B$_{12}$의 분자모형을 연구. (사진 제공: 하버드 대학 자료실)

빼내는 것이다. 그의 분자는 그가 시키는 대로, 속이든 유혹하든 강제하든, 따르는 것이었다. 비타민 B$_{12}$를 합성하는 어느 한 단계에서 그는 그의 분자에 대해 이런 말을 했다.

"그들은 우리 마음을 흡족하게 하는, 매우 바람직한 움직임을 따랐다."

이는 마치 애완동물을 붙들고 칭찬해주는 분위기이다. 그런데 [그림27]에서 비타민 B$_{12}$ 모형을 붙들고 있는 그의 모습은 아름다운 형상을 감상하는 분위기는 아닌 것 같다. 오히려 결합을 이리저리 넣어보고 다시 빼내고 찔러보며 어떤 방향으로 기

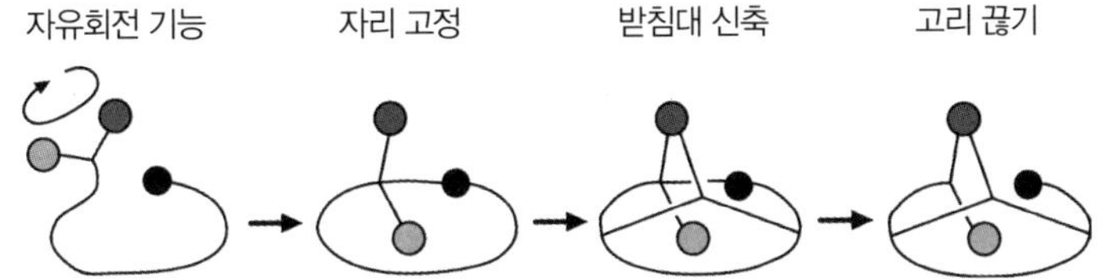

_그림28. 임시 고리를 만들어 쓰는 기법의 유용함. 여기서 고리는 회색으로 그린 두 화학기를 붙잡아두는 역할을 한다. 이로써 그다음 단계에서 바른 방향으로 배치할 수 있게 된다. 배치를 마치면 임시 고리는 다시 끊어준다.

본구조를 움직일 수 있는지 살펴보는 영락없는 관찰자의 모습이다.

유기합성을 예술로 바라보는 시각 덕에 우드워드는 그 유명한 묘책인 '고리 전법'을 개발해낼 수 있었다. 이는 분자의 일부를 고정시켜 원치 않는 방향으로 움직이지 않도록 고리를 형성해두는 기법이다. 그다음 단계의 합성을 완수한 후에는 그 고리를 다시 끊어준다. 여기서 다시 체스 선수의 전략에 비유해보자. 선수는 잠시 상대의 주의를 교란시키고자 자충수를 두고, 계속 자신의 수는 밀고 나간다. 나중에 그 자충수를 구해내는 것으로 이 책략을 마무리한다. 과연 나중의 아홉 바늘을 덜어주는 제때의 한 바늘이었다.

비단 이 전략뿐 아니라 비타민 B_{12}를 합성하는 전 과정에서는 이처럼 기발하며 상상력 넘치는 전략이 곳곳에서 등장한다. 비타민 B_{12}를 합성하기까지는 100여 단계를 거친다. 오늘날의 일반기준에 비추어도 말문이 막히는 무지막지한 과정이다. 전체적인 과정을 훑어보기에 앞서 주요 문제점 몇 가지를 살펴보고 넘어가도록 하자.(그림29 참조) 고리 A에서 D는 모두 스테레오제닉 탄소를 가진 고리여서 바른 좌우대칭이성질체로 준비해야 한다. 이들 고리를 연결하는 방법도 저마다 다르다. 고리 D에는 아데노신기가 달린 긴 곁사슬이 딸려 있다. 따라서 나머지 다른 고리와 나중에 구분되도록 특별 조치를 취해야 한다. 고리 한가운데 코발트 원자를 안착시키는 일도, 쉬워 보였지만 가장 어려운 장애물이었다. 이에 대해 우드워드는 "코발트가 우리의 화합물들을 분해시키는 데 너무나도 효과적인 촉매임을 발견하고 실의에 빠지기도 했죠."라고 회고했다. 이 때문에 가까스로 완성된 코린환이 코발트 화합물에 노출되면 번번이 부서져버린 것이다.

복잡한 분자를 합성할 때 적용하는 일반적인 전략은 이를 잘게 나눠보는 것이다. 각 부분을 살펴보면서 어떻게 만들어지는지 또 어떻게 서로 조립할지를 알아내는 것이다. 우드워드 연구진은 코린환 A-D 부분은 베타코르노르스테론(beta-corrnorsterone)(그림30 참조)이라는 분자로 합성할 수 있음을 알아냈다. 이 분자의 골격은 스테로이드 계통 화합물과 유사했다. 코르티손(cortisone), 콜레스테롤, 레세르핀을 이미 합성한 적이

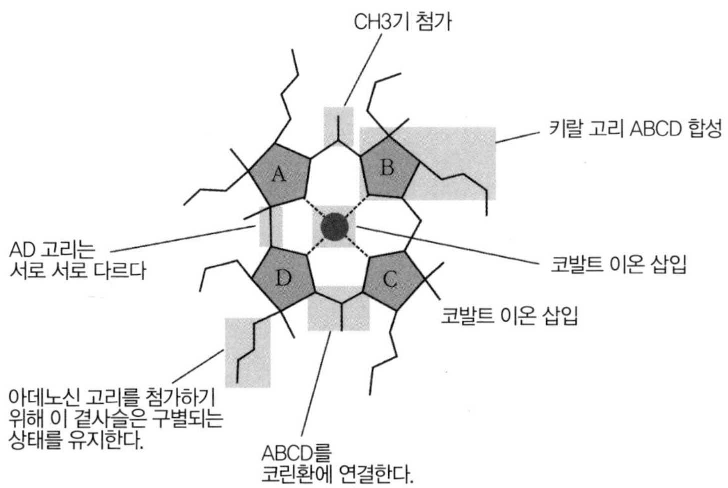

_그림29. 비타민 B12의 심장. 코비르산 합성에서 가장 어려웠던 단계. AD 고리는 서로 서로 다르다/CH3기 첨가/키랄 고리 ABCD 합성/코발트 이온 삽입/아데노신 고리를 첨가하기 위해 이 곁사슬은 구별되는 상태를 유지한다./ABCD를 코린환에 연결한다.

있기 때문에 우드워드는 그러한 분자를 만들 연장통은 구비하고 있었다. 여기서는 노르스테론(norsterone)이라는 스테로이드 계통 물질을 사용했다. 접두어 '코르(corr)'는 코린환의 디딤돌 역할을 한다는 의미로 붙여진 것이었다. 그런데 우드워드도 지적한 바 있듯이 '코르노르스테론'을 발음이 새는 미국식 억양으로 읽을 경우 얼핏 '코너스톤(모퉁이 돌, 초석)'으로 들린다. 의미 있는 우연의 일치였다. 코르노르스테론의 실제 역할에 꽤 근접한 말이었기 때문이다.

하버드 팀은 초석을 다지고 에셴모저 팀은 BC를 붙였다. (그

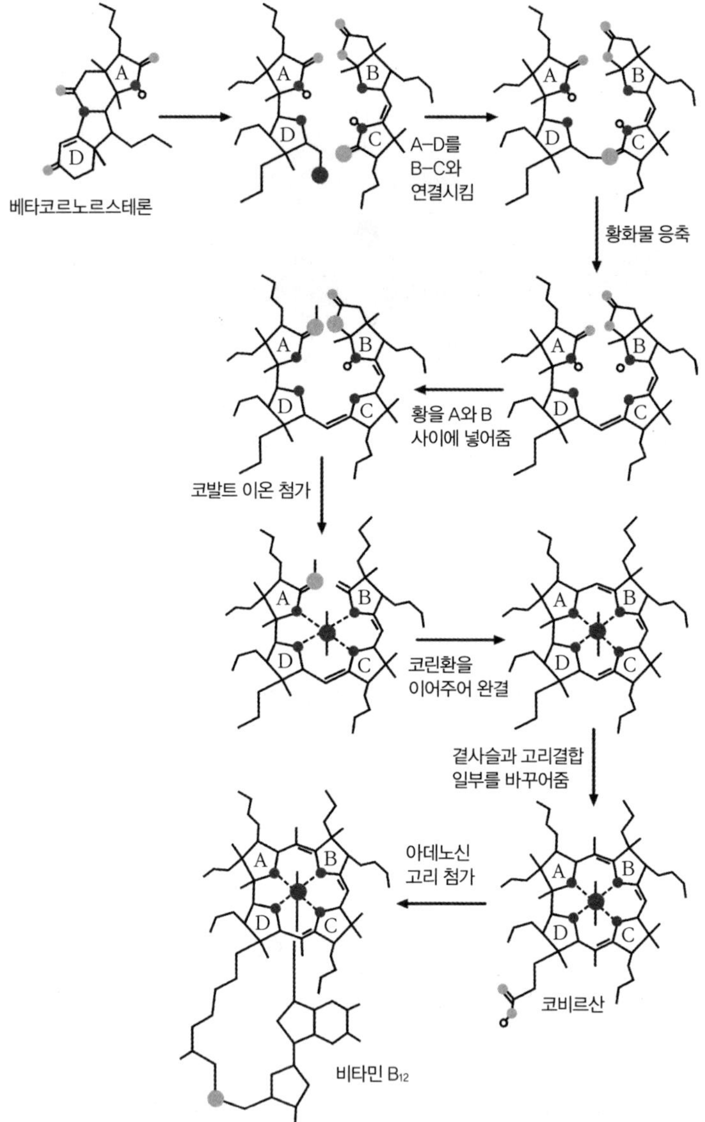

_그림30. 에센모저와 우드워드와 동료연구진이 개발한 합성절차 개요. 4개의 환 AD에 딸린 것들은 간략한 구조를 위해 생략함. S는 황, Br은 브로민이다.

림30 참조) 이제 이 둘을 어떻게 연결시킬지 그 방법을 찾아야 했다. 먼저, 황화물 응축반응으로 D-C를 연결시켰다. 이 반응은 에센모저 팀이 B-C를 완성할 때 개발한 것이다. 이후 코발트를 추가하기 위해 우드워드 팀은 코발트 화합물을 가지고 여러 실험을 시도한다. 마침내 코발트 이온을 말굽모양의 분자 한가운데 넣어주는 방법으로 코발트 심기에 성공한다. 그다음은 A-B를 이어주어 코린환을 완결했다.(그림30 참조)

🧪 이론 맛보기

로버트 우드워드는 유난히 선호하는 화학반응이 있었다. 실제로 베타코르노르스테론을 만들기까지 여러 단계에서 그 반응을 살짝 변화시켜 응용했다. 이 반응을 응용하면 탄소 원자로 전혀 새로운 환구조를 만들 수 있다. 특히 스테로이드 계열 분자처럼 환구조가 여럿인 골격을 구축해야 할 때 더없이 유용하다. 이 화학반응에 대해서는 1928년 독일 화학자들인 오토 딜스(Otto Diels)와 알더 쿠르트(Alder Kurt)가 맨 처음 소개했다. 이중결합에 뭉쳐 있는 전자들을 일사분란하게 옆으로 밀치면서 2개의 화학결합을 동시에 만들어주는 반응이다.(그림31-a 참조) 우드워드는 오트 딜스와 알더 쿠르트가 이에 대해 논문을 발표하자마자 소식을 접했다고 한다. 겨우 열 살이었으니 화학 지식에 관한한 어릴 때부터 남다르게 앞서 있었다는 이야기가 허튼소리는 아니다. 그때부터 내내 우드워드는 이 반응에 반해 있었던 셈이다. 그런데 베타코르노르스테론을 만들어가는 과정에서 그는 이 반응의 특이한 성질을 발견하게 된다. 딜스-알더 반응을 적용해 결합을 형성하는 실험에서, 오직 한 방향의 키랄 생성물만 관찰되었던 것이다.(그림31-a 참조) 열에너지가 아니라 빛에너지로 반응을 유도하자 이번에는 다른 방향의 키랄 생성물만 관찰되었다.(그림31-b 참조) 이 반응은 대단히 쓸모가 있었다. 화학자들이 키랄성 분자를 선택적으로 생성해내기 위해 얼마나 애를 먹었던가. 우드워드는 어떻게 그런 일이 벌어질 수 있는지 설명할 길이 없어 곤혹스러웠다. 그때까지 배운 화학적 지식으로써는 딜스-알더와 같은 한낱 화학반응이 그러한 선택성을 발휘한다고 단정하기 어려웠던 것이다.

제8장에서도 잠깐 다루었지만 두 원자가 화학결합을 형성하기 위해서는 전자를 공유해야 한다. 각각의 원자가 전자 한 개씩을 내어놓아 한 쌍이 되도록 하는 것이다. 그러니까 두 손이 깍지 끼듯 꼭 잡는 식이다. 양자이론에서는 전자가 오비탈에 한정되는 존재이다. 태양계의 행성들이 궤도를 따라 태양 주위를 공

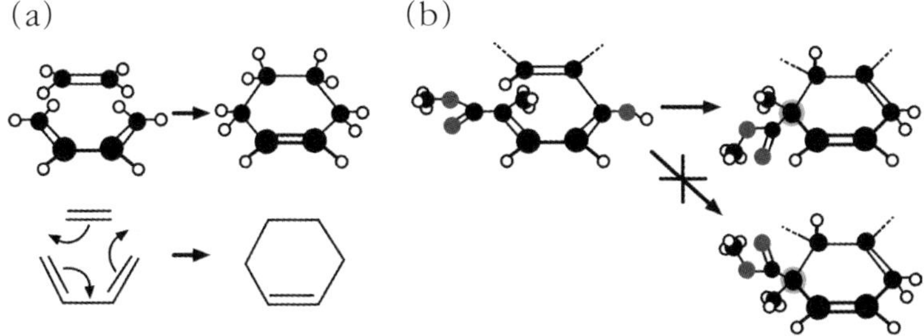

_그림31. (a)딜스-알더 반응. 여러 화학결합을 동시에 재배치할 수 있는 화학반응. (b) 우드워드는 딜스알더 부류의 반응으로 코르노르스테론의 한 부분을 완성하려고 했다. 이때 키랄성 생성물 중 오직 한 방향의 키랄 화합물만 생성됨을 발견하고 놀랐다. 회색으로 표기한 탄소가 새로 생긴 키랄 중심 탄소이다.

전하는 것과 비슷하다. 궤도 모양이 물론 다르다. 우드워드 연구진이 결합에 응용한 화학반응에서, 반응물질의 탄소 원자는 이중결합을 형성하고 있었다. 이중결합을 하고 있는 전자들은 아령 모양의 오비탈에 분포하고 있다.(그림32-a 참조) 그런데 이 반응물질이 화학반응을 거쳐 새로운 결합을 형성하려면 아령 모양 오비탈이 사분기의 반만큼 이동, 곧 회전해야 한다. 이때 회전방향이 이론상으로는 시계방향도, 시계반대방향도 될 수 있는 것이다. 그런데 양자규칙, 곧 결합에 참여하는 전자들의 배치형태를 관장하는 규칙이 두 반응물질의 아령모양 오비탈이 같은 방향으로 회전하도록 제한하고 있다는 사실이 발견되었다. 즉 둘 다 시계방향 또는 시계반대방향으로 회전한다. 그런데 빛에너지로 유도한 반응과 열에너지로 유도한 반응은 서로 반대

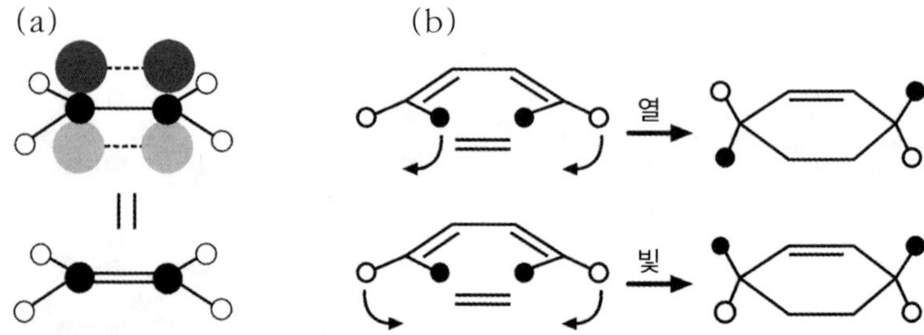

_그림32. (a) 한 분자 내에서 탄소원자끼리 형성하고 있는 이중결합은 아령 모양 오비탈이 중첩된 형태로 존재한다. 여기서 오비탈 내 전자 '파동'의 두 위상을 각각 검정과 회색으로 표시했다. (b) 딜스–알더 반응으로 새로운 결합이 형성되는 과정. 아령 모양 오비탈이 회전한다. 이때 회전 방향이 '대칭성'에 의해 조절된다. 이에 따라 두 반응분자의 중첩되는 오비탈 귀가 같은 위상에 있게 된다. 딜스–알더 반응으로 키랄 중심이 생성될 경우, 이 회전 방향에 따라 입체이성질체의 종류가 결정되는 것이다. 반응을 유도하는 에너지가 열에너지냐 또는 빛에너지냐에 따라 생성물의 왼손성과 오른손성이 결정된다.

방향으로 회전을 유발했다.(그림32-b 참조)

　이러한 현상은 우드워드가 딜스-알더 유사반응의 생성물을 관찰할 당시가 아니라 이후에 밝혀진 사실이다. 우드워드는 이 현상이 자신의 양자화학적 지식에 비추어 볼 때, 규명할 부분이 있음을 직감했다. 하지만 이를 어떻게 통일된 이론으로 엮어낼지는 까마득했다. 그는 곧 누군가의 도움이 필요하다고 생각하고, 당시 하버드에서 이론화학으로 명성이 드높은 젊은 화학자, 로알드 호프만을 찾아간다. 우드워드는 자신이 생각하는 어렴풋한 개념을 호프만에게 설명하면서 "이를 좀 더 학술적으로 설명할 방법이 있을까?"라고 제안한다. 호프만은 가능하다고 답했고 또 해내었다. 이렇게 해서 탄생한 것이 바로 '우드워드-호프만 법칙'이다. 이것은 딜스-알더 반응과 같은 화학반응에서 반응에 참여하는 전자 오비탈의 형태와 양자특성, 곧 대칭성에 의해 생성물의 기하형태가 제한을 받는다는 이론이다.

이후 우드워드와 호프만은 1964년에서 1969년에 걸쳐 이 법칙을 보완하고 다듬었다. 그전까지 화학자들은 화학반응을 일으키고 무작정 반응결과를 기다리는 식의 두루뭉술한 화학을 수행했다. 사실 그 결과는 양자세계의 치밀하고도 예리한 법칙을 따르고 있었던 것이다. 이제 그 양자세계의 한 법칙이 밝혀짐에 따라 원하는 반응결과를 기대할 수 있게 되었다. 우드워드가 분자들의 거동에 대해 직관적으로 제안한 개념이 호프만의 손을 거쳐 탄탄한 이론으로 거듭난 화학사의 쾌거이다. 1972년에 어느 화학자는 이 발견을 두고 "지난 세기에 유기화학의 진보에 기여한 몇 안 되는 기초 이론"이라고 평가했다. 이 공로로 호프만은 1981년 노벨상을 수상한다. 우드워드도 1979년에 별세하지 않고 살아 있었더라면 그와 공동으로 수상했을 것이다. 그렇다면 생애 두 번이나 노벨상을 수상하는 것이다. 합성화학자들은 고된 노동을 자청하며 긴가민가한 생성물, 이것저것이 뒤얽힌 결과들, 불필요한 분자들을 만드느라 허송세월을 보내기도 했다. 그러면서도 그렇게 고생하는 동안 배운 것이 많았노라고 위안 삼았다. 하지만 우드워드-호프만 법칙으로부터 찾아낸 우연한 발견이 얼마나 위력적인지를 새삼 깨닫기도 했으리라.

우드워드로 말할 것 같으면, 그의 유별난 딜스-알더 반응 사랑이 화학사에 길이 남을 법칙의 발견으로 답례를 받은 셈이다. 그런데 B_{12} 합성프로젝트에서는 이 법칙을 발견하게 해준 반응 때문에 적잖이 고생을 한다. 아무런 의미가 없는 고생인 듯했다. 우드워드-호프만 규칙을 알려준 그 반응이 합성단계에서는 더 이상 나갈 길이 없는 막다른 골목이었던 것이다. 그럼에도 에셴모저는 새로 발견된 '오비탈 대칭성'이 어떻게든 결합을 형성해야 하는 임무에 쓸모가 있으리라고 내다보았다. 코린환을 만드는 또 다른 방법이 분명 있을 것이었다. 그는 B-C 분절에 A와 D를 따로 따로 추가하고, 그다음에 A와 D를 연결하여 환구조를 완성하는 묘책을 세운다.(그림33 참조) 여기서 요점은 A-D 결합을 형성하기 위한 반응을 빛에너지로 유도한 점이다. 이로써 우드워드-호프만 규칙에 의해 바른 키랄 기하를 갖도록 지시한다는 전략이다. 에셴모저는 이에 대해 다음과 같이 회고했다.

만약 하버드 팀이 B_{12}의 반절인 A-D 분절을 합성하느라 고군분투하지 않았더라면, 그래서 우드워드-호프만 규칙도 발견되지 않았더라면, 화학의 영토에서 이처럼 기발한 전략은 착상조차 할 수 없었을 것이다. 화학반응을 두고 '아름답다'라는 표현이 가능하다면, 바로 이런 반응을 코린환 구조를 완성한 후로도 비타민 B_{12}에 이르는 여정은 여전히 길고 험했다. 앞에서도 언급했지만, 코비르산에서 비타민 B_{12}를 합성하는 경로는 이미 밝혀져 있었다. 따라서 연구진들은 코비르산 합성에 도달하기만 하면 그다음부터 최종산물에 이르기는 어렵지 않으리라고 전망했다.* 그런데 코비르산까지 도달하는 것 그것이 바로 난제 중의 난제였다. 1972년까지도 양쪽 연구진 모두 코비르산 합성에 성공하지 못하고 있었다. 승리를 목전에 두고 에셴모저와 우드워드는 최종 합성을 완료하기 전까지 발표에 신중을 기했다. 당시 온 세상이 이들의 소식을 기다리고 있었다. 그러다 1972년 2월, 뉴델리에서 열린 학회에서 우드워드는 최초로 비타민 B_{12}를 합성했다는 소식을 전한 것이다. 그러면서도 한편으로는 걸리는 부분이 있었던지 우드워드는 뒤이어 곧바로 "합성은 완료했지만, 이후 몇 가지 개선할 부분이 있어 추가 작업이 필요한 상황입니다."라고 덧붙였다. 이처럼 조심스러워한 데는 이유가 있었다. 우드워드는 그해 11월, 코네

---

* 우드워드는 퀴닌을 합성하면서 겪은 일을 떠올리며, 다른 사람이 밝힌 경로에 의존하여 합성을 완수하기를 꺼려했다. 그에 따라 우드워드 자신이 직접 제자인 마크 유오놀라(Mark Wuonola)와 함께 코빅산의 D고리를 잇는 방법을 자체 개발했다. 즉 중앙의 코발트에 뒤로 돌아가 걸어주는 방법이다. 하지만 이 방법은 1976년에야 성공한다.

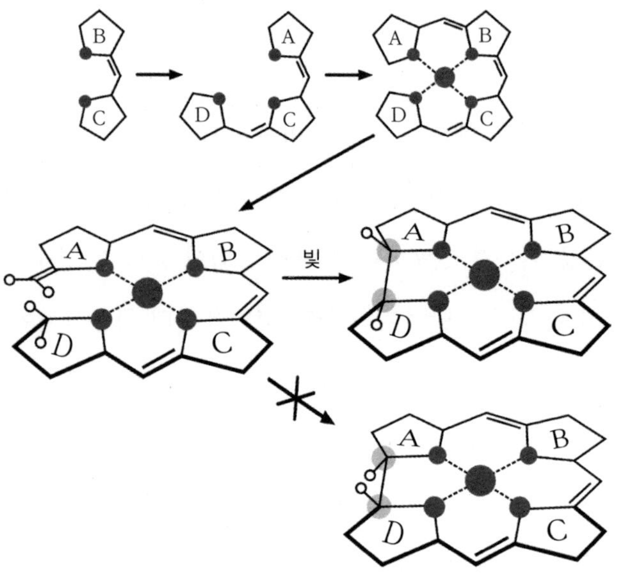

_그림33. (a) 에셴모저는 우드워드–호프만 법칙을 적용하여 코린환구조를 완성하는 또 다른 방책을 마련한다. A–D, B–C 분절을 만들 것이 아니라 BC를 만든 다음 여기에 A와 D는 따로 추가하고, 이어서 AD를 연결하는 것이다. 이때 마지막 반응의 생성물은 우드워드–호프만 법칙에 따라 바른 키랄성 화합물만 생성된다. 이 단계에서는 아직 고리 한가운데 금속은 코발트가 아니라 카드뮴(Cd)이다. 나중에 이 카드뮴을 코발트로 대체하게 된다.

티켓 주 미들타운 소재의 웨슬리안 대학 화학 심포지엄에서 그 간의 합성 전략을 깔끔하게 정리하여 설명했다. 그 현장을 전 세계 언론매체에게 취재하게 함으로써 에셴모저와 자신이 완수한 일의 진정한 가치를 전달하고 싶었던 것이다.

대형신문사들은 앞다투어 이들의 업적을 치하했다. 온갖 미사여구로 장식한 기사를 내보냈다. 예컨대 1973년 1월, 「인터내셔널 헤럴드 트리뷴」에는 '비타민 B_{12} 합성, 획기적인 프로젝트로 갈채를 받음'이라는 제목의 기사가 실렸다. 기자들도 의미심장한 사건인 줄은 알았지만 어떤 이유에서 의미심장한지까지는 몰랐다.

🧪 바로 그것을 만들다

유기합성 과정은 체스 게임과 마찬가지로 대단한 집중을 요한다. 그 기나긴 과정 내내 어디에 있는지, 어디로 갈지를 명심하고 있어야 한다. 매 움직임마다, 사소한 한 발이든 굵직한 전진이든, 무슨 일이 벌어질지 예의주시해야 한다. 물론 중간 중간 단순한 수작업이 반복되기도 한다. 이를 테면 매 단계마다 정제와 결정화 공정을 거치며 최대 수율을 내기 위한 반응 조건을 조율하게 된다. 이러한 화학을 추구하는 실험실은 그야말로 숨 막히는 긴장감이 도는 곳이다. 학자들은 상상을 초월한 압박감에 짓눌리기도 한다. 연구 주제로 급부상하는 분야의 경우, 순식간에 경쟁자 무리가 형성된다. 이 경우, 가장 먼저 실적을 올리는 자에게만 영광이 돌아가기 때문에 학문적 연구는 어느 새 화급을 다투는 격전지로 돌변해 있다. 우드워드는 바로 그러한 환경에서 무수한 경쟁자를 제치고 승승장구한 학자이다. 가족을 비롯한 주위 사람들은 행복과는 거리가 멀었다. 크리스털은 아버지 우드워드의 생활에 대해 불만스러워했으며 심지어 슬퍼하기도 했다.

"아버지는 집보다는 실험실과 연구소에 있는 시간이 더 많았습니다. 그는 온통 화학만 하면서 지내고 싶었던 것이죠. 예순둘의 연세에 심장마비로 돌아가셨지만 어떻게 보면 일로 자신을 지쳐 쓰러지게 한 것이죠."

우드워드의 실험실에 박사후 과정을 밟기 위해 새로 들어온 데이비드 돌핀(David Dolphin)의 일화이다. 그가 마침 우드워드에게 성탄절 휴가를 요청했는데 우드워드는 이렇게 말했다고 한다.

"난 성탄절엔 가끔 쉬네."

그런데 자주는 아니었던 모양이다. '크리스마스테롤(Christmasterol)'이라는 합성분자는 그가 어느 성탄절 날 최초로 결정화에 성공한 데서 붙여진 이름이다.

화학을 하는 사람으로 우드워드와 같은 팀에서 연구를 한다면 그는 너그럽고 의욕이 넘치는 동지일 것이다. 반대로 경쟁팀에서 연구한다면 그는 끔찍한 상대일 것이다. 일례로, 우드워드는, 영문은 모르지만 영국 화학자로 1920년대와 1930년대에 유기합성의 대가로 통하던 로버트 로빈슨(Robert Robinson)과 자주 맞붙었다. 1944년도에 이들은 페니실린의 구조를 둘러싸고 논쟁을 벌이기도 했다. 또한 로빈슨은 우드워드가 자신이 달성한 스트리크닌에 대한 연구 성과를 가로챘다고 생각하고 있었다. 1947년 어느 날 우드워드와 로빈슨은 뉴욕의 한 음식점에서 저녁을 함께하게 되었다. 그때 우드워드는 식탁보에 스트리크닌의 분자구조를 스케치했다. 당시 우드워드 밑에서 박사후 과정을 지낸 저명한 화학자 데릭 바턴(Derek Barton)은 그날의 일화를 이렇게 이야기한다.

로빈슨은 식탁보를 물끄러미 바라보더니 곧 "말도 안 돼. 이런 허섭스레기 구조가 어디 있나!"라며 비명에 가까운 소리를 질렀다. 이후 우드워드는 그 구조를 허섭스레기라고 불렀다. 그런데 1년 후 「네이처」의 한 논문에는 놀랍게도 그 구조가 로빈슨이 밝힌 화학식으로 둔갑해 있었다. 우드워드는 곧바로 그때 식탁보를 편집부에 보내주었어야 했다.

바턴은 두 사람에 얽힌 또 다른 일화를 들려주었다. 출처는 불확실한 이야기이긴 하다. 두 사람은 1951년 어느 날 아침 옥스퍼드의 전철역 플랫폼에서 우연히 만났다. 로빈슨은 우드워드에게 요즘 무얼 연구하냐고 물었다. 그러자 우드워드는 콜레스테롤이라고 답했다. 로빈슨은 "왜 내 연구 주제를 늘 강탈하는 거냐?”라며 들고 있던 우산으로 한 대 쳤다고 한다.

우드워드는 열기 가득한 실험실에서 유기합성의 새 장을 여는 업적을 일구었다. 옆에서 지켜본 사람들은 매번 새로운 정점을 찍고 또 매번 더 높이 찍는 것을 목격했다. 그렇게 우드워드는 화학이란 한계를 모르는 학문임을 입증했다. 비타민 B_{12} 합성에 성공한 이후 에셴모저는 “수많은 화학자들이 이제는 합성하지 못할 천연물이 없다고 믿게 되었습니다. 제아무리 복잡한 천연물이라도 이론적으로 불가능한 게 없으니까요. 시간과 자원이 많이 들 수는 있겠지요. 이러한 믿음을 갖게 한 주인공은 바로 우드워드입니다!”라는 말을 했다. 우드워드 덕에, 화학자들은 자연과 나란히 어깨를 견주고 또 자연에 당당해질 수 있게 되었다.

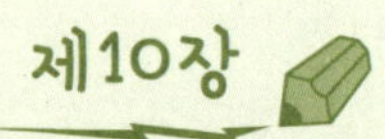

제10장

플라톤 분자

레오 파케트−도데카헤드레인과 설계의 아름다움

1980년, 레오 파케트가 이끄는 미국 오하이오 주립대학의 유기화학 연구팀은 준 플라톤 입체인 한 분자를 탄생시킨다. 이 분자는 지난 20년 동안이나 뭇 화학자들의 가슴을 설레게 하되, 좀처럼 모습을 드러내지 않아 애를 태운 분자였다. 바로 도데카헤드레인(dodecahedrane)이다. 아직 그 단계에서는 완벽한 도데카헤드레인이기보다는 그와 밀접한 관계가 있는 하나의 분자라고 보아야 더 정확하다. 그 분자에는 20개의 탄소원자가 연결되어 구에 가까운 꼴을 취하고 있는 정십이면체가 들어 있었다. 그것은 대칭성의 아름다움, 그 자체로 눈부신 분자객체로, 화학이 조각가의 손이 되어 빚어낸 걸작이었다.

과학자들은 심오하고 난해하면서도 규칙성을 띠는 것을 아름답다고 생각한다. 과학자들은 의외로 아름답다는 말을 자주 한다. 그런데 이들은 무엇을 아름답다고 하는 것일까? 영국의 물리학자 폴 디랙(Paul Dirac)은 "물리법칙이란 자고로 수학적 아름다움을 겸비한다."라고 말했다. 그렇다면 디랙에게 노벨상을 안겨준 다음 방정식을 보자. 이를 보고 아름답다고 감탄할 사람이 얼마나 될까?

$$\left[\gamma^\mu \left(i\frac{\delta}{\delta x^\mu} - eA_\mu(x)\right) + m\right]\psi(x) = 0$$

아인슈타인은 "우리는 아름다운 이론만 오직 물리학 이론으로 받아들이려 하는 것 같다."라고 말했다. 그렇다면 그의 상대성 이론은 아름다운가. 양자이론은 아름다운가.

모르긴 해도 디랙이나 아인슈타인 같은 이들에게는 그러한 이론이 정말로 아름답게 다가올 것이다. 그러한 근본적인 이유는 이들 이론의 저 깊숙이에 대칭성이란 개념이 자리하고 있기 때문이다. 물리학자를 필두로 한 수많은 과학자들이 대칭성을 꿰뚫어볼 수 있는 X선 같은 혜안을 기른 까닭에 위대한 수학식의 심오한 아름다움을 감상할 수 있는 것이다. 반면, 보통 사람들에게는 기호나 숫자가 여기저기 놓인 것으로밖에 보이지 않는다. 중세의 플라톤학파 후예들처럼, 과학자들은 대칭적 성질과 질서정연함이 훌륭함에 버금가는 성질이라고 생각한다. 과학자들은 이러한 심미학적 특질을 예술적 특질로 잘못 아는 경우가 많은데, 사실 이러한 특질은 신학적·도덕적 잣대에 훨씬 가깝다. 즉 과학자들은 대칭성에서 강한 만족감과 의로움을 느낀다.

화학자들도 대칭성을 흠모하기는 매한가지이다. 그것도 똑같은 이유로 그리한다. 그런데 화학자들은 다른 학문 분야의 전문가들보다는 시각적으로 더 예리하다. 미적 감각 면에서도 다른 분야의 학자들에 비해 일반인들이 감상하기에 훨씬 수월한 편이다. 화학자들은 특히 대칭적 물체에 끌린다. 그중에서 이른바 플라톤 입체도형을 최고로 꼽는다.(그림34 참조) 플라톤 입체도형이란 플라톤이 그의 저서 『티메우스(Timaeus)』에서 "형상계 전체를 통틀어 가장 아름다운 물체"라고 설명한 3차원 도형을 말한다. 수학자 헤르만 바일(Hermann Weyl)은 그의 저서 『대칭성(Symmetry, 1952)』에서 플라톤이 이 입체도형들을 규명한 업적은 "수학의 역사를 통틀어 가장 아름다운 발견이자 비범한 발

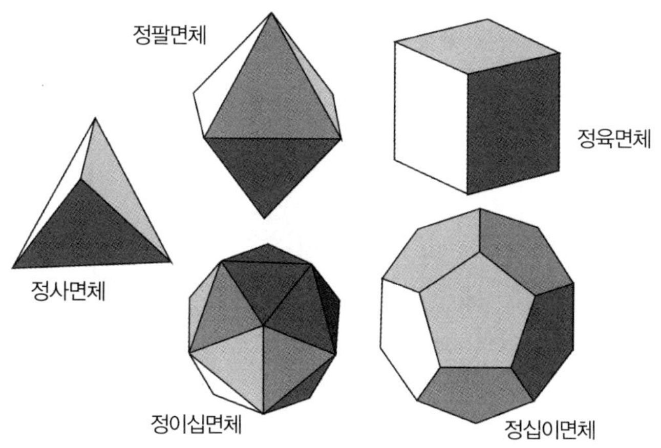

_그림34. 플라톤의 다섯 입체도형.

견"이라고 극찬했다.

　플라톤은 이 5개의 입체도형이 우주만물을 구성하는 기본체
라고 생각했다. 이것은 기하와 수의 신성함을 추구하는 피타고
라스학파의 후예다운 발상일 것이다. 플라톤은 4개의 입체도형
을 엠페도클레스의 4원소에 대응시켰다. 정사면체는 불, 정육면
체는 흙, 정팔면체는 공기, 정이십면체는 물이었다. 그리고 마지
막 입체도형인 정십이면체는 '제5원소'인 에테르(aether)와 동
일시했다. 당시 에테르는 모든 창공을 채우고 있는 물질로 여겨
졌다. 그에 따라 정십이면체는 우주를 상징하는 것이었다. 이는
17세기 초에 요하네스 케플러(Johannes Kepler)가 저술한 『우주

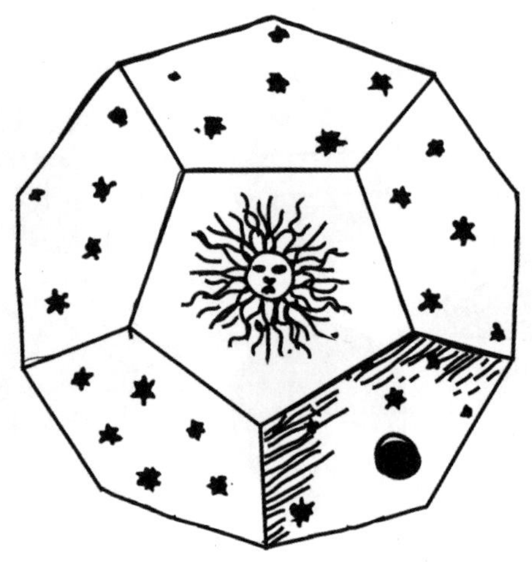

_그림35. 케플러의 『우주의 화음』에서 정십이면체는 우주를 상징한다.

의 화음(Harmonices mundi)』에 묘사된 내용이기도 하다.(그림35 참조)

플라톤은 피타고라스학파의 기하학적 아름다움에 데모크리토스의 원자론을 결합시켰다. 데모크리토스는 플라톤보다 불과한 세대 앞서 활동한 학자이다. 플라톤은, 원자는 4원소 성격을 띠며, 각각에 대응하는 기하형태가 있을 것이라고 가정했다. 당연히 기하형태들은 대응 원소의 특징을 드러낸다. 정사면체 원자는 뾰족한 꼭지가 있어, 찌르고 관통하는 불과 닮았다. 정이십면체는 거의 구처럼 둥그런데, 유유히 흐르는 물을 닮았다. 정육면체는 반듯한 사각 면이 있어 쌓아 올리기에 알맞으며 흙의 안정성을 설명한다. 정팔면체의 삼각 면은 나머지 세 원소와 공유하고 있는 상태를 상징하며, 전환성질이 있는 공기의 특징을 잘 설명한다.

신플라톤학파인 케플러가 물질의 구성체로 기하학적 가설을 영구불변한 진리로 발전시키고자 한 것은 당연하다. 그에 그치지 않고 케플러는 이 가설을 확장하여 행성의 궤도 이론으로 발전시켰다. 즉 그때까지 밝혀진 태양계의 여섯 행성은 하나같이 태양 주위를 둥근 궤도를 따라 돌고 있다고 주장한 것이다.[*] 이때 이 궤도들의 태양과의 거리는 플라톤 입체도형처럼 모종의 '케이지(cage, 우리, 뼈대)'에 꼭 들어맞을 필요에 맞춰 결정된다. 하지만 이를 뒷받침할 과학적인 증거는 없었다. 그저 신비가인 케플러의 신앙의 발로였다. 그럼에도 자연이란 근본적으로 기하학적임을 드러내는 증거들이 수두룩하다. 결정의 대칭성을 기하학적으로 맨 처음 설명한 사람도 케플러였다. 그러니까 1611년에 눈꽃의 6겹 대칭성은 이의 원료인 물 '알갱이'들이 가지런하게 배치된 결과라고 설명한 사람은 케플러였다.

19세기에 프리드리히 아우구스투스 케쿨레(Friedrich August Kekule)는 벤젠고리를 발견한다. 반트 호프는 탄소화학이란 탄

---

[*] 당시 대부분의 천문학자들은, 로마교회는 계속해서 거부했지만, 코페르니쿠스의 태양중심설을 사실로 인정했다.

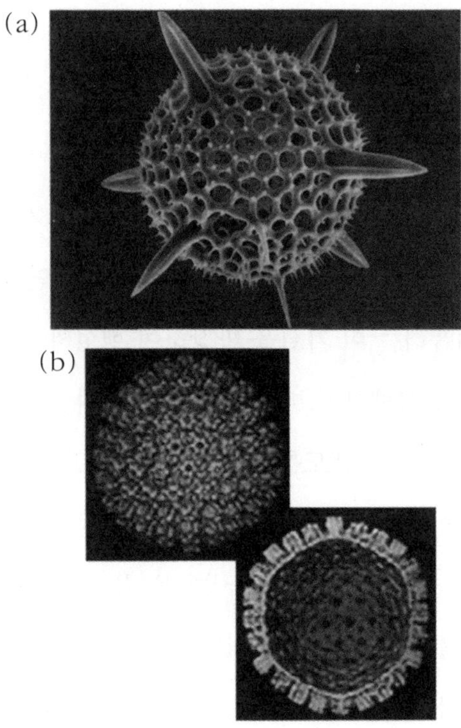

_그림36. 자연에서 관찰된 플라톤적 특질 (a) 방산충의 다면체적 외골격 (b) 바이러스는 대체로 이십면체 형상이다. (사진제공-(a)드렉셀 대학 (b)다트마우스 칼리지 이사회)

소의 사면체적 배열이 주도한다는 주장을 내놓는다. 이러한 분위기에서 19세기 화학자들은 자신들이 몸담은 학문이 근본적으로는 기하학적 과학이라는 확신을 굳히게 된다. 그 즈음에 현미경이 발명되면서, 방산충(radiolarians)이라는 아주 조그만 해양 미생물을 관찰한 결과가 나온다. 그런데 놀랍게도 이 미물의 외

형에서 플라톤적 특질이 관찰되었다. 이들을 둘러싼 껍질, 곧 갑각류의 외골격이 다면체였으며, 은근히 플라톤의 기본입체처럼 보였던 것이다.(그림36-a 참조) 한참 뒤인 20세기 중반에는 방산충보다 더 조그만 생물체인 바이러스의 형상이 대체로 이십면체임이 밝혀졌다.(그림36-b 참조)

화학자들은 이처럼 일관성이 엿보이는 발견에 자신감을 얻어 다면체 분자를 실험실에서 합성할 가능성을 진지하게 고민하기 시작했다. 화학자라면 으레 아름다운 플라톤 다면체 분자를 만들어보고 싶었을 것이다. 그런데 과연 그들은 플라톤 원자의 대칭성을 고스란히 살린 분자구조를 구축할 수 있었을까?

🧪 바구니 화학

분자가 특정 모양을 띠고 있다는 생각은 파스퇴르와 반트 호프의 발견에서부터 시작되었다. 이후 화학자들은 3차원적으로만 분자를 떠올렸다. 그런데 다면체 분자를 머릿속에 그려보기 위해서는 제법 질긴 상상력이 필요했다. 먼저 공간을 둘러싼 물체가 있다. 체적은 이만하며, 어느 부분은 휘어 있고, 어느 부분은 굽어 있으며, 기다란 축이 여러 군데에서 탱탱하게 받치고 있다. 이처럼 세밀한 그림을 그려야 한다. 대개 여기서 그치지 않는다. 분자가 연달아 이어진 사슬은 갈팡질팡 뻗어 있다. 사슬 끝에는 둥근 고리모양 분자들이 달려 있다. 이 모두를 입체적으로 형상화해야 한다. 이것은 그저 상상이 아니다. 실제 분자는 이런 구조물로 존재한다.

화학자들이 분자의 입체적 구조를 확신하게 된 결정적 증거가 있다. 바로 1933년, 체코슬로바키아 화학자 란다(S. Landa)와 머차서크(V. Machacek)가 온갖 종류의 탄화수소물이 뒤섞여 있는 정유에서 발견한 케이지 구조의 '탄화수소 분자', 아다만테인(adamantane)이다.(그림37 참조) 다이아몬드를 뜻하는 그리스어 '아다마스(adamas)'에서 따온 이름이다. 아다만테인의 분자구조가 마치 다이아몬드 결정에서 탄소격자를 잘라낸 조각 같았던 것이다. 게다가 이 구조는 사면체의 대칭성을 그대로 보존하고 있었다. 보기에는 사면체가 아니지만 어느 방향으로 회전해보아도, 그의 각 거울상을 살펴보아도 한결같이 사면체의 일면이 관찰되는 것이다. 후에 밝혀졌지만 원유는 온통 이러한 다이아몬드형 분자들로 이루어진 물질이었다.

자연이 그러한 다이아몬드 케이지를 만든다면 유기합성화학자들이라고 못할까? 문제는 과연 그 방법을 어디에서 찾아낼까 하는 것이었다. 화학자들은 가장 만만한 대상으로 플라톤 입체

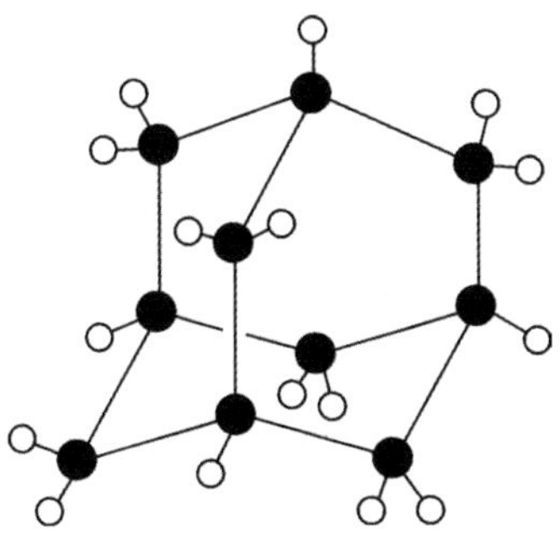

_그림37. 아다만테인 분자

를 대변하는 탄화수소 분자를 택했다. 각 꼭지는 탄소 자리이며, 각 모서리는 이들 간의 결합인 구조물을 상정했다. 모든 입체도형이 이런 구조는 아니다. 즉 화학적으로는 표현되지 않는 구조도 있다. 하지만 보통은 탄소가 만들 수 있는 결합은 4개를 넘지 못하며*, 이들 결합은 탄소를 중심으로 뻗어나가 사면체의 네 꼭지를 향하고 있다.

탄소의 정상 결합수인 4를 위배하는 플라톤 입체는 정이십면체이다. 정이십면체의 각 꼭지에 자리한 탄소들은 5개 결합을 형성하고 있다. 전체를 다 합하면 매우 큰 결합수가 된다. 반면

---

* 예외가 있기는 하지만 극히 드물고 이례적이다. 결합이 4 이상인 탄소를 함유한 분자를 '과원자(hypervalent)' 분자라고 한다. 이들은 단순한 전자공유 방식으로 결합을 형성하지 않으므로 '비표준적'이다.

정팔면체의 경우 각 꼭지의 결합수가 4개이기는 하다. 그러나 이 경우 탄소가 지탱하기에 벅찬 구조이다. 즉 팔면체 꼭지에 있는 탄소는 스트레스를 받는다. 곧 이를 견뎌내지 못하고 터져버릴 것이다. 탄소가 중심에 있어 4개 결합이 사면체의 각 꼭지를 향할 때의 탄소가 받는 힘과 다르기 때문이다.

그 밖에 플라톤 입체도형인 사면체, 육면체, 십이면체는 매 꼭지마다 모서리가 3개이다. 이론으로는 탄소 골격으로 세 모서리를 형성할 수 있다. 네 번째 결합은 밖으로 뾰족하게 뻗은 막대처럼 남겨두면 된다. 이 마개(capping) 결합은 아다만테인의 경우처럼 수소로 형성하면 된다. 이렇게 되면 모든 탄소 원자들이 수소 1개씩을 보유하게 된다. 즉 탄화수소 분자로 상정한 테트라헤드레인(tetrahedrane), 큐베인(cubane), 도데카헤드레인의 화학식은 각각 C_4H_4, C_8H_8, $C_{20}H_{20}$이 될 것이다.(그림38 참조)

이론상으로는 아무 문제가 없어 보인다. 하지만 그런 분자가 존재할 수 있을까? 메테인(CH_4)에서처럼 중심 탄소의 4결합이 완벽한 정사면체를 이룰 경우, 이들은 이웃 결합과 약 $109.5°$의 각을 이룬다.(그림39-a 참조) 그런데 테트라헤드레인에서 모서리 간의 각도는 정$60°$이다.(그림39-b 참조) 달리 말하면, 꼭지에 있는 탄소에 의해 형성되는 사면체의 모서리들이 안으로 좁혀지도록 눌리게 된다. 그처럼 강도 높게 힘을 받는 상태로 얼마나 오래

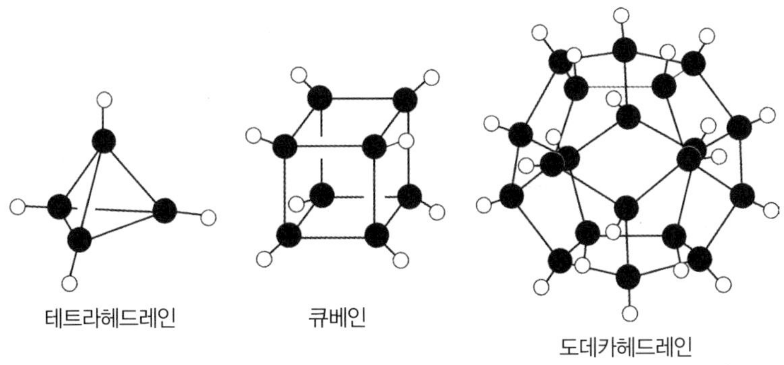

_그림38. 테트라헤드레인, 큐베인, 도데카헤드레인.

버틸 수 있을까? 당연히 아무도 테트라헤드레인을 만들어내지 못했다. 한 가지 가능성은 있다. 마개 결합을 수소가 아닌 훨씬 크고 부피가 있는 화학작용기로 형성해주는 경우이다. 이 덩치 큰 화학작용기들이 사면체 모서리들을 눌러주면서 단단한 껍질

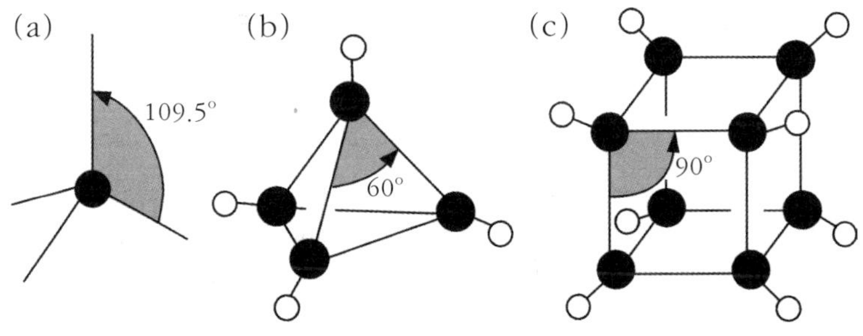

_그림39. (a) 탄소 중심 사면체에서 결합 간의 이상적 각도는 109.5°이다. (b) 그러나 테트라헤드레인의 경우 탄소가 형성한 3 결합 간의 각도가 60°이므로, 안쪽으로 죄이는 힘을 받는다. (c)큐베인의 경우, 90°이므로 테트라헤드레인보다 안정적이다.

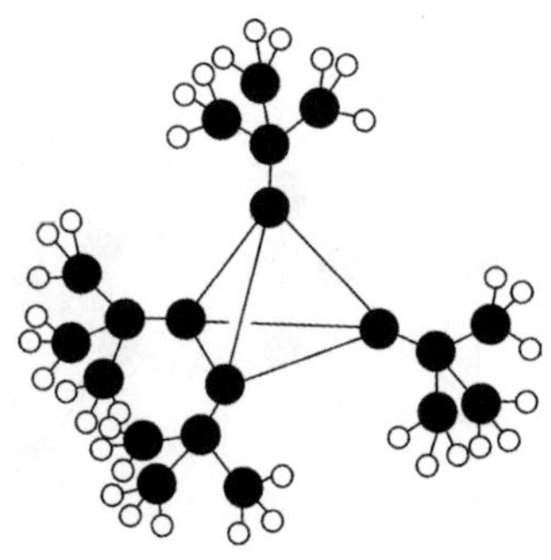

_그림40. 건서 마이어의 t뷰틸 테트라헤드레인.

노릇을 하면 된다. 이를 '코르셋' 효과라고 한다. 1978년에 마르부르크 대학의 건서 마이어(Gunther Maier)와 그 연구진이 최초로 테트라헤드레인 유도체를 합성해냈을 때 바로 이 코르셋 효과가 활용되었다.(그림40 참조)

큐베인은 테트라헤드레인보다는 힘을 덜 받는다. 각 꼭지의 결합 간 각도가 90°여서 테트라헤드레인의 60°보다는 여유롭기 때문이다.(그림39-c 참조) 이상적 각도 109.5°에는 한참 못 미치지만 상대적으로 안정적인 편이다. 큐베인은 1964년 시카고 대학의 필립 이튼(Philip Eaton)과 토마스 콜(Thomas Cole)이 최초로 합성해냈다. 큐베인 합성 과정에서 가장 고생했던 단계는 탄소 고리가 여럿인 이른바 '다환' 분자를 접어 '프로토큐브(protocube)(원시 입방체 – 옮긴이)'의 틀을 짓는 단계였다. 이 단계에서 그 유명한 딜스-알더 반응, 곧 우드워드가 즐겨 사용한 고

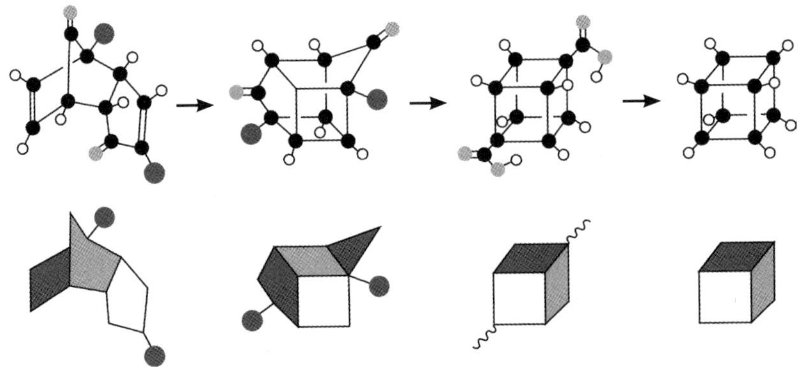

리형성 반응이 활용되었다.

큐베인은 탄화수소치고는 특이하다. 무색의 결정을 형성하며 130℃에서도 녹지 않는다. 이에 비하면 옥테인은 8개의 탄소원자들이 일직선으로 사슬을 잇고 있으며, 56℃에서 녹는다. 따라서 큐베인은 열에 매우 강한 것이다. 220℃ 이상으로 가열해야 드디어 분해되기 시작한다. 큐베인이 무사히 합성되자 이처럼 대칭성이 뚜렷한 '케이지' 형태의 분자를 합성하려는 움직임이 여기저기서 활발하게 전개되었다. 그 결실로 1973년에 트리프리스메인(triprismane)이, 1981년에 펜타프리스메인(pentaprismane)이 합성되었다.(그림42 참조)

큐베인을 합성해낸 필립 이튼은 그다음으로 만들기 쉬운 플라톤 입체 도데카헤드레인에 도전장을 던졌다. 그런데 이튼 이

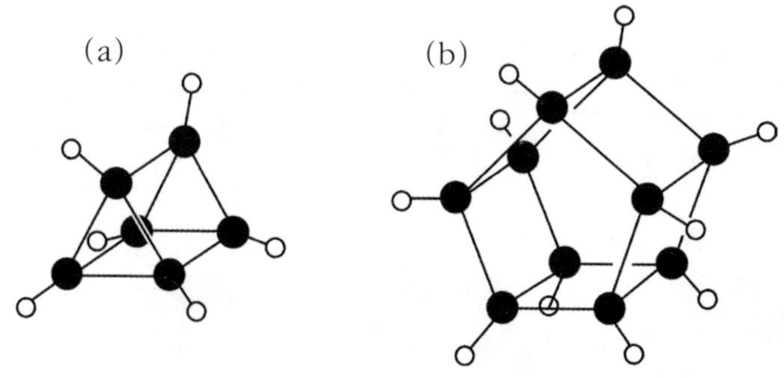

_그림42. (a)트리프리스메인. (b)펜타프리스메인.

전에도 도데카헤드레인에 도전한 학자가 있었다. 탄소분자 건축계의 거장인 로버트 우드워드였다. 우드워드는 1960년대 초부터 도데카헤드레인을 목표로 생각하고 있었다. 이튼이 큐베인 합성에 성공한 그해 우드워드는 움푹 파인 사발 모양의 탄화수소인 트리퀴나센(triquinacene)을 구축하는 방법을 다음과 같이 기술했다.

"5개 탄소로 구성된 탄소환 3개로 도데카헤드레인의 면을 구성하고, 이 면들을 모서리를 맞추어가며 붙여주는 것이다."(그림43-a 참조) 얼핏 보면 작은 조각을 이어붙이는 수고로운 과정이 예상되지만 그 긴 여정을 한 번에 마무리 지을 가능성도 엿보였다. 2개의 트리퀴나센을 바른 방향으로 이어붙이면 두 분자가 서로 테두리끼리 이음매를 형성해 꼭 물린 케이지를 완성하는 것이다. 우드워드는 이것이 가능한 일이라고 생각했다.(그림

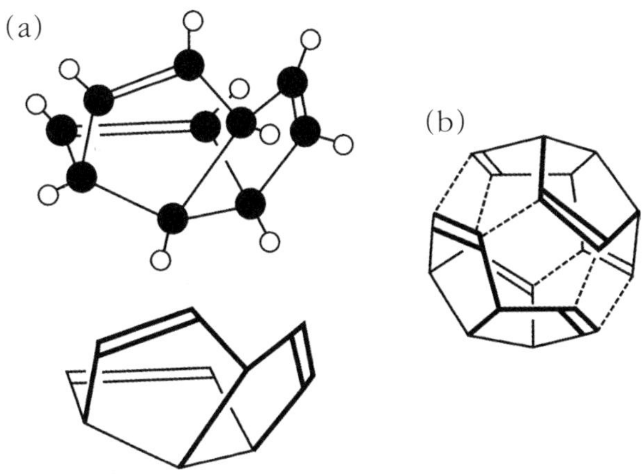

_그림43. (a) 트리퀴나센. (b) 2개의 트리퀴나센이 바른 방향으로 이어지기만 한다면 도데카헤드레인이 된다.

43-b 참조)

　하지만 그것이 바로 이 합성의 절대문제였다. 우드워드는 두 분자를 바른 방향으로 정렬시킬 방법을 끝내 찾아내지 못했다. 이튼은 또 다른 방법으로 도전해보기로 했다. 대신 성공에 대한 기대도 낮추었다. 이튼은 도데카헤드레인의 골격을 구성하는 실질적인 부분, 즉 전체 분자의 반을 나눈 사발 모양의 부품을 만들기로 했다. 우드워드처럼 이튼도 이 부품의 오각형 고리가 지붕 한가운데로 높이 솟고, 나머지는 테두리를 빙 둘러 총안을 형성하기를 간절히 바라 마지않았다.(그림44 참조) 그렇다면 이 최후의 한 방으로 합성이 완료될 터였다. 이튼은 벌써 이 부품

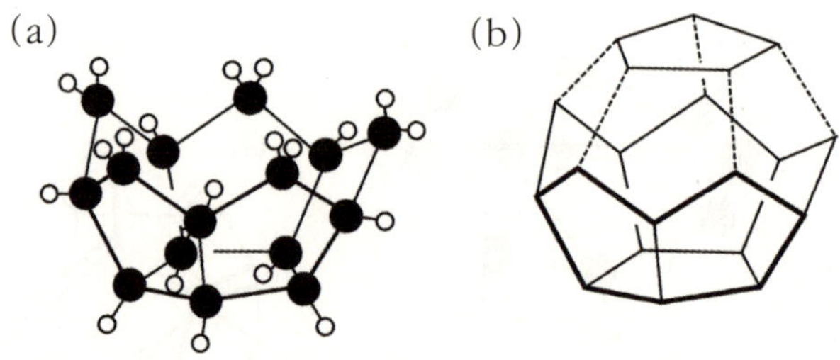

_그림44. (a) 이튼의 페리스티레인 (b) 지붕을 제 자리에 잡아줄 경우 도데카헤드레인이 생성된다.

의 이름까지 붙여놓았다. 주랑을 뜻하는 그리스어 페리스틸론(peristylon)에서 페리스틸레인(peristylane)이라고 지었다. 주랑이란 지붕을 떠받칠 용도로 열을 지어 세우는 기둥을 말한다. 이튼 연구진은 1976년에 페리스티레인을 합성하는 데 성공했다. 하지만 또 다른 난관이 기다리고 있었다. 오각 지붕의 위치를 바로 잡아주고 나머지 테두리를 한 뜸으로 마무리 짓기란 생각보다 훨씬 까다로웠다.

🛠 더 힘든 길로

1970년대, 오하이오 주립대학의 유기화학자 레오 파케트는 우드워드가 제안한 대로 2개의 트리퀴나센을 이어붙이는 편이 가망성이 높다고 판단했다. 그리하여 이에 도전하기로 했다. 단, 맨 처음 이음매질을 할 때 이를 용이하게 해줄 보조장치를 활용할 계획이었다. 테두리의 한 끝만 제대로 연결되면 나머지 바른 배열을 찾기는 수월하리라 예상했던 것이다. 1975년에 파케트와 연구진은 먼저 조개 모양의 사발을 만들었다. 이를 바이벨베인(bivalvane)이라고 명명했다.(그림46 참조) 이제 과연 바이벨베인은 어긋나지 않게 턱을 꼭 다물 것인가? 쉽게 다물지는 않을 것이다.

지금까지 도데카헤드레인을 합성하기 위해 세운 전략은 전체 분자의 반절을 만든 다음 이를 조화롭게 제자리를 맞추고 다음 몇 차례의 이음매질로 마무리하려는 것이었다. 트리퀴나센, 페리스티레인, 바이벨베인이 모두 그러한 전략하에 제작되었다. 유기화학자들의 전문용어로 부르면 이는 '수렴(convergent) 전략'이다. 여기에는 한 번에 여러 부위씩을 결합시킨다는 전제가 깔려 있었다. 파케트는 바이벨베인으로 여러 방법을 시도하다가 그리 간단하게 해결될 문제가 아님을 인정한다. 어쩌면 한 번에 한 결합씩 수고스럽게 골격을 세우고 지붕을 얹어야 하는지도 모른다.

파케트의 짐작은 사실이 되었다. 그리하여 파케트와 그의 연구진은 정말로 하나씩 이어붙여 도데카헤드레인을 만들어낸 것

_그림45. 레오 파케트. 최초로 도데카헤드레인을 합성한 분자건
축가.(사진 제공: 레오 파케트)

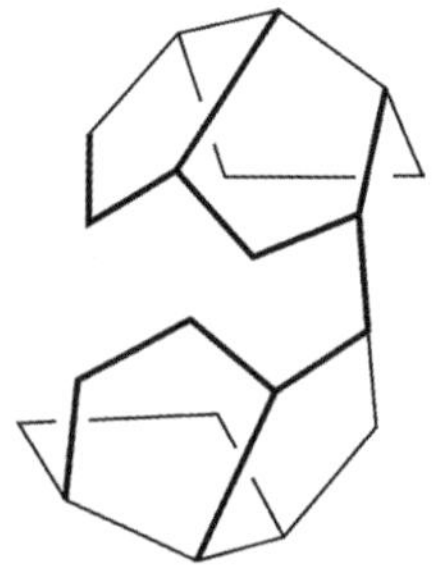

_그림46. 바이벨베인. 도데카헤드레인을 합성하기 위해 제작한
반절 부분. 그러나 이것으로는 실패한다.

이다. 험란한 해법에 실망할 독자들도 있을 것이다. 그러나 오히려 그 반대로 도데카헤드레인 합성실험은 그 어떤 실험보다 명쾌하고 만족스러웠다. 다음 2가지 점에서 그러하다. 우선, 합성의 논리를 뒤쫓기가 매우 쉽다. 어떤 복잡한 분자의 경우, 과정을 종잡을 수 없는 경우가 있다. 한 걸음 나갈 때마다 두 걸음 뒷걸음질 치는 경우도 있다. 목적한 분자와는 거리가 먼 방향으로 한참을 헤매는 경우도 있다. 이 분야로는 우드워드를 따를 자가 없을 것이다. 그는 마지막 단계에 이르러서야 목적한 생성물을 홀연히 드러내기 일쑤였다. 그런데 파케트가 도데카헤드레인을 합성한 과정은 그 순서가 체계적이며 투명하다. 즉 한 번에 오각형을 하나씩 골격에 이어 붙인 것이다.

두 번째는 애초에 도데카헤드레인에 도전하도록 부추긴 원인, 그 근본 요인을 합성 전 과정에 걸쳐 유지한 점이다. 대칭성이 그것이다. 매 단계의 완공물이 놀랍게도 대칭성을 보유한 구조물들이었다. 거의 전 과정에서 그때까지 합성된 구조의 반쪽이 다른 반쪽과 똑같았다. 거울을 세우면 완성된 구조가 한눈에 들어올 것이었다.

파케트 팀은 1981년 2월 「사이언스」에 이 실험에 대한 논문을 발표했다. 전체 합성 과정은 총 20단계였다. 유기화학자라면 어떤 안무로 짜인 이야기인지 금방 파악될 것이다. 여기서는

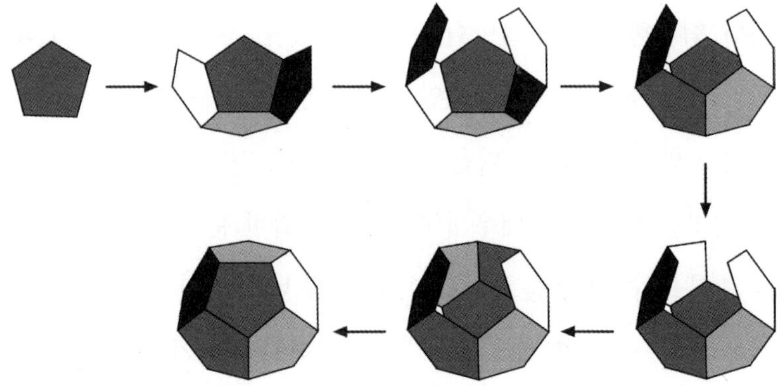

핵심 중간 구조물 몇 가지만 소개하여, 이들의 생생한 대칭성, 곧 얼굴을 마주하고 있는 구조물들을 감상하는 데 그치고자 한다.(그림47 참조)

그런데 이 오하이오 팀이 합성한 도데카헤드레인은 엄밀히 말해 도데카헤드레인은 아니었다. 2개의 메틸기(CH_3)가 매달려 있었던 것이다. 따라서 다이메틸도데카헤드레인이 정확한 화학명이다. 큐베인처럼 이 물질도 무색의 결정을 형성했다. 기하학적 분자답게 질서정연하게 차곡차곡 쌓인 채로 있었다. 마치 굉장히 큰 원자들이 촘촘하게 무리지어 있는 듯했다. 연구진은 이 물질을 녹이는 데도 애를 먹었다. 무려 400℃ 이상에서 갈색으로 변하기 시작했다. 이 갈변은 열에 의해 형체를 잃고 타르로 변하는 중임을 알리는 신호였다.

이듬해 파케트 팀은 다이메틸기를 떼어내는 데 성공해, 명실 상부한 도데카헤드레인 $C_{20}H_{20}$을 완성했다. 그 즈음엔 벌써 전 세계가 이 우아한 플라톤 입체도형에 매료되어 있었다. '플라톤 의 완전 입체도형을 탄생시키다.'라는 머리기사로 1면을 장식한 신문도 있었다. 그런데 "어떤 점에서 훌륭한 업적인가요? 사람 들이 무엇을 알았으면 좋겠습니까?"라는 질문에 화학자들은 "그 런 것이 무엇이 중요합니까? 그저 아름답지 않습니까?"라고 대 꾸할 뿐이었다.

🧪 링 위에 선 화학

지금은 도데카헤드레인을 합성하는 방법이 여럿 된다. 그 가 운데 1980년대와 1990년대 프라이브르크 대학의 호르스트 프 린츠바흐 연구진이 개발한 방법이 가장 멋지고 또 성과도 좋 다. 특히 핵심 중간분자의 형태가 매우 아름답다. 독일 과학자들 임에도 중국식 석탑이 떠올랐던지 이름을 파고데인(pagodane) 이라고 지었다.(그림48 참조) 이 구조물이 탄생한 데는 프린츠 바흐의 제자 중 대학원생이었던 볼프 디터 페스너(Wolf Dieter Fessner)의 역할이 컸다. 연구팀은 흔하다면 흔한 물질인 아이소드린(isodrin)을 시작물질로 선택해 합성에 성공했다. 아이소드린은 엔드린(endrin)이라는 살충제의 공업용 원료였다.

파고데인은 도데카헤드레인과 화학식이 정확히 같은 $C_{20}H_{20}$이다. 즉 도데카헤드레인의 이성질체였다. 프린츠바흐와 페스너는 1983년에 파고데인 합성법을 알아낸다. 그들은 이 분자를 관찰하면서 탄소결합과 수소 원자 몇 개를 이동시키기만 하면 스스로 재정열하면서 도데카헤드레인을 형성할 것도 같다는 생각을 품었다. 이에 프린츠바흐와 페스너는 팔라듐을 촉매로 넣고 파고다인을 300℃까지 가열해보았다. 탄소가 알아서 이성질체화 반응을 일으키도록 조건을 찾는 실험을 해본 것이다. 이 과정에서 다른 여러 화합물이 생성되었다. 그런데 그 가운데 2%가 도데카헤드레인이었다. 그러나 효율이 높은 방법은 아니었다. 따라서 프린츠바흐는 몇 년에 걸쳐 전환 반응을 체계적으로 일으키는 조건을 찾기 위해 연구를 거듭했다. 파고데인의 골격이 전환하는 과정에서, 불필요한 단계는 생략하기도 하고 효율이 좋은 과정은 추가하기도 했다. 가장 중요한 단계는 파고데인의 허리를 끊어주는 반응이었다. 그다음에 도데카헤드레인 모양이 되도록 다시 이어주어야 했다.(그림48 참조) 1990년대 후반 들어서 드디어 프린츠바흐 팀은 이 단계의 전환 효율을 높이는 데 성공했다. 이에 따라 1그램 남짓의 도데카헤드레인을 생산할 수

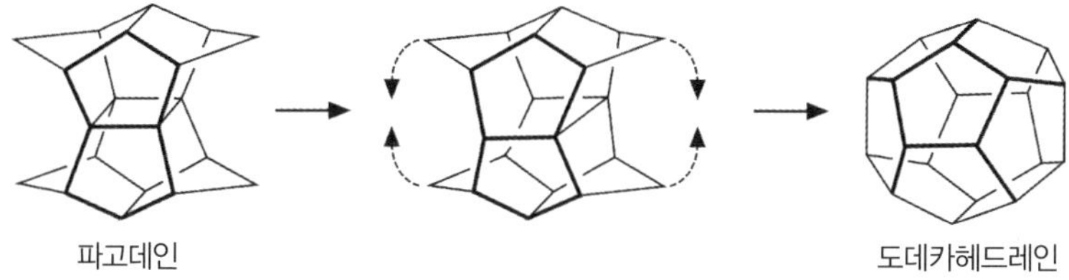

_그림48. 파고데인에서 도데카헤드레인이 되는 과정.

있게 얻었다. 파케트의 최초 효율에 비해 꽤 향상된 것이었다.

그런데 도데카헤드레인을 한 양푼씩 만들어내서 대체 어디에 쓸 것인가. 파케트의 합성 소식이 전해지자 일각에서는 항바이러스 제제나 수요가 큰 인플루엔자 치료제로 쓰일 것이라는 전망을 내놓았다. 또는 케이지 안에 약물 분자를 가두어 세포에 실어 나르는 데 응용하면 어떨지 혹은 둥글고 단단한 분자이므로 세포벽을 곧장 뚫고 들어갈지도 모른다는 이야기를 했다. 그러나 안타깝게도 현실성이 없었다. 탄소 케이지의 속은 나트륨 이온 1개가 겨우 들어갈 정도로 좁아서 약물 분자는 어림도 없기 때문이다. 파케트는 공 형태가 볼베어링 역할을 해서 분자들이 서로 잘 미끄러지게 한다면 우수한 윤활제로 활용될 수도 있을 것이라고 제안했다.

이런저런 전망이 나왔지만 아무것도 현실화되지 않았다. 그러나 도데카헤드레인이 화학이라는 학문의 발전에서 차지하는 의미는 결코 적지 않다. 탄소가 이처럼 복잡한 케이지 구조물을 형성한다면, 이보다 훨씬 크고 복잡한 구조물을 형성하지 말란 법이 없다. 도데카헤드레인이 여전히 생소하던 1985년, 텍사스주 라이스 대학 화학자 연구팀이 무려 60개의 탄소로 이루어진 케이지를 얻었다고 발표했다. 실로 믿기지 않는 소식이었다. 더욱 놀라운 점은 케이지가 파케트의 고생스러운 합성방식을 따르지 않았다는 것이다. 라이스 연구진은 오로지 탄소뿐인 흑연(graphite)을 전기방전 장치로 기화시켰다. 이때 탄소 증기가 응축된 검댕에서 탄소 60개짜리 분자를 발견한 것이다.

이 물질을 발견한 라이스 연구진, 곧 서섹스 대학 출신의 영국인 화학자 해리 크로토(Harry Kroto)와 라이스 대학의 리처드 스몰리(Richard Smalley), 밥 컬(Bob Curl)과 이들의 대학원생 제자들은 C_{60} 분자가 축구공처럼 생겼다고 밝혔다. 자세히는 12개의 오각 탄소 고리와 20개의 육각 탄소 고리로 이루어진 구체였다. 도데카헤드레인과 큐베인과는 달리 이 물질은 탄화수소가 아니었다. 수소가 없기 때문이다. 각 꼭지의 탄소에 수소가 마개 결합을 하고 있는 구조가 아니었다. 대신 4개의 결합을 요하는 탄소의 결합조건을 탄소 고리 내 형성된 이중결합으로 충족하고 있었다.(그림49-a 참조) 그에 따라 이 C_{60} 분자는 흑연과 매우 흡사했다. 흑연은 탄소고리들이 서로 모서리를 맞대고 편평하게 늘어선 판형 구조물이다.(그림49-b 참조)

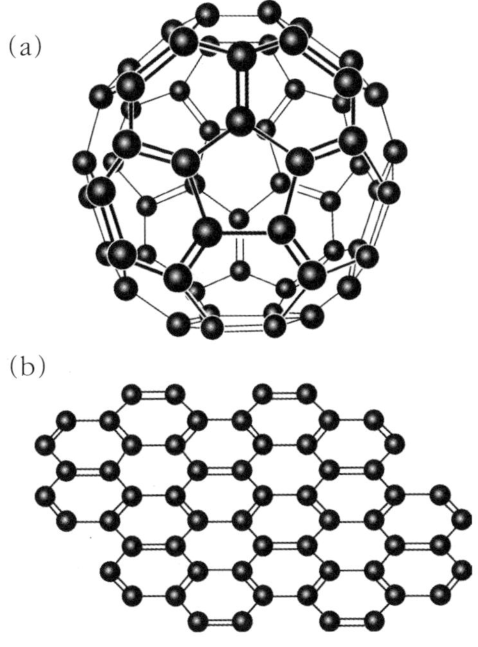

_그림49. (a) C_{60} 분자 구조. (b) 탄소 판 형상의 흑연, 이 판에 오각 탄소 고리가 형성되면 휘면서 구체로 말린다.

탄소 증기가 저절로 축구공 분자로 헤쳐모일 수 있다고는 상상조차 하기 힘들다. 그 조그마한 도데카헤드레인을 얻기 위해 화학자들은 얼마나 고생을 했던가. 크로토가 이끄는 라이스 연구진은 5년 후에 C_{60} 쉘을 운 좋게 발견한 것이 아님을 밝혀줄 증거를 제시했다. 이때 정식 명칭도 소개했다. 분자 모양이 돔과 닮은 점에 착안한 연구진은 측지학적인 돔 건축가로 유명한 버크민스터 풀러(Richard Buckminster Fuller)를 기려 버크민스터플

러린이라고 붙였다. 한편 아리조나 대학과 하이델베르그 대학
학자들도 C_{60} 합성법을 발견해냈다. 나아가 이들은 결정을 형성
할 충분한 양을 합성해 X선 결정촬영법으로 분자구조까지 분석
했다. 과연 C_{60}는 속이 텅 빈 분자였다. 이 분자는 구체이기는 하
지만 정확히는 정이십면체에서 뾰족한 끄트머리를 다듬어낸 다
면체 형상이다.

C_{60}를 어디에 쓸까에 대해 초반에 제기된 응용방안을 살펴보
면 도데카헤드레인과 너무도 비슷하다. 분자용 윤활제, 약물전
달제제 또는 원자나 이온을 감싸는 캡슐제, 항바이러스 제제. 실
제로 AIDS 바이러스인 HIV에 모종의 활성이 있다고 확인되기
도 했다. 그런데 뜻밖에도 단박에 학자들의 이목을 집중시킨 성
질이 발견되었다. 바로 전기적 성질이다. C_{60}도 흑연과 마찬가지
로 전도체였던 것이다. 알칼리금속을 둘레에 첨가하고 저온으
로 냉각시키자 이 분자는 초전도체로 변했다. 이로써 C_{60}는 저항
없이 전류를 전달하는 획기적인 신소재로 급부상하게 된다.

화학자들은 이 놀라운 전기적 성질에 고무되어 C_{60} 표면에 다
양한 분자기를 첨가해보기 시작했다. 크로토는 이러한 활발한
연구 분위기에 대해 '둥근 화학'의 새 시대가 열리고 있다며 감
회에 젖기도 했다. 연구결과, C_{60}는 오각형과 육각형으로 이루어
지는 탄소케이지 분자계의 일원임이 밝혀졌다. 또한 흑연이 기

화되어 생성된 약칭 플러린계의 일원이기도 했다. 플러렌계 분자 중에는 240개가 넘는 거대 탄소케이지 C_{240}도 있었고, 작게는 20개짜리 C_{20}도 있었다. C_{20}는 12개의 오각형으로 구성된 완벽한 정십이면체였다. 다시 말해 도데카헤드레인에서 수소들을 이 모두 떨어져나간 형태였다. 1991년에 일본 과학자 수미오 이지마(Sumio Iijima)는 판형 흑연이 공 모양뿐 아니라 원통 모양으로도 말린다는 실험결과를 발표했다. 탄소로 된 이 긴 원통은 지름이 나노미터 단위인 초극소구조물이었다. 이것이 바로 탄소 나노튜브이다. 탄소 나노튜브는 이제 분자 단위의 전선으로, 분자 단위의 트랜지스터 전자장비로, 기존의 탄소섬유보다 강도와 경도가 훨씬 세면서도 실처럼 가느다란 필라멘트로 재구성되어 우리 곁에 다가왔다.

1996년에 크로토와 스몰리와 컬은 플러린을 발견한 공로로 노벨화학상을 공동수상했다. 하지만 그 시작은 도데카헤드레인이 아니던가. 아무튼 플러린에 이르는 동안 유기화학이란 그야말로 어디로 튈지 모르는 분야임을 새삼 확인할 수 있었다. 그 과정에서 화학자들이 탄소로 주조하고 조각하여 완성한 입체도형들은 그 누구보다 고대 철학자들을 흐뭇하게 했을 것이다.

화학적 미학

프로스트에게 마들렌(프랑스에서 유명한 작고 가벼운 스펀지 케이크 – 옮긴이)이 있다면 나에게는 벤젠이 있다. 벤젠의 달작지근하고 씁쓸한 냄새는 맡는 즉시 나를 시공이 다른 세계로 데려다준다. 방금 나는 옥스퍼드 대학 다이슨 페린스 건물에 있는 유기화학 실험실로 돌아왔다. 미지근한 투명액체가 든 비커를 뚫어지게 바라보며 유리막대로 마구 휘젓고 있다. 그 안에서 결정이 솟아나기를 간절히 바라면서 말이다. 그러고 나서 실험실 안쪽으로 발길을 옮긴다. 바로 그 순간, 그 순간만큼 오감이 생생해지는 때가 없다. 무슨 화학실험실이 되었건 그 안쪽을 기웃거릴 때면 나는 옥스퍼드로 돌아가고 만다.

냄새는 특히 지난날의 무언가를 환기시키는 성질이 강하다. 화학만큼 강렬한 냄새를 풍기는 물질을 많이 다루는 분야도 없다. 그런데 냄새는 곧 그 물질로 기억된다. 계란이 썩을 때 나는 황화수소의 고약한 냄새는 결코 잊지 못하리라. 소변의 알싸한 암모니아 냄새, 이산화황의 눈물이 괴는 신랄한 냄새도 그럴 것이다. 그런데 이들은 화학 실험실에 즐비한 향기 나는 혹은 매큼한 물질의 극히 일부분에 불과하다. 과일향이 나는 상큼한 에스테르, 울렁거리게 달작지근한 아세톤, 전기처럼 찌릿한 오존. 나는 이러한 냄새들을 어릴 때부터 맡아왔다. 배가 떨어지면서 나는 냄새, 장난감 비행기를 붙이던 접착제 냄새, 건전지로 쌩쌩 달리는 모형 기차의 플라스틱 트랙 냄새를 기억한다. 온갖 냄새의 기억을 정확하게 간직하고 있는 내게 실험실이란 정신을 잃게 하는 신비의 문이다. 고향의 모교에 들어설 때 유년의 기억들이 사납게 들썩대는 것처럼 말이다.

화학자에게 코는 더없이 유용한 도구이다. 이들은 냄새 하나로 시험관에서 무슨 일이 벌어지는지 알아맞힌다. 닐 바틀릿은 육불화백금을 관찰하다가 오존 냄새로 산소가 스스로 산화하는 강력한 산화제임을 알았다고 회고했다. 화학 생태학자인 톰 아이스너(Tom Eisner)는 곤충이 분비하는 복잡한 혼합물의 화학조성을 냄새로 식별하기도 했다. 부친의 향수 공장에서 후각을 훈련시킨 덕분이었다. 심지어 아이스너는 "나는 사람의 형체가 곁다리로 붙은 코입니다."라고 말한 적도 있다. 프리모 레비는 후각을 훈련하는 특별교육도 받았노라고 말하기도 했다. 노벨화학상을 수상한 로버트 멀리켄(Robert Mulliken)은 화학물질의 냄새가 무척 좋다며 "가끔 나 자신이 개처럼 느껴진다."라고 털어놓았다.

그런데 화학물질의 냄새는 이처럼 실용적인 면에 국한되지 않는다. 그보다는 근원적인 의미를 내포하고 있다. 즉 냄새는 화학적 미학을 구성하는 핵심 요소라는 점이다. 이와 함께 정서를 환기시키는 요소로써 냄새 못지않게 위력적인 것은 색이다. 화학자들에게 특히 그렇다. 바틀릿의 말을 빌려보자.

"내가 화학에 끌린 이유는 그처럼 아름다운 색깔과 결정을 만들 수 있다는 데 있었죠. 누구라도 아름다운 진파랑 결정을 생성시킬 수가 있어요. 그것으로 이것저것 만들 수도 있지요."

올리버 색스 또한 그와 비슷한 글을 쓴 적이 있다.

아버지는 집에서 수술을 집도하셨습니다. 조제실에는 피부소독용 세정제며 향기 나는 내복약을 비롯해 온갖 종류의 의료용품이 즐비했죠. 구식 화학상의 축소판이었습니다. 소형 실험실이랄까요? 반짝거리나는 내가 글을 쓰는 서재에 이 색깔들을 진열해 놓고 가끔씩 올려다본다. 노란 크로뮴, 빨간 카드뮴, 군청 울트라마린, 초록 버리디안. 이 모두가 그림물감의 재료들이라 미술상에서 쉽게 구할 수 있었다. 그런데 이것들은 모두 화학물질이다. 내 염료 장식장은 19세기 화학 실험실의 창고 선반과 다르지 않다. 굳이 다르다면 오늘날엔 불투명하거나 반투명한 플라스틱 용기에 담아두므로 색깔이 감춰져 있다는 점이다. 그래도 상관없다. 용기에 붙은 라벨을 읽고 그 안에 들어 있을 찬란한 색깔을 음미하면 기대감이 솟아오르기 때문이다.

화학자에게 색깔은 진단도구나 다름없다. 색깔 변화를 보고 화학자들은 반응이 완료되었음을 안다. 그런데 연금술사도 마찬가지였다. 굳이 다르다면, 연금술사들에게 색깔이란 심오한 영적인 의미까지 더해주는 물질의 고유한 특성이었다는 점이다. 윌리엄 퍼킨은 아름다운 보랏빛 물질인 아닐린 염료를 산업화하기도 했다. 이 아닐린 염료야말로 현대식 화학공장을 출범시킨 주인공이다. 색깔은 화학조성을 은밀하게 드러내고 있는 완장이다. 화학자들은 이로써 마그네슘 이온이 몇 개의 전자를 잃거나 얻었는지를 알아낸다. 화학실험이 아름다운 이유는 가설이나 개념이 그토록 우아하며 입증의 위력이 그토록 막강하기 때문만은 아니다. 그저 지켜보기만 해도 아름다운 것이다.

화학실험에서 오감을 자극하는 특성은 항상 부차적인 역할만 한 것은 아니다. 때로는 실험을 통해 연구하는 학자에게 직접적인 영감의 원천이기도 했다. 그 경우 실험실은 세상 그 어디보다 즐거운 곳이자 더 오래 머물고 싶은 곳이다. 유기합성의 대가 로버트 우드워드에게 실험실은 어떤 곳이었을까? 사람들은 그가 만약 이 글을 읽는다면 아마도 "미학이라니! 화학에서 그러한 불투명한 이론을 유추하다니. 쓸데없는 짓을 하는군." 하며 혀를 차는 모습을 상상하리라. 하지만 그렇지 않을지도 모른다. 그가 이렇게 말한 적이 있기 때문이다. 그는 화학적 미학이 어떻게 자신의 영혼에게 말을 걸었는지 주저 없이 털어놓았다.

내가 화학에 이끌린 데는 화학의 감각적인 요소가 크게 작용했습니다. 나는 결정과 그 형태의 아름다움에 빠졌습니다. 결정이 형성되는 과정도 너무나 아름다웠고, 액체에 잠복해 있다가, 끓다가 마침내 톡톡 튀어 오르다가, 휘감겨 올라가는 모습도 그렇게 아름다울 수가 없었습

니다. 증기들, 향기, 지독한 냄새와 그윽한 냄새, 색깔의 향연, 각양각
색의 은은하게 빛나는 유리용기, 다양한 모양과 용도의 유리용기를 보
십시오. 화학에 관한 한, 이러한 물리적인 요소, 이들의 시각적·촉각
적·후각적 감각이 없었다면 아마도 내게 화학은 없었을 것입니다.

아! 은은하게 빛나는 유리용기. 화학자들은 유리 실험기구들
을 특히 사랑한다. 어니스트 러더퍼드는 알파입자의 본성을 밝
혀준 유리세공, 곧 공들여 제작한 유리모세관이 무척이나 사랑
스러웠을 것이다. 플로렌스에 소재한 자연사 연구소 박물관에
는 지상의 그 어떤 것보다 아름다운 실험용 물건들이 가득하
다.(그림50 참조) 전시된 물품을 바라보기만 해도 숭고한 미적 감
흥이 일렁인다. 유리를 입으로 불어서 만드는 유리세공, 금속 대
장장이, 도구 제작자, 과학자들은 기능성에만 치중해서 실험기
구를 설계하지는 않았을 것이다. 무언가를 만드는 일에는 항상
그 이상의 요소가 있게 마련이다.

대형 화학 실험장치는 독립적인 상징물로도 위력적이다. 물
질을 분리하고 정제하며 농축시켜서 새로운 물질을 만들어내는
전 과정을 하나의 구축물로 전시한 작품들이 있다. 내가 본 것
중 압권은 뉴욕에서 활동하는 예술가 이브 안드리 라래미(Eve
Andree Laramee)의 '막연한 직관의 증류 장치(Apparatus for the

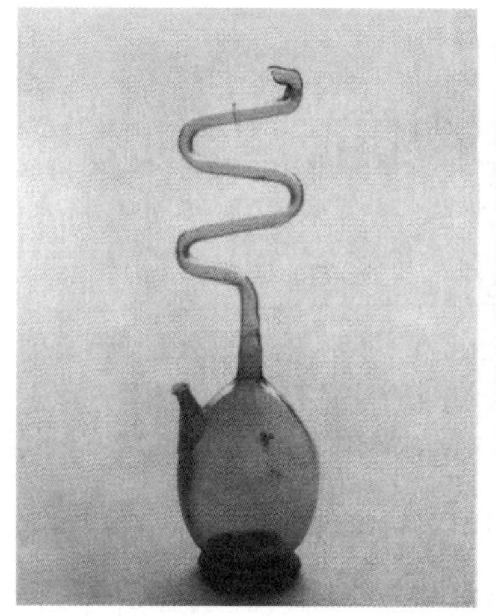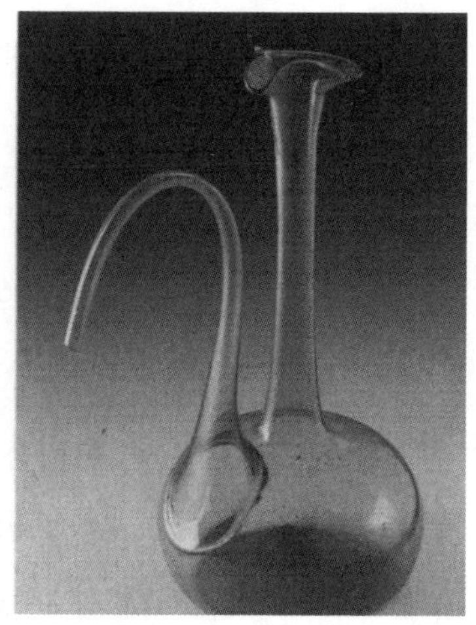

_그림 50. 유리용기. 지난 시절 화학자들이 실험용으로 제작한 유리세공은 실험에 쓰기에는 아까울 정도로 아름답다. (사진 제공: 플로렌스자연사연구소박물관)

Distillation of Vague Intuitions)'(그림51 참조)였다. 라래미는 유리 플라스크와 시험관과 실린더를 연결한 거대한 실험장치를 꾸몄다. 실제로 플라스크와 시험관 안에는 신비스런 물질을 반쯤 담았다. 내가 보기에 아련한 전설 속의 화학자가 어떻게 화학을 하는지를 실험기구들에 새겨 넣어 다시 그에게 헌정하려는 작품인 듯했다. 작품속의 화학자는 신물질이 생성될 듯 말듯한 경계에서 줄을 타듯 실험장비와 씨름하고 있었다. 그것은 '우연의 문제' '어둠으로부터의 도약' '신비한 증발' 따위의 화학의 의미를 암시하는 몸짓이었다.

그런데 화학의 미학적 영역이 진지한 고민거리로 논의된 적

_그림51. 라래미의 [막연한 직관의 증류 장치](1994~1998). (사진 제공: 2002 이브 안드레 라래미. 판권 소유)

이 있던가. 사실상 없다고 봐야 할 것이다. 하지만 적어도 내가 아는 화학은 그 어떤 과학보다 눈에 보이는 미학적 요소가 풍부하다. 그럼에도 화학에서 미학을 논한다는 것은 마치 화학과는 무관한 여흥이거나 화학지망생의 열의를 더하기 위한 소재이거나 한가로운 몽상으로 치부되기 십상이다. 요새 화학자들은 선배 화학자들의 일면을 망각하고 있는 것은 아닌지 염려스럽다. 우리의 선배들은 화학의 대상으로써 화학물질과 직접적인 관계에 있었다. 그들에게 화학물질이란 보이는 것 이상의 의미를 지닌 것이었다. 연금술사들은 입체도형과 액체를 분리하는 과정에서 발생하는 증기 하나에도 정령이나 정수 따위의 상징적 의미를 부여했다. 예술가나 장인도 마찬가지였다. 비록 영감을 따라 손을 움직이긴 했지만 그들은 자신의 손으로 만지는 재료의 품질이 작품의 품질을 좌우함을 알고 있었다. 특히 중세의 건축가들, 로마네스크 양식이나 고딕 양식의 대성당을 축조한 예술가들은 물질이란 초월에 이르게 하는 관문이라고 믿었다. 12세기에 파리 인근에 세워진 성 데니스 교회는 전형적인 고딕 양식 건물로 유명하다. 이 교회 건축을 주관한 수도원장 쉬제르(Abbot Suger)는 "우둔한 정신이 물질을 통해 진리에 이른다."라는 말을 남기기도 했다.

물론 이는 화학자들이 아연황화물이나 니트로벤젠 같은 물질에 대해 신비가적인 관계를 맺어야 마땅하다는 주장이 아니다. 그보다는 본능의 소리에 의식적으로 주의를 기울여본다면 화학이 훨씬 흥미로울 것이라는 이야기이다. 그 본능의 소리는 무의식적인 것일 수도 있다. 사실 우리는 수시로 무의식의 인도를 받기도 하지 않은가. 제9장에서 나는 우드워드가 합성화학 분야에서 예술가의 경지에 이르렀다고 격찬한 바 있다. 그의 동료들은 한 술 더 떠 시인이라고까지 했다. 시인은 어떻게 시를 지을까. 우선 그는 낱말을 바른 순서로 배치할 줄 알아야 한다. 기술적 완벽함도 갖추어야 한다는 뜻이다. 그런데 시인은 문법을 파괴하기도 한다. 낱말이 불러일으키는 정서적 · 심미적 감흥을 살리기 위해서는 문법을 초월할 수밖에 없는 경우가 많기 때문이다. 그렇게 탄생한 한 편의 시가 창조의 영역에 입성할 자격을 얻는다. 물론 시에서 문법적 정확성은 그다지 중요하지 않다. 아니 바른 순서 따위는 없다고 말해도 좋다. 어느 한 시의 어순은 다른 시의 어순과 결코 같지 않다. 그저 시인이 시어를 고르고 가려서 어떻게 조화시키는가에 따라 한 편의 시가 탄생할 뿐이다. 이와 마찬가지로 분자를 합성하는 데도 바른 순서가 없다. 우드워드의 딸 크리스털은 아버지의 일에 대한 자세에 관해 이런 말을 한 적이 있다.

"아버지가 생성물에서 얻는 기쁨과 미적 쾌감은 고스란히 그의 기술에 녹아들었다."

일반적으로 화학자들은 '아름다운 분자를 만드는' 그 자체를 위해 기꺼이 즐겁게 합성에 임한다. 그렇다면 그들의 기꺼움의 대상인 '아름다운 분자'란 무엇을 말하는가. 예술에서 말하는 아름다움과 비견할 만한 것이 있는가. 요아힘 슈머는 화학자들이 말하는 분자의 '미'의 기준이란 전통적인 예술의 미학적 기준과는 아무런 관련이 없음을 강하게 주장했다. 화학자들은 대칭성이 높을수록 아름답다고 느낀다. 즉 플라톤 입체도형의 특징인 질서정연함과 규칙성이 최고의 미적 기준이다. 이는 사실 플라톤의 『티메우스』에서도 언급된 바 있다. 이러한 플라톤적 미적 기준은 신플라톤학파의 영향을 받은 중세 초기의 미학적 감수성이 어땠을지를 가늠하게 해준다. 하지만 그러한 미적 기준이 예술에 관한 이론에 편입되는 일은 일어나지 않았다. 플라톤은 자연에 적용할 미의 기준으로 대칭성을 주장했던 것이다. 그는 그림이나 조각 같은 인위예술은 얕잡아보았으며, 무엇보다 그러한 예술의 '기만성'을 탐탁찮게 봤다. 한편 고딕양식의 성당에서 두드러지는 대칭성은 기본적으로 종교적인 철학, 그리고 질서를 윤리와 동일시하는 가치관에 그 바탕을 두고 있다. 그런데 오늘날 우리가 대성당을 보고 아름답다고 느끼는 것은 그들, 곧 구축자의 의도와는 다른 것이다. 햇빛을 그처럼 영광스럽게 활용하다니! (그들은 물론 신학적인 발로에서 그리했을 것이다.) 저 치밀하고도 풍성한 표현력을 보라. 석공의 저 유려한 창조적 표현력을 보라.

분명 화학자들은 플라톤적 미학을 추구하며 아름다운 분자를 합성하기 위한 도전을 멈추지 않을 것이다. 그러기를 바란다. 하지만 이들의 화학적 창조력이 예술적 미학과 결합한다면 어떤 일이 벌어질지 궁금하기 짝이 없다. 절충주의의 귀재인 피카소 같은 인공예술가가 우드워드의 화학적 기술을 획득하는 그런 경우에 말이다. 정녕 볼만한 것이 탄생하리라.

Anon. (1964). British report synthesis of vitamin B12 molecule. *New York Times* International Editon, 6-7 June.

Anon. (1973). Vitamin B12synthesized: a decade-long effort. *Science News* 103, 22.

Anon. (2003). Primordial recipe: spark and stir. *Astrobiology* 14 May. See http://www.astrobio.net/news/modules.php7op = modload&name = News&file = article&sid = 461.

F. Bacon (1944 [1605/1620]). *Advancement of Learning and Novum Organum*. Willey Book Co., New York.

J. L. Bada & A. Lazcano (2003). Prebiotic soup - revisiting the Miller experiment. *Science* 300, 745.

J. Baggott (1994). *Perfect Symmetry: The Accidental Discovery of Buckminsterfullerene*. Oxford UniversityPress, Oxford.

P. Ball (1994). *Designing the Molecular World*. Princeton University Press, Princeton.

P. Ball (2001). What a tonic. *Chemistry in Britain*, October, p. 26.

P. Ball (2001). *Bright Earth: The Invention of Colour*. Penguin, London.

P. Ball (2002). Chemistry in soft focus. *Chemistry in Britain*, September, p. 32.

P. Ball (2005). What's in the flask? *Nature* 433, 17.

N. Bartlett (2003). The noble gases. *Chemical & Engineering News* 8 September, 32.

N. Bartlett (1963). New compounds of noble gases: the fluorides of xenon and radon. *American Scientist* 51, 114. 197

N. Bartlett (1962). Xenon hexafluoroplatinate(V) Xe+[PtF6] . *Proceedings of the Chemical Society*, June, 218.

N. Bartlett & D. H. Lohmann (1962). Dioxygenyl hexafluoro-platinate(V) O2+[PtF6]-. *Proceedings of the Chemical Society*, March, 115.

N. Bartlett (ed.). *The Oxidation of Oxygen and Related Chemistry*, p. xi. World Scientific, Singapore.

H. Boynton (ed.) (1948). *The Beginnnings of Modern Science*. Walter J. Black, Roslyn, NY.

W. Brock (1992). *The Fontana History of Chemistry*. Fontana, London.

P. Brook (1990). *The Empty Space*. Penguin, London.

M. W. Browne (1997). Scientists meet analytical challenge of an ephemeral element. *New York Times* science section, 8 July, p. 68.

V. Cohn (1973). Vitamin B-12 project hailed as milestone. *International Herald Tribune* 8 January, 1.

C. Cookson (1981). Synthesis of dodecahedrane. *The Times* 11 February.

R. P. Crease (2003). *The Prism and the Pendulum*. Random House, New York.

A. G. Debus (1978). *Man and Nature in the Renaissance*. Cambridge University Press.

C. Djerassi & R. Hoffmann (2001). *Oxygen*. Wiley-VCH, Weinheim. A. Donovan (1993). *Antoine Lavoisier*. Cambridge University Press.

P. E. Eaton & T. W. Cole (1964). Cubane. *Journal of the American Chemical Society* 86, 3157.

P. E. Eaton & R. H. Mueller (1972). The peristylane system. *Journal of the American Chemical Society* 94, 1014.

R. Eichler *et al.* (2000). Chemical characterization of bohrium (element 107). *Nature* 407, 63.

A. Eschenmoser (1988). Vitamin B12: experiments concerning the origin of its molecular structure. *Angewandte Chemie International Edition* 27, 6.

A. Eschenmoser & C. E. Wintner. Robert Burns Woodward: his work on chlorophyll and vitamin B12. Preprint.

A. Eschenmoser & C. E. Wintner (1977). Natural product synthesis and vitamin B12. *Science* 196, 1410.

G. Farmelo (ed.) (2002). *It Must Be Beautiful*. Granta, London.

L. A. Ford (1993). *Chemical Magic*. Dover, New York.

M. Freemantle (2003). Chemistry at its most beautiful. *Chemical & Engineering News* 25 August, p. 27.

J. C. Gallucci, C. W. Doecke & L. A. Paquette (1986). X-ray structure of the pentagonal dodecahedrane hydrocarbon (CH)20. *Journal of the American Chemical Society* 108, 1343.

J. Hamilton (2002). Faraday: *The Life*. HarperCollins, London.

I. Hargittai (2003). *Candid Science III: More Conversations with Famous Chemists*, p. 29. World Scientific, Singapore.

S. Henahan (1996). From primordial soup to the prebiotic beach. Interview on www.accessexcellence.org. See http://www.accessexcel-lence.org/WN/NM/miller.html.

J. Henry (2002). *Knowledge is Power*. Icon Books, London.

R. Hoffmann (1995). *The Same and Not the Same*. Columbia University Press, New York.

M. Jacobs (2002). Beauty in the eyes of the beholder. *Chemical & Engineering*

News 18 November, p. 5.

M. Jacoby (1997). Heavy elements back on track. *Chemical & Engineering News* July 7, p. 67.

B. Jaffe (1976). *Crucibles: The Story of Chemistry*. Dover, New York.

D. B. Kottler (1978). Pasteur and molecular dissymmetry. *Studies in the History of Biology* 2, 57.

J. H. Krieger (1973). Vitamin B12: the struggle toward synthesis. *Chemical & Engineering News* 12 March, 16.

H. W. Kroto, J. R. Heath, S. C. O'Brien, R. F. Curl & R. E. Smalley (1985). C60: buckminsterfullerene. *Nature* 318, 162.

P. Laszlo & G. J. Schrobilgen (1988). One or several pioneers? The discovery of noble-gas compounds. *Angewandte Chemie International Edition* 27, 479.

A. Lavoisier (1783). *Observations sur la Physique* 23, 452. See http:// web.lemoyne.edu/~giunta/laveau.html.

A. Lazcano & J. L. Bada (2003). The 1953 Stanley L. Miller experiment: fifty years of prebiotic organic chemistry. *Origins of Life and Evolution of the Biosphere* 33, 235.

H. M. Leicester (1971). *The Historical Background of Chemistry*. Dover, New York.

P. Levi (1986). *The Periodic Table*. Abacus, London.

R. Lougheed (1997). Oddly ordinary seaborgium. *Nature* 388, 64-65.

G. Maier, S. Pfriem, U. Schafer & R. Matusch (1978). Tetra-*terf*-butyltetrahedrane. *Angewandte Chemie International Edition* 17, 520.

G. Maier (1988). Tetrahedrane and cyclobutadiene. *Angewandte Chemie International Edition* 27, 309.

D. P. Miller (2004). *Discovering Water: James Watt, Henry Cavendish and the Nineteenth-Century 'Water Controversy'*. Ashgate Publishing, Aldershot.

S. Miller (1953). A production of amino acids under possible primitive earth conditions. *Science* 117, 528.

S. Miller & H. Urey (1959). Organic compound synthesis on the primitive earth. *Science* 130, 245.

R. P. Multhauf (1993). *The Origins of Chemistry*. Gordon & Breach, Langhorne, Pa.

C. Nicholl (1980). *The Chemical Theatre*. Routledge & Kegan Paul.

K. C. Nicolaou & E. J. Sorensen (1996). *Classics in Total Synthesis*, p.99. VCH, Weinheim.

W. Pagel (1944). The religious and philosophical aspects of van Helmont's science and medicine. *Bulletin of the History of supplement 2*.

L. A. Paquette, I. Itoh & W. B. Franham (1975). meso- and dl-bivalvane (pentasecododecahedrane). Enantiomer recognition during reductive coupling of racemic and chiral 2,3-dihydro- and hexahydro-triquinacen-2-ones. *Journal of the American Chemical Society* 97,7280.

L. A. Paquette, D. W. Balogh, R. Usha, D. Kountz & G. G. Christoph (1981). Crystaland molecular structure of a pentagonal dodecahe-drane. *Science* 211, 575.

L. A. Paquette (1982). Dodecahedrane - the chemical transliteration of Plato's universe (a review). *Proceedings of the National Academy of Sciences USA* 79, 4495.

L. A. Paquette (1984). Plato's solid in a retort: the dodecahedrane story. *In Strategies and Tactics in Organic Synthesis*, p. 175. Academic Press.

L. A. Paquette, R. J. Ternansky, D. W. Balogh & G. Kentgen (1983). Total synthesis of dodecahedrane. *Journal of the American Chemical Society* 105, 5446.

L. A. Paquette, R. J. Ternansky, D. W. Balogh & W. J. Taylor (1983). Total synthesis of a monosubstituted dodecahedrane. The methyl derivative. *Journal of the American Chemical Society* 105, 5441.

J. R. Paitington (1936). Joan Baptista van Helmont. *Annals of Science* 1, 359.

C.E. Perrin (1973). Lavoisier, Monge and the synthesis of water, a caseof pure coincidence? *British Journal for the History of Science* 6, 424.

S. Quinn (1995). *Marie Curie: A Life*. Simon & Schuster, New York.

H. S. Redgrave & I. M. L. Redgrove (1922). *Van Helmont*. William Rider, London.

R. Reid (1974). *Marie Curie*. Collins, London.

R. Rhodes (1986). *The Making of the Atomic Bomb*. Simon & Schuster, New York.

D.Riether & J. Mulzer (2003). Total synthesis of cobyric acid:historical development and recent synthetic innovations. *European Journal of Organic Chemistry* 2003, 30.

D. Rouvray (2005). Exploring the outer reaches. *Chemistry World* June, 42-45.

O. Sacks (2001). Henry Cavendish: an early case of Asperger's syndrome? *Neurology* 57, 1347.

O. Sacks (2001). *Uncle Tungsten*. Picador, London.

M. Schadel et al. (1997). Chemical properties of elements 106 (seaborgium). *Nature* 388, 55.

M. Schadel (2002). The chemistry of transactinide elements -Experimental achievements and perspectives. *Journal of Nuclear and Radiochemical Sciences* 3, 113.

M. Schadel (2001). Aqueous chemistry of transactinides. *Radio-chimica Acta* 89,

721.

M. Schadel et al. (1997). First aqueous chemistry with seaborgium (element 106). *Radiochimica Acta* 11, 149.

M. Schadel (1995). Chemistry of the transactinide elements. *Radiochimica Acta* 70/71, 207.

M. Schadel (2003). The chemistry of superheavy elements. *Acta Physica Polonica B* 34, 1701.

M. Schadel (ed.) (2003). *The Chemistry of the Superheavy Elements*. Kluwer, Dordrecht.

J. Schummer (2003). Aesthetics of chemical products: materials, molecules, and molecular models. *Hyle* 9, 73.

J. Schummer (2004). Why do chemists perform experiments? In D. Sobczynska, P. Zeidler & E. Zielonacka-Lis (eds). *Chemistry in the Philosophical Melting Pot*, p. 395. Peter Lang, Frankfurt-am-Main.

G. T. Seaborg & W. D. Loveland. The search for new elements. In *The New Chemistry*, ed. N. Hall, p. 1. Cambridge University Press, Cambridge.

E. L. Smith (1964). A triumph of vitamin chemistry. *New Scientist* 11 June, 660.

G. W. Steeves (1910). *Francis Bacon. A Sketch of His Life, Works and Literary Friends; Chiefly From a Bibliographical Point of View*. Methuen & Co., London.

P. Strathern (2001). *Mendeleyev's Dream*. Penguin, London.

R. J. Ternansky, D. W. Balogh & L. A. Paquette (1982). Dodeca-hedrane. *Journal of the American Chemical Society* 104, 4503.

A. S. Travis (1993). *The Rainbow Makers*. Associated University Presses, Cranbury, NJ.

J. Watt (1784). Thoughts on the constituent parts of water and of dephlogisticated air; with an account of some experiments on that subject. *Philosophical Transactions* 74, 329. See http://web. lemoyne.edu/~giunta/watt.html.

D. Wilson (1983). *Rutherford: Simple Genius*. MIT Press, Cambridge, Ma.

R. B. Woodward, T. Fukunaga & R. C. Kelly (1964). Triquinacene. *Journal of the American Chemical Society* 86, 3162-3164.

J.H.Wotiz(ed.)(1993).*The Kekule Riddle*.GlenviewPress, Carbondale, II.

P.Zagorin(1998)*Francis Bacon*.Princeton University Press, Princeton.

실험에 미친 화학자들의 무한도전

펴낸날	초판 1쇄 2012년 6월 30일
	초판 7쇄 2020년 6월 8일

지은이	**필립 볼**
옮긴이	**정옥희**
펴낸이	**심만수**
펴낸곳	**(주)살림출판사**

출판등록 1989년 11월 1일 제9-210호

주소	경기도 파주시 광인사길 30
전화	031-955-1350 팩스 031-624-1356
홈페이지	http://www.sallimbooks.com
이메일	book@sallimbooks.com

ISBN 978-89-522-1923-7 03430

살림Friends는 (주)살림출판사의 청소년 브랜드입니다.

※ 값은 뒤표지에 있습니다.
※ 잘못 만들어진 책은 구입하신 서점에서 바꾸어 드립니다.